国家示范性高职院校建设项目成果
高等职业教育教学改革系列规划教材

U0289705

# 供配电技术

顾子明 主 编

電子工業出版社
Publishing House of Electronics Industry
北京 • BEIJING

## 内 容 简 介

本书重点介绍供配电系统的基本理论和知识、元件的计算与选择和保护、变电所的运行和管理，反映供配电领域的新技术。全书遵循由浅入深、由易到难、循序渐进的学习过程，共编排了七个项目，主要内容包括：电力系统认知，供配电系统电力负荷、短路电流及其计算，供配电系统变配电设备的结构与运行，供配电系统电力线路的结构与运行，供配电系统的保护，供配电系统二次回路和自动装置认知，电气安全与节约用电。每个项目都配有丰富的例题、小结、思考与练习。为配合教学和习题的需要，书中还附加了一些技术数据图表。

本书可作为高职高专院校电气自动化技术、建筑类、新能源装备等专业的教材，以及成人本科、广播电视大学、业余大学等相关专业也可使用，还可供有关工程技术人员参考。

未经许可，不得以任何方式复制或抄袭本书之部分或全部内容。
版权所有，侵权必究。

**图书在版编目（CIP）数据**

供配电技术/顾子明主编. —北京：电子工业出版社，2018.1
ISBN 978-7-121-33080-3

Ⅰ. ①供…　Ⅱ. ①顾…　Ⅲ. ①供电－高等学校－教材②配电系统－高等学校－教材　Ⅳ. ①TM72

中国版本图书馆 CIP 数据核字（2017）第 285648 号

策划编辑：王艳萍
责任编辑：王艳萍
印　　刷：北京七彩京通数码快印有限公司
装　　订：北京七彩京通数码快印有限公司
出版发行：电子工业出版社
　　　　　北京市海淀区万寿路 173 信箱　邮编 100036
开　　本：787×1 092　1/16　印张：14.5　字数：390 千字
版　　次：2018 年 1 月第 1 版
印　　次：2023 年 7 月第 8 次印刷
定　　价：36.00 元

凡所购买电子工业出版社图书有缺损问题，请向购买书店调换。若书店售缺，请与本社发行部联系，联系及邮购电话：（010）88254888，88258888。

质量投诉请发邮件至 zlts@phei.com.cn，盗版侵权举报请发邮件至 dbqq@phei.com.cn。

本书咨询联系方式：（010）88254574，wangyp@phei.com.cn。

# 前　言

为适应我国高等职业教育“大力推行工学结合，突出实践能力培养，改革人才培养模式”的教学改革需要，体现工学结合的职业教育特色，本书作者依据高职教育培养高技术应用型人才的目标要求，通过对电气自动化技术、建筑类、新能源装备等专业学生的就业岗位、典型工作任务进行调研和职业能力分析，重新整合理论知识和实践知识，编写了本书。

本书的总体设计思路：以学生为主体，按照教、学、做一体的教学模式在理实一体化实训环境中实施“供配电技术”学习领域课程的教学思想。因此本书在内容安排和组织形式上突破了常规按章节顺序编写知识与训练内容的结构形式，按项目教学的特点组织内容，按职业能力的成长过程和认知规律，并遵循由浅入深、由易到难、循序渐进的学习过程，共编排了七个项目，方便学生学习和训练。

本书有以下特点：

（1）理实一体。不追求理论体系的完整性，突出内容的实用性，内容力求涵盖供配电技术的全部重点内容。

（2）项目主线。通过精选项目，把教学内容融合到由单元任务组成的项目中，由浅入深，带领学生完成整个项目，使学生感觉到每完成一个项目就是完成了一项实际工作。

（3）任务驱动。以任务驱动为出发点，导入每个知识点，和实践应用相结合，从而提高学习的针对性，让学生容易掌握。

（4）结合形势发展，增加了实践性较强的变电所综合自动化的技术内容，以便学生了解供配电当前的主流技术和未来的发展趋势。

为便于学生复习和自学，每个项目都附有思考和练习题。为配合教学和习题的需要，附表中还提供了一些技术数据图表。

本书适合作为高职高专学校电气自动化技术、建筑类、新能源装备等专业的教材，成人本科、广播电视大学、业余大学等有关专业亦可使用，还可供有关工程技术人员参考。本书内容可根据专业要求和教学时数取舍，有些内容学生可自学。

本书配有免费的电子教学课件和习题答案，请有需要的教师登录华信教育资源网（www.hxedu.com.cn）免费注册后进行下载，如有问题请在网站留言或与电子工业出版社联系（E-mail：hxedu@phei.com.cn）。

本书由江苏工程职业技术学院顾子明编写。在本书的编写过程中，得到了杭州天科教仪设备有限公司的支持，并提供了一些实际素材。同时在编写过程中编者也参阅了部分相关教材及技术文献，在此对这些专家和作者一并表示衷心的感谢。

由于编者水平有限，书中的错误和不足在所难免，欢迎读者批评指正。

编　者

# 学习项目及任务

| 项　目 | 任　务 |
| --- | --- |
| 项目一 电力系统认知 | 任务 1 电力系统的组成与基本要求 |
| | 任务 2 供配电系统的组成 |
| | 任务 3 供配电系统的运行 |
| 项目二 供配电系统电力负荷、短路电流及其计算 | 任务 1 电力负荷及其计算 |
| | 任务 2 工厂计算负荷、功率因数及无功补偿计算 |
| | 任务 3 短路电流及其计算 |
| 项目三 供配电系统变配电设备的结构与运行 | 任务 1 供配电设备的结构与运行 |
| | 任务 2 变换设备的结构与运行 |
| | 任务 3 变配电所的布置、运行与管理 |
| 项目四 供配电系统电力线路的结构与运行 | 任务 1 电力线路的接线方式 |
| | 任务 2 电力线路的结构与运行 |
| | 任务 3 导线和电缆截面的选择计算 |
| 项目五 供配电系统的保护 | 任务 1 过电流保护认知 |
| | 任务 2 熔断器保护和低压断路器保护 |
| | 任务 3 高压线路的继电保护 |
| | 任务 4 电力变压器的继电保护 |
| | 任务 5 电气设备的防雷与接地 |
| 项目六 供配电系统二次回路和自动装置认知 | 任务 1 供配电系统二次回路认知 |
| | 任务 2 断路器控制回路、信号系统与测量仪表认知 |
| | 任务 3 配电系统微机保护测控装置认知 |
| | 任务 4 变电所综合自动化认知 |
| 项目七 电气安全与节约用电 | 任务 1 电气安全的意义与措施 |
| | 任务 2 节约用电的意义与措施 |
| | 任务 3 电力变压器的经济运行 |
| | 任务 4 并联电容器的装设与运行维护 |

# 目　　录

# 项目一　电力系统认知

## 学习目标

（1）掌握电力系统的有关概念、组成与要求；
（2）理解与掌握供配电系统的组成；
（3）了解电力系统的中性点运行方式；
（4）理解低压配电系统的接地形式。

## 项目任务

### 1．项目描述

电能是现代工业生产的主要能源和动力，属于二次能源。发电厂把一次能源（如煤、水、核能等）转换成电能，用电设备又把电能转换为机械能、热能等。电能易于由其他形式的能量转换而来，也易于转换为其他形式的能量以供应用。电能的输送和分配简单经济又便于控制、管理和调度，有利于实现生产过程自动化。因此，电能在现代工业生产及整个国民经济生活中的应用极为广泛。现代社会的信息技术和其他高新技术、工业生产和日常生活的电能都来自于电力系统，要掌握供配电技术，就要从电力系统认知开始。

### 2．工作任务

（1）识读电力系统和供配电系统图；
（2）会计算电气设备额定电压；
（3）理解供配电系统的运行。

### 3．项目实施方案

为了能有效地完成本项目任务，根据项目要求，通过资讯、计划决策、实施与检查、评估等系统化的工作过程完成项目任务。本项目总体实施方案如图 1-1 所示。

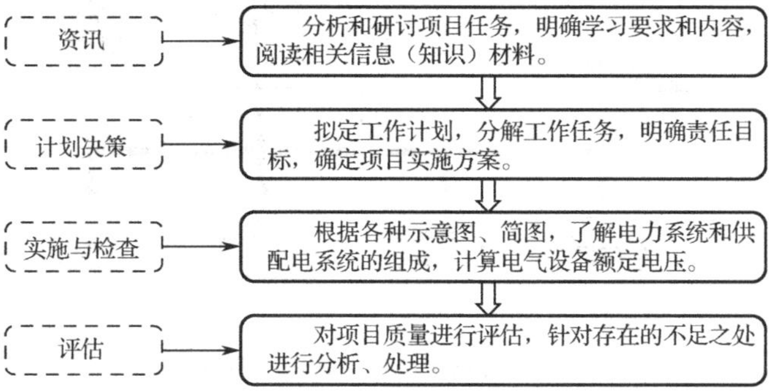


图 1-1　电力系统认知实施方案

# 任务 1　电力系统的组成与基本要求

目前我国发电机装机容量和年发电量均居世界第一位，工业用电量已占全部用电量的

50%～70%，是电力系统的最大电能用户。“西电东送、南北互供、全国联网”的发展战略，为我国电力的进一步现代化带来了很大的发展空间。

电能是由发电厂生产的，但发电厂往往建在能源基地附近，远离用户，这就引起了大容量、远距离输送电力的问题。当电流在线路中流过时，会造成电压和功率损耗。根据 $S=\sqrt{3}UI$ 可知，输送相同的容量，电压越高，电流就越小，输电线上的电能损耗和电压损耗就越小。因此，远距离输送大容量电力时需采用高电压输送。但高压电并不能被用户直接使用，所以要将高压电降为一般低压用电设备所需的电压（如 220V、380V 等），然后由低压配电线路将电能分送给各用电设备。由于电能的生产、输送、分配和使用的全过程，实际上是在同一瞬间实现的，彼此相互影响，因此我们除了解供电系统知识，还需了解发电厂和电力系统的一些基本知识。

### 1.1.1　电力系统组成

电力系统是由各级电压的电力线路将一些发电厂、变电所和电力用户联系起来的一个发电、输电、变电、配电和用电的整体。图 1-2 是电力系统从发电到供电的示意图，图 1-3 是大型电力系统示意图。

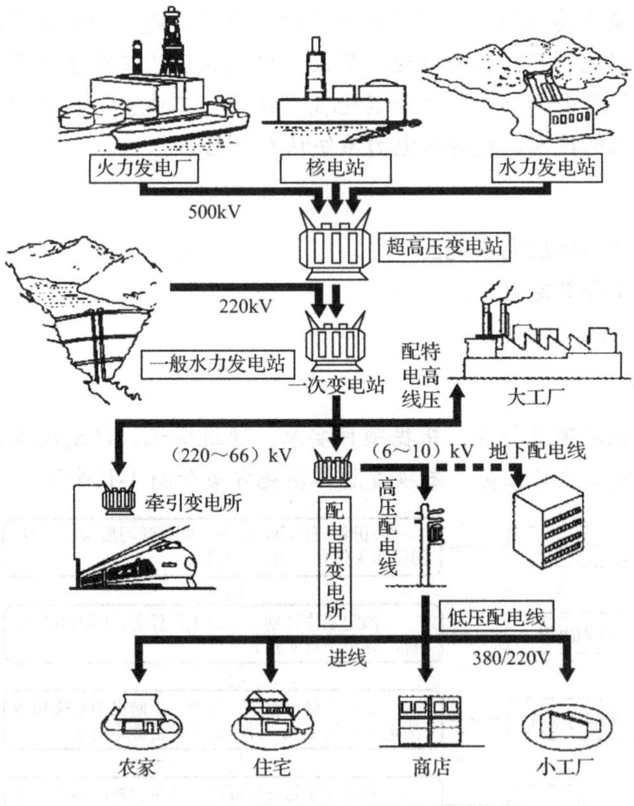


图 1-2　电力系统从发电到供电的示意图

为充分利用动力资源，降低发电成本，发电厂往往远离城市和电力用户，如火力发电厂大都建在靠近一次能源的地区，水力发电厂建在水利资源丰富的远离城市的地方，核能发电厂厂址也受种种条件限制。因此，这就需要输送和分配电能，将发电厂发出的电能经过升压、输送、降压和分配，送到用户，如图 1-4 所示。

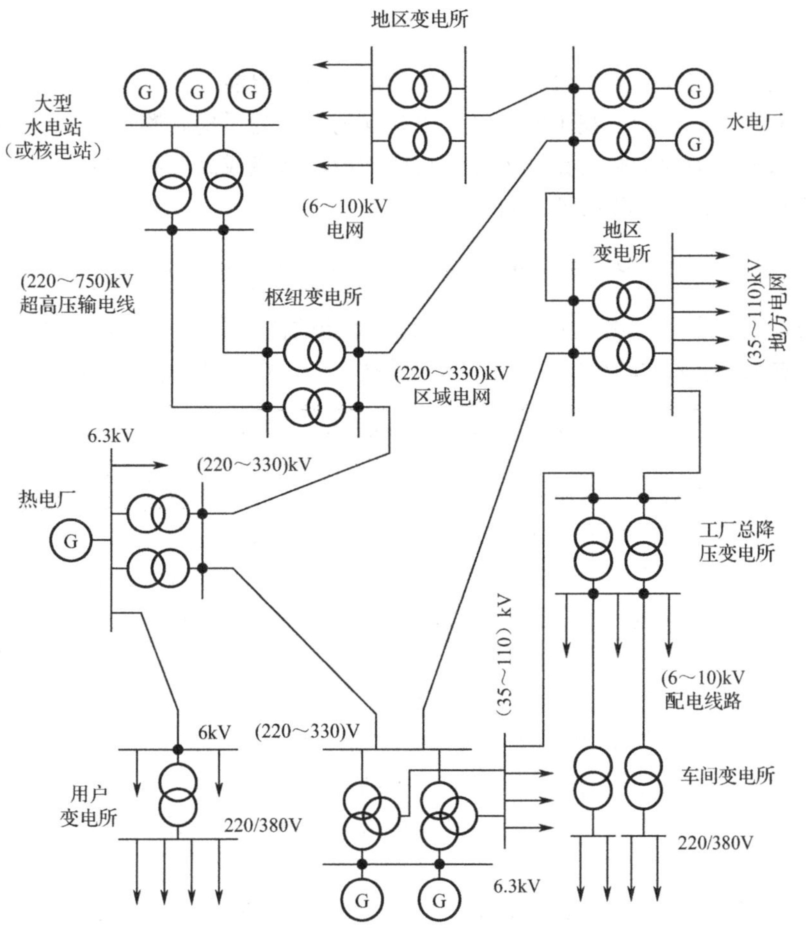


图 1-3　大型电力系统示意图

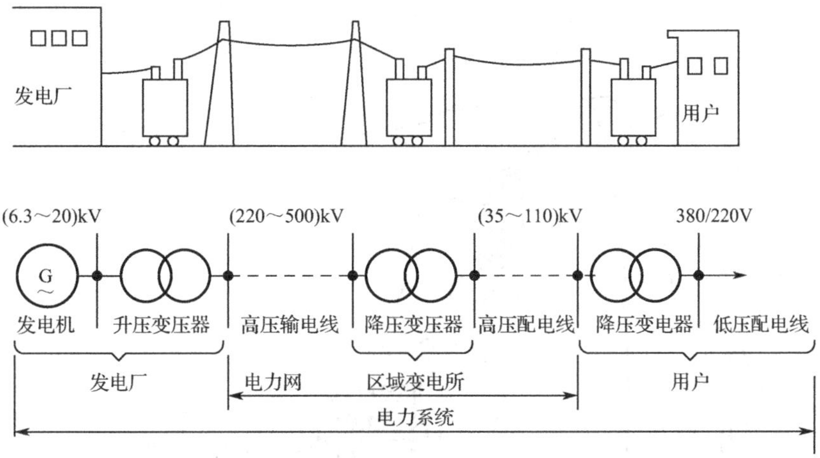


图 1-4　电能的传输与分配过程

### 1. 发电厂

发电厂是将自然界蕴藏的各种一次能源转换为电能（二次能源）的工厂。根据一次能源的不同，有火力发电厂、水力发电厂和核能发电厂。此外，还有风力发电厂、地热发电厂、太阳能发电厂等。

（1）火力发电厂将煤、天然气、石油的化学能转换为电能。火力发电厂简称火电厂，它利用燃料的化学能来生产电能。我国的火电厂以燃煤为主，为了提高燃煤效率，都将煤块粉碎成煤粉燃烧。煤粉在锅炉的炉膛内充分燃烧，将锅炉内的水烧成高温高压的蒸汽，推动汽轮机带动发电机旋转发电。其能量转换过程如下：

燃料化学能 —锅炉→ 热能 —汽轮机→ 机械能 —发电机→ 电能

（2）水力发电厂简称水电厂或水电站，它利用水流的位能来生产电能。当控制水流的闸门打开时，水流沿进水管进入水轮机蜗壳室，冲动水轮机，带动发电机发电。其能量转换过程如下：

水流位能 —水轮机→ 机械能 —发电机→ 电能

由于水电站的发电容量与水电站所在地点上下游的水位差（即落差，又称水头）及流过水轮机的水量（即流量）的乘积成正比，所以建造水电站，必须用人工的办法来提高水位。最常用的提高水位的办法，是在河流上建造一道很高的拦河坝，形成水库，提高上游水位，使坝的上下游形成尽可能大的落差，水电站就建在坝的后边。这类水电站，称为坝后式水电站。我国一些大型水电站包括长江三峡水电站就属于这种类型。三峡水电站建成后坝高 185 米，水位 175 米，总装机容量为 2250 万千瓦，年发电量可达 882 亿千瓦时（度），居世界首位。另一种提高水位的办法，是在具有相当坡度的弯曲河段上游，筑一低坝，拦住河水，然后利用沟渠或隧道，将上游水流直接引至建设在弯曲河段末端的水电站。这类水电站，称为引水道式水电站。还有一类水电站，是上述两种方式的综合，由高坝和引水渠道分别提高一部分水位。这类水电站，称为混合式水电站。

水电建设的初投资较大，建设周期较长，但发电成本较低，仅为火电发电成本的 1/3～1/4；而且水电属于清洁、可再生的能源，有利于环境保护；同时水电建设通常还兼有防洪、灌溉、航运、水产养殖和旅游等多项功能。而我国的水力资源十分丰富（特别是我国的西南地区），居世界首位。因此我国确定要大力发展水电，并实施“西电东送”工程，以促进整个国民经济的发展。图 1-5 所示为堤坝式和引水道式水力发电厂的工作示意图。

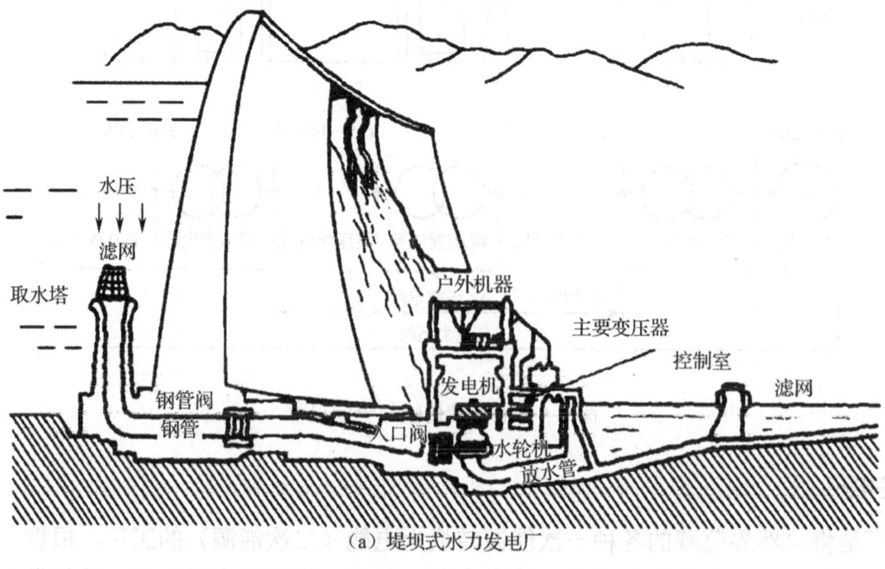


（a）堤坝式水力发电厂

图 1-5　堤坝式和引水道式水力发电厂的工作示意图

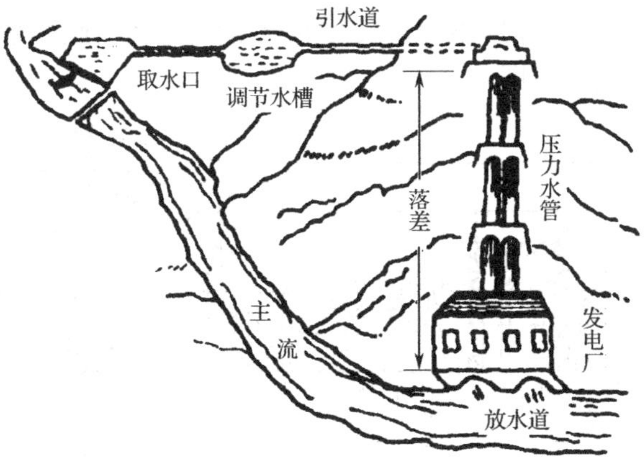


（b）引水道式水力发电厂

图 1-5　堤坝式和引水道式水力发电厂的工作示意图（续）

（3）核能（原子能）发电厂通称核电站，如我国秦山、大亚湾等多座大型核电站，主要利用原子核的裂变能来生产电能。由于核能是巨大的能源，而且核电也是相当安全和清洁的能源，所以世界上很多国家都很重视核电建设，核电在整个发电量中的比重逐年增长。其生产过程与火电厂基本相同，只是以核反应堆（俗称原子锅炉）代替燃煤锅炉，以少量的核燃料代替大量的煤炭。其能量转换过程如下：

核裂变能 —核反应能→ 热能 —汽轮机→ 机械能 —发电机→ 电能

（4）风力发电、地热发电和太阳能发电。

① 风力发电：建在有丰富风力资源的地方，利用风力的动能来生产电能。风能是一种取之不尽、清洁、廉价和可再生的能源。但风能的能量密度较小，因此单机容量不可能很大；而且它是一种具有随机性和不稳定性的能源，因此风力发电必须配备一定的蓄电装置，以保证其连续供电。

② 地热发电：建在有足够地热资源的地方，利用地球内部蕴藏的大量地热资源来生产电能。地热发电不消耗燃料，运行费用低。它不像火力发电那样，要排出大量灰尘和烟雾，因此地热属于比较清洁的能源。但地下水和蒸汽中大多含有硫化氢、氨和砷等有害物质，因此对其排出的废水要妥善处理，以免污染环境。

③ 太阳能发电：利用太阳的光能或热能来生产电能。利用太阳光能发电，是通过光电转换元件如光电池等直接将太阳光能转换为电能的。这已广泛应用在人造地球卫星和宇航装置上。利用太阳热能发电，可分直接转换和间接转换两种方式。温差发电、热离子发电和磁流体发电，均属于热电直接转换。而通过集热装置和热交换器，加热给水，使之变为蒸汽，推动汽轮发电机发电，与火电发电相同，属于间接转换发电。太阳能发电厂建在常年日照时间较长的地方。太阳能是一种十分安全、经济、没有污染而且取之不尽的能源。我国的太阳能资源也相当丰富，利用太阳能发电大有可为。

### 2. 变电所

变电所的功能是接受电能、变换电压和分配电能。为了实现电能的远距离输送和将电能分配到用户，需将发电机电压进行多次电压变换，这个任务由变电所完成。变电所的性质和任务不同，可分为升压变电所和降压变电所，除与发电机相连的变电所为升压变电所外，其余均为降压变电所。按变电所的地位和作用不同，又分为枢纽变电所、地区变电所和工厂变电所。图 1-6 是一大型变电所的结构示意图。

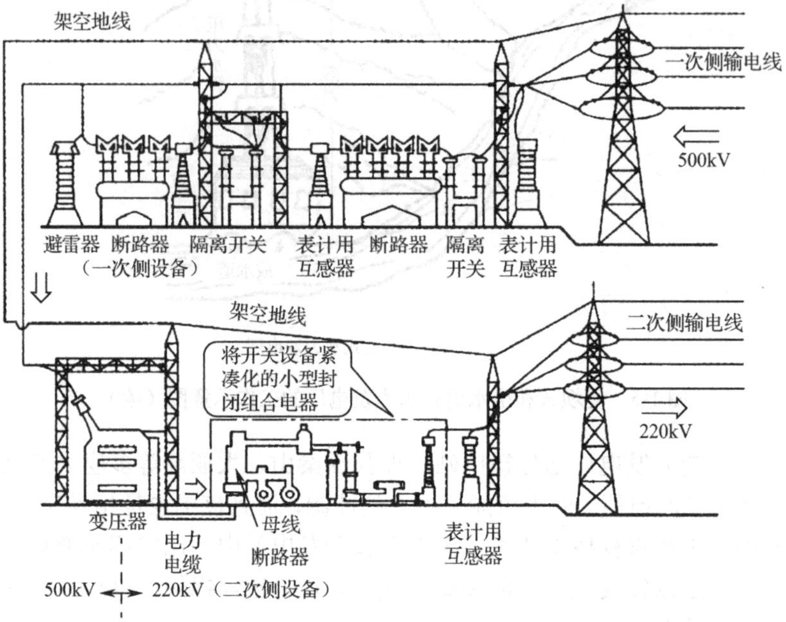


图 1-6　一大型变电所的结构示意图

**3．电力线路（电网）**

电力线路将发电厂、变电所和电能用户连接起来，完成输送电能和分配电能的任务。电力线路有各种不同的电压等级，通常将 220kV 及以上的电力线路称为输电线路，110kV 及以下的电力线路称为配电线路。

**4．电力用户**

所有消耗电能的用电设备或用电单位称为电力用户。电力用户可分为工业企业电能用户、民用电能用户。在我国，工业企业是最大的电能用户，其用电量占全年总发电量的 70%以上。

### 1.1.2　电力系统的基本要求

**1．概述**

电力系统中的所有设备，都是在一定的电压和频率下工作的。电压和频率是衡量电能质量的两个基本参数。

我国一般交流电力设备的额定频率为 50Hz，此频率通常称为“工频”。在电力系统正常情况下，工频的频率偏差一般不得超过±0.5Hz。如果电力系统容量达到 300 万千瓦或以上时，频率偏差则不得超过±0.2Hz。在电力系统非正常状况下，频率偏差不应超过±1Hz。但是频率的调整，主要依靠发电厂调整发电机的转速。

对电力用户供电系统来说，提高电能质量主要是提高电压质量。

**2. 电压的分类及高低电压的划分**

（1）电压的分类

按国标规定，额定电压分为三类：

第一类额定电压为≤100V，如 12V、24V、36V 等，主要用于安全照明、潮湿工地、建筑内部的局部照明及小容量负荷的电源。

第二类额定电压为 100V 以上、1000V 以下，如 127V、220V、380V、660V 等，主要用做低压动力电源和照明电源。

第三类额定电压为≥1000V，如 6kV、10kV、35kV、110kV、220kV、330kV、500kV、750kV 等，主要用做高压用电、发电及输电设备。

（2）电压高低的划分

我国的一些设计、制造和安装规程通常以 1000V 为界来划分电压高低，即低压指额定电压在 1000V 及以下者；高压指额定电压在 1000V 以上者。此外，将 330kV 以上的电压称为超高压，将 1000kV 以上的电压称为特高压。

**3. 电力系统的额定电压要求**

电力系统的额定电压包括电力系统中各种发电、供电、用电设备的额定电压。额定电压是能使电气设备长期运行在经济效果最好的电压，它是国家根据国民经济发展的需要、电力工业的水平和发展趋势，经全面技术经济分析后确定的。我国规定的三相交流电网和电力设备的额定电压如表 1-1 所示。

**表 1-1　我国三相交流电网和电力设备的额定电压**

| 分类 | 电网和用电设备额定电压/kV | 发电机额定电压/kV | 电力变压器额定电压/kV | |
|---|---|---|---|---|
| | | | 一次绕组 | 二次绕组 |
| 低压 | 0.38 | 0.4 | 0.38 | 0.40 |
| | 0.66 | 0.69 | 0.66 | 0.69 |
| 高压 | 3 | 3.15 | 3，3.15 | 3.15，3.3 |
| | 6 | 6.3 | 6，6.3 | 6.3，6.6 |
| | 10 | 10.5 | 10，10.5 | 10.5，11 |
| | — | 13.8，15.75，18，20，22，24，26 | 13.8，15.75，18，20，22，24，26 | — |
| | 35 | — | 35 | 38.5 |
| | 66 | — | 66 | 72.5 |
| | 110 | — | 110 | 121 |
| | 220 | — | 220 | 242 |
| | 330 | — | 330 | 363 |
| | 500 | — | 500 | 550 |
| | 750 | — | 750 | 825（800） |
| | 1000 | — | 1000 | 1100 |

（1）电网（线路）的额定电压

电网（线路）的额定电压只能选用国家规定的额定电压。它是确定各类电气设备额定电压的基本依据。

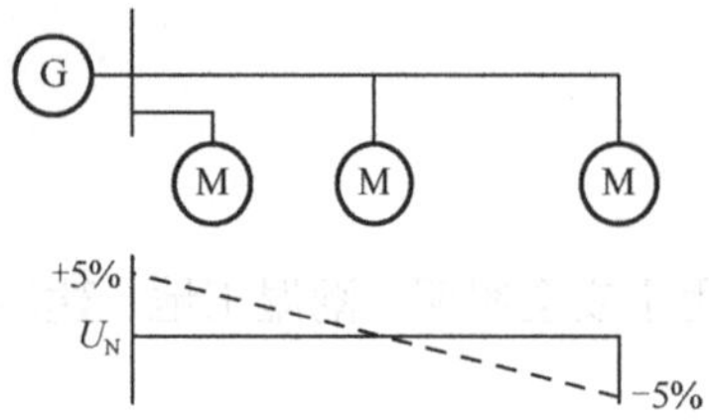


图 1-7　用电设备和发电机额定电压说明

（2）用电设备的额定电压

当线路输送电力负荷时，要产生电压降，沿线路的电压分布通常为首端高于末端，如图 1-7 所示。因此，沿线各用电设备的端电压将不同，线路的额定电压实际就是线路首末两端电压的平均值，为使各用电设备的电压偏移差异不大，用电设备的额定电压与同级电网（线路）的额定电压相同。

（3）发电机的额定电压

由于用电设备的电压偏移为±5%，而线路的允许电压降为 10%，这就要求线路首端电压为额定电压的 105%，末端电压为额定电压的 95%。因此，发电机的额定电压为线路额定电压的 105%，如图 1-7 所示。

（4）变压器的额定电压

① 变压器一次绕组的额定电压。

变压器一次绕组接电源，相当于用电设备。与发电机直接相连的升压变压器的一次绕组的额定电压应与发电机额定电压相同。连接在线路上的降压变压器的一次绕组的额定电压应与线路的额定电压相同，如图 1-8 所示。

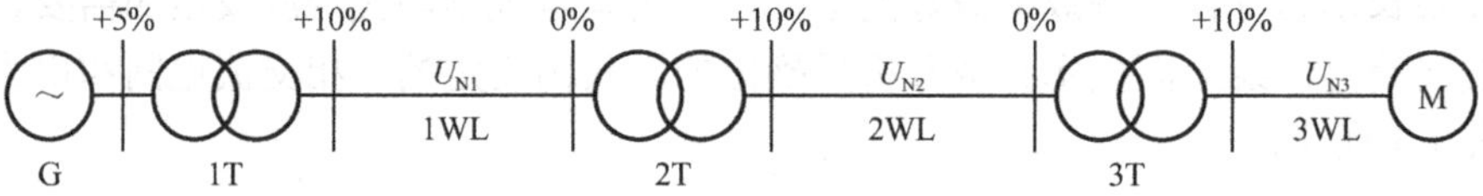


图 1-8　变压器额定电压说明

② 变压器二次绕组的额定电压。

变压器的二次绕组向负荷供电，相当于发电机。二次绕组电压应比线路的额定电压高 5%，而变压器二次绕组额定电压是指空载时的电压。但在额定负荷下，变压器本身的电压降为 5%，因此，当线路较长时（如 35kV 及以上高压线路），变压器二次绕组的额定电压应比相连线路的额定电压高 10%；当线路较短时（直接向高低用电设备供电，如 10kV 及以下线路），二次绕组的额定电压应比相连线路额定电压高 5%，如图 1-8 所示。

**例 1-1**　已知图 1-9 所示系统中线路的额定电压，试求发电机和变压器的额定电压。

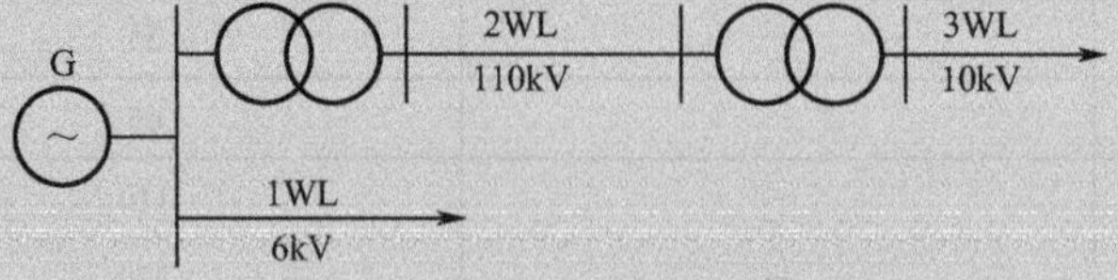


图 1-9　供电系统图

**解**：发电机 G 的额定电压为 $U_{NG} = 1.05U_{N1WL} = 1.05 \times 6 = 6.3\text{kV}$。

变压器 1T 的额定电压为

$$U_{1N1T} = U_{NG} = 6.3\text{kV}$$

$$U_{2N1T} = 1.1U_{N2WL} = 1.1 \times 110 = 121\text{kV}$$

1T 的额定电压为 121/6.3kV。

变压器 2T 的额定电压为

$$U_{1N2T}=U_{N2WL}=110\text{kV}$$
$$U_{2N2T}=1.05U_{N3WL}=1.05\times10=10.5\text{kV}$$

2T 的额定电压为 110/10.5kV。

**4．电力系统的电能质量要求**

电能的质量是指电压、频率、正弦波形、可靠性（后面讲述）四项指标。

（1）电压

电压质量是以电压偏离额定电压的幅度，即电压偏差来衡量的，一般以百分数表示，即

$$\Delta U\%=\frac{U-U_N}{U_N}\times100 \tag{1-1}$$

式中，$\Delta U\%$为电压偏差百分数，$U$为实际电压，$U_N$为额定电压。

我国规定了供电电压允许偏差，见表 1-2，要求供电电压的电压偏差不超过允许偏差。

**表 1-2　供电电压允许偏差**

| 线路额定电压 $U_N$ | 允许电压偏差 |
|---|---|
| 35kV 及以上 | ±5% |
| 10kV 及以下 | ±7% |
| 220V | +7%，−10% |

（2）频率

频率的质量是以频率偏差来衡量的。我国采用的额定频率为 50Hz，在正常情况下，频率的允许偏差根据电网的装机容量而定；事故情况下，频率允许偏差更大，频率的允许偏差见表 1-3。

**表 1-3　电力系统频率的允许偏差**

<table>
<tr><th>运 行 情 况</th><th colspan="2">频率的允许偏差/Hz</th></tr>
<tr><td rowspan="2">正常运行</td><td>300 万千瓦及以上</td><td>±0.2</td></tr>
<tr><td>300 万千瓦以下</td><td>±0.5</td></tr>
<tr><td>非正常运行</td><td colspan="2">±1.0</td></tr>
</table>

（3）波形

波形的质量是以正弦电压波形畸变率来衡量的。

在理想情况下，电压波形为正弦波，但电力系统中有大量非线性负荷，使电压波形发生畸变，除基波外，还有各项谐波。

# 任务 2　供配电系统的组成

## 1.2.1　供配电的意义和要求

所谓的工厂供电是指工厂所需电能的供应和分配，也称工厂供配电。

在工厂里，电能虽然是工业生产的主要能源和动力，但是它在产品成本中所占的比重一般很小。例如在机械工业中，电费开支仅占产品成本的 5%左右。从投资额来看，一般机械工业在供电设备上的投资，也仅占总投资的 5%左右。因此电能在工业生产中的重要性，并不在于它在

产品成本中或投资总额中所占比重多少，而在于工业生产实现电气化以后，可以大大增加产量，提高产品质量，提高劳动生产率，降低生产成本，减轻工人的劳动强度，改善工人的劳动条件，有利于实现生产过程自动化。另一方面，如果工厂供电突然中断，则对工业生产可能造成严重的后果。例如某些对供电可靠性要求很高的工厂，即使是极短时间的停电，也会引起重大设备损坏，或引起大量产品报废，甚至可能发生重大的人身事故，给国家和人民带来经济上或生态环境上甚至政治上的重大损失。因此，做好工厂供配电工作对于发展工业生产，实现工业现代化，具有十分重要的意义。

工厂供配电工作要很好地为工业生产服务，切实保证工厂生产和生活用电的需要，并做好节能和环保工作，就必须达到以下基本要求：

（1）安全：在电能的供应、分配和使用中，不应发生人身事故和设备事故。

（2）可靠：应满足电能用户对供电可靠性即连续供电的要求。

（3）优质：应满足电能用户对电压和频率等的质量要求。

（4）经济：供电系统的投资要少，运行费用要低，并尽可能地节约电能和减少有色金属消耗量。

### 1.2.2　供配电系统的组成和电压选择

工厂供配电系统是电力系统的重要组成部分，也是电力系统的最大电能用户。它由总降变电所、高压配电所、车间变电所、配电线路和用电设备组成。图 1-10 是工厂供配电系统结构框图。

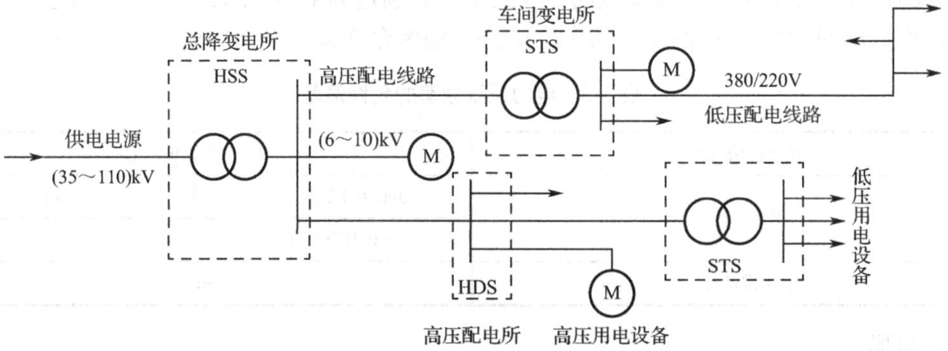


图 1-10　工厂供配电系统结构框图

（1）总降变电所是工厂电能供应的枢纽。它将（35～110）kV 的外部供电电源电压降为（6～10）kV 高压配电电压，供给高压配电所、车间变电所和高压用电设备。

（2）高压配电所集中接受（6～10）kV 电压，再分配到附近各车间变电所和高压用电设备。一般负荷分散、厂区大的大型工厂设置高压配电所。

（3）配电线路分为（6～10）kV 厂内高压配电线路和 380/220V 厂内低压配电线路。高压配电线路将总降变电所与高压配电所，车间变电所和高压用电设备连接起来。低压配电线路将车间变电所的 380/220V 电压送各低压用电设备。

（4）车间变电所将（6～10）kV 电压降为 380/220V 电压，供低压用电设备使用。

（5）用电设备按用途可分为动力用电设备、工艺用电设备、电热用电设备、试验用电设备和照明用电设备等。

对于某个具体工厂的供配电系统，可能上述各部分都有，也可能只有其中的几个部分，这主要取决于工厂电力负荷的大小和厂区的大小。不同工厂的供配电系统，不仅组成不完全相同，而且相同部分的构成也会有较大的差异。通常大型工厂都设总降变电所，中小型工厂仅设全厂（6～10）kV 变电所或配电所，某些特别重要的工厂还自备发电厂作为备用电源。

### 1．供配电系统组成种类

供配电系统是工业企业供配电系统和民用建筑供配电系统的总称。对用电单位来讲，供配电系统的范围是指从电源线路进入用户起到高低压用电设备进线端止的整个电路系统，它由变配电所、配电线路和用电设备构成。

对不同容量或类型的电能用户，供配电系统的组成是不同的。

（1）对大型用户及某些电源进线电压为 35kV 及以上的中型用户，供配电系统一般要经过两次降压，也就是在电源进厂以后，先经过总降压变电所，将 35kV 及以上的电源电压降为（6～10）kV 的配电电压，然后通过高压配电线路将电能送到各个车间变电所，也有的经高压配电所再送到车间变电所，最后经配电变压器降为一般低压用电设备所需的电压。图 1-11 所示为具有总降压变电所的供配电系统简图。

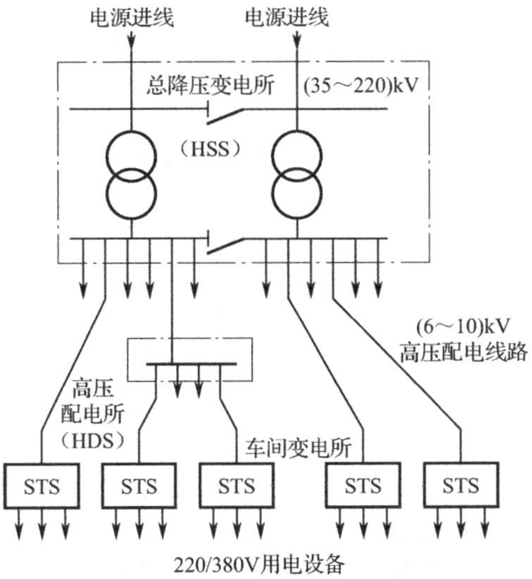


图 1-11　具有总降压变电所的供配电系统简图

（2）对电源进线电压为（6～10）kV 的中型用户，一般电能先经高压配电所集中，再由高压配电线路将电能分送到各车间变电所，或由高压配电线路直接供给高压用电设备。车间变电所内装有电力变压器，可将（6～10）kV 的高压降为一般低压用电设备所需的电压（如 220/380V），然后由低压配电线路将电能分送给各用电设备使用。图 1-12 所示为具有高压配电所的供配电系统简图。

（3）对于小型用户，由于所需容量一般不超过 1000kVA 或比 1000kVA 稍多，因此通常只设一个降压变电所，将（6～10）kV 电压降为低压用电设备所需的电压，如图 1-13 所示。当用户所需容量不大于 160kVA 时，一般采用低压电源进线，此时用户只需设一个低压配电间，如图 1-14 所示。

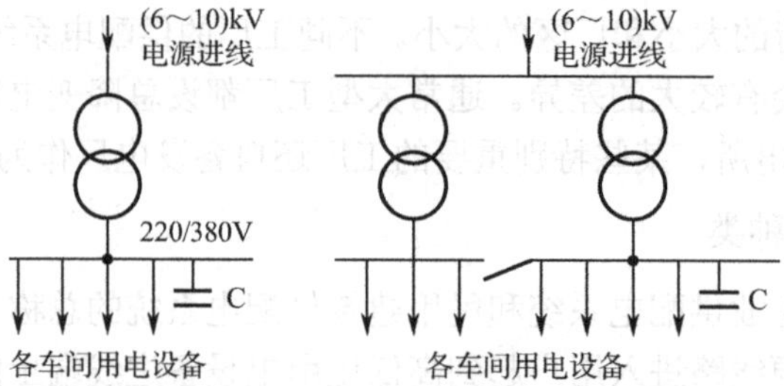


（a）装有一台变压器　（b）装有两台变压器

图 1-12　具有高压配电所的供配电系统简图

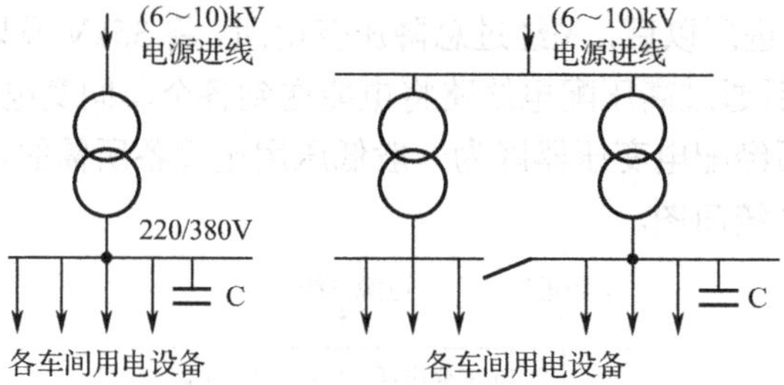


（a）装有一台变压器　（b）装有两台变压器

图 1-13　只有一个降压变电所的供配电系统简图

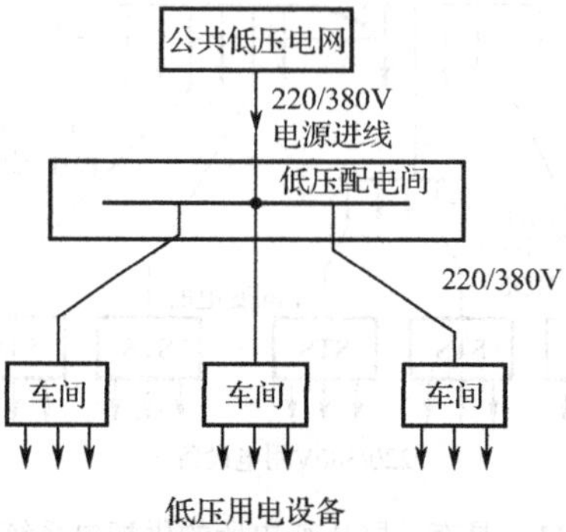


图 1-14　低压进线的供配电系统简图

## 2．供配电系统的电压选择

供配电系统电压的选择包括供电电压的选择和高、低压配电电压的选择。

（1）供电电压的选择

供电电压是指供配电系统从电力系统所取得的电源电压。供电电压的选择主要取决于以下三方面的因素。

① 电力部门所能提供的电源电压。例如，某一中小型企业可采用 10kV 供电电压，但附近只有 35kV 电源线路，而要取得远处的 10kV 供电电压投资较大，因此只有采用 35kV 供电电压。

② 企业负荷大小及电源线路远近。每一级供电电压都有其合理的供电容量和供电距离。当负荷较大时，相应的供电距离就会减小。当企业距离供电电源较远时，为了减少能量损耗，可采用较高的供电电压。

③ 企业大型设备的额定电压决定企业的供电电压。例如，某些制药厂或化工厂的大型设备

的额定电压为 6kV，因此必须采用 6kV 电源电压供电。当然也可采用 35kV 或 10kV 电源进线，再降为 6kV 厂内配电电压供电。

供电电压的选择主要取决于供电企业供电的电压等级，工厂用电设备的电压、容量和输送距离等因素。在选择供电电压时，必须进行技术、经济比较，才能确定应该采用的供电电压。我国目前电能用户所用的供电电压为（35～110）kV、10kV、6kV。一般来讲，大中型用户常采用（35～110）kV 做供电电压，中小型用户常采用 10kV、6kV 做供电电压。其中，采用 10kV 做供电电压最为常见。表 1-4 所示为各级电压下电力线路较合理的输送容量和输送距离。

**表 1-4　各级电压下电力线路较合理的输送容量和输送距离**

| 线路电压/kV | 线路结构 | 输送功率/kW | 输送距离/km |
|---|---|---|---|
| 0.38 | 架空线 | ≤100 | ≤0.25 |
| 0.38 | 电缆 | ≤175 | ≤0.35 |
| 6 | 架空线 | ≤1000 | ≤10 |
| 6 | 电缆 | ≤3000 | ≤8 |
| 10 | 架空线 | ≤2000 | 6～20 |
| 10 | 电缆 | ≤5000 | ≤10 |
| 35 | 架空线 | 2000～10000 | 20～50 |
| 66 | 架空线 | 3500～30000 | 30～100 |
| 110 | 架空线 | 10000～50000 | 50～150 |
| 220 | 架空线 | 100000～500000 | 200～300 |

（2）配电电压的选择

配电电压是指用户内部供电系统向用电设备配电的电压等级。由用户总降压变电所或高压配电所向高压用电设备配电的电压称为高压配电电压；由用户车间变电所或建筑物变电所向低压用电设备配电的电压称为低压配电电压。

① 高压配电电压。

中小型用户采用的高压配电电压通常为 10kV 或 6kV。从技术经济指标来看，最好采用 10kV 作为配电电压，只有在 6kV 用电设备数量较多或者由地区 6kV 电压直接配电时，才采用 6kV 作为配电电压。这是因为在同样的输送功率和输送距离条件下，配电电压越高，线路电流越小，线路所采用的导线或电缆截面就越小，这样可减少线路的初投资和金属消耗量，减少线路的电能损耗和电压损耗。从设备的选型及将来的发展来说，采用 10kV 配电电压优于 6kV 配电电压。

对于一些区域面积大、负荷多而且集中的大型用户，如环境条件允许采用架空线路和较经济的电气设备时，则可考虑采用 35kV 作为高压配电电压直接深入各用电负荷中心，并经负荷中心变电所直接降为用电设备所需电压。这种高压深入负荷中心的直配方式省去了中间变压，从而大大简化了供电接线，节约了有色金属，降低了功率损耗和电压损失。

② 低压配电电压。

电力用户的低压配电电压一般采用 220/380V 的标准电压等级。其中线电压 380V 接三相动力设备及 380V 单相设备，相电压 220V 接一般照明灯具及其他 220V 的单相设备。但在某些特殊场合（如矿井），负荷中心远离变电所，为保证负荷端的电压水平，一般采用 660V 作为配电电压。

# 任务 3　供配电系统的运行

## 1.3.1　电力系统的中性点运行方式

三相交流电力系统的中性点是指星形连接的变压器或发电机的中性点。中性点的运行方式有三种：中性点不接地系统、中性点经消弧线圈接地系统和中性点直接接地系统。前两种为小接地电流系统，后一种为大接地电流系统。

我国（3～66）kV 电力系统，一般采用中性点不接地运行方式。当（3～10）kV 电力系统接地电流大于 30A，（35～66）kV 电力系统接地电流大于 10A 时，应采用中性点经消弧线圈接地的运行方式。110kV 及以上电力系统和 1kV 以下低压电力系统采用中性点直接接地运行方式。

### 1. 中性点不接地的电力系统

图 1-15 是中性点不接地电力系统示意图。三相导体沿线路全长有分布电容，为了方便分析，用一个集中电容 C 表示，并设三相对地电容相等。

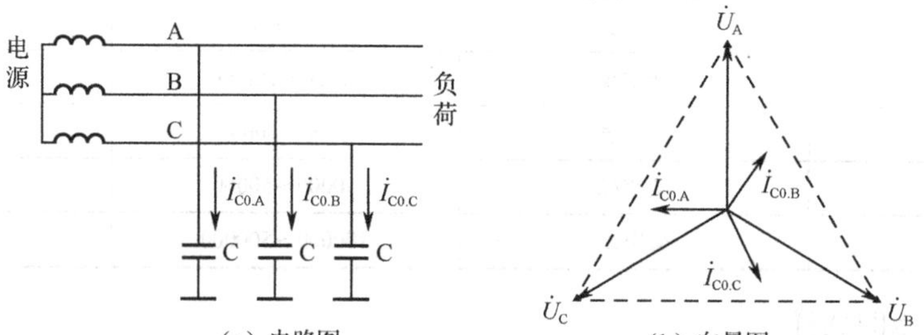

（a）电路图　（b）向量图

图 1-15　正常运行时的中性点不接地电力系统

系统正常运行时，各相的对地电压对称，其值等于各相的相电压；中性点对地电压为零。各相的对地电容电流也对称，其电容电流的相量和为零，向量图如图 1-15（b）所示。

系统发生单相接地时，如图 1-16（a）所示，接地相（C 相）对地电压为零。非接地相的对地电压升高为线电压 $\dot{U}'_A = \dot{U}_A + (-\dot{U}_C) = \dot{U}_{AC}$，$\dot{U}'_B = \dot{U}_B + (-\dot{U}_C) = \dot{U}_{BC}$，即等于相电压的 $\sqrt{3}$ 倍。从而，接地相的电容电流为零，非接地相的对地电容电流也增大为 $\sqrt{3}$ 倍。

C 相接地时，系统的接地电流（电容电流）$\dot{I}_C$ 应为 A、B 两相的对地电容电流之和。取接地电流 $\dot{I}_C$ 正方向为从相线到大地，如图 1-16 所示。因此，有

$$\dot{I}_C = -(\dot{I}_{C.A} + \dot{I}_{C.B}) \tag{1-2}$$

在数值上，由于 $I_C = \sqrt{3} I_{C.A}$，而 $I_{C.A} = U'_A / X_C = \sqrt{3} U_A / X_C = \sqrt{3} I_{C0}$。因此，有

$$I_C = 3I_{C0} \tag{1-3}$$

即单相接地的接地电流为正常运行时每相的对地电容电流的 3 倍。

当每相的对地电容不能确切知道时，接地电容可用下式近似计算：

$$I_C = \frac{U_N(L_{OH} + 35L_{CAB})}{350} \tag{1-4}$$

式中，$I_C$ 为系统的单相接地电容电流（单位为 A）；$U_N$ 为系统额定电压（kV）；$L_{OH}$ 为同一电压 $U_N$ 的具有电气联系的架空线路总长度（km）；$L_{CAB}$ 为同一电压 $U_N$ 的具有电气联系的电缆线路总长度（km）。

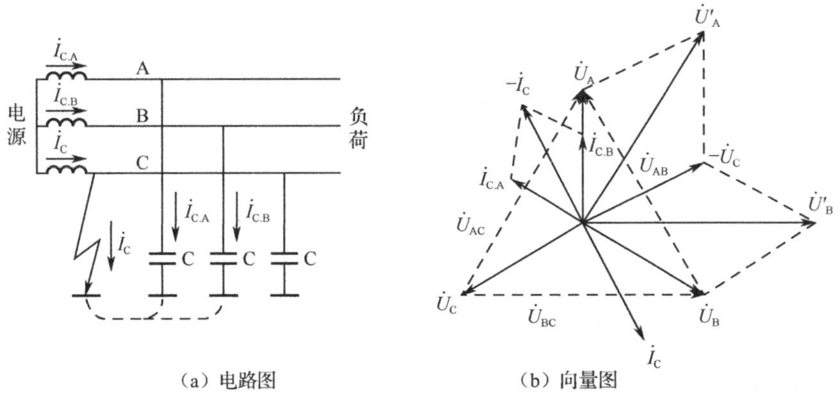


图 1-16　单相接地时的中性点不接地电力系统

### 2. 中性点经消弧线圈接地的电力系统

如前所述，当中性点不接地系统的单相接地电流超过规定值时，为了避免产生断续电弧，避免引起过电压或造成短路，减小接地电弧电流使电弧容易熄灭，中性点应经消弧线圈接地。消弧线圈实际上就是电抗线圈。图 1-17 是中性点经消弧线圈接地的电力系统的电路图和向量图。

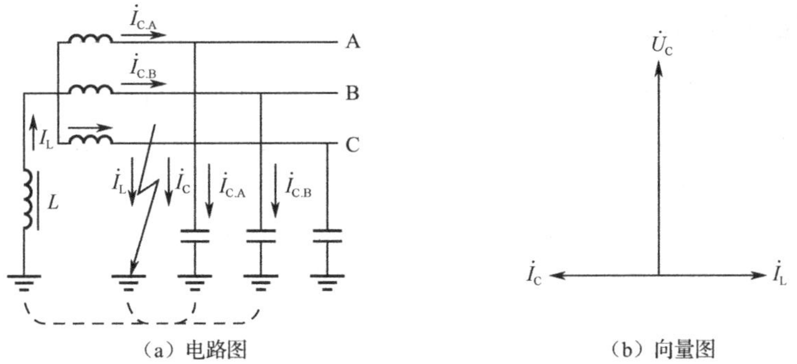


图 1-17　中性点经消弧线圈接地的电力系统

当中性点经消弧线圈接地系统发生单相接地时，流过接地点的电流是接地电容电流 $\dot{I}_C$ 和流过消弧线圈的电感电流 $\dot{I}_L$ 之相量和。由于 $\dot{I}_C$ 相位超前 $\dot{U}_C 90°$，$\dot{I}_L$ 的相位滞后 $\dot{U}_C 90°$，两电流相抵后使流过接地点的电流减小。

消弧线圈对电容电流的补偿有三种方式：(1) 全补偿 $\dot{I}_L = \dot{I}_C$；(2) 欠补偿 $\dot{I}_L < \dot{I}_C$；(3) 过补偿 $\dot{I}_L > \dot{I}_C$。实际都采用过补偿，以防止由全补偿引起的电流谐振损坏设备或防止欠补偿时由于部分线路断开造成全补偿，从而引起电流谐振。

中性点经消弧线圈接地系统发生单相接地时，各相的对地电压和对地电容电流的变化情况与中性点不接地系统相同。

### 3. 中性点直接接地的电力系统

中性点直接接地系统发生单相接地时，通过接地中性点形成单相短路，产生很大的短路电流，继电保护动作切除故障线路，使系统的其他部分恢复正常运行。图 1-18 是发生单相接地时的中性点直接接地的电力系统。

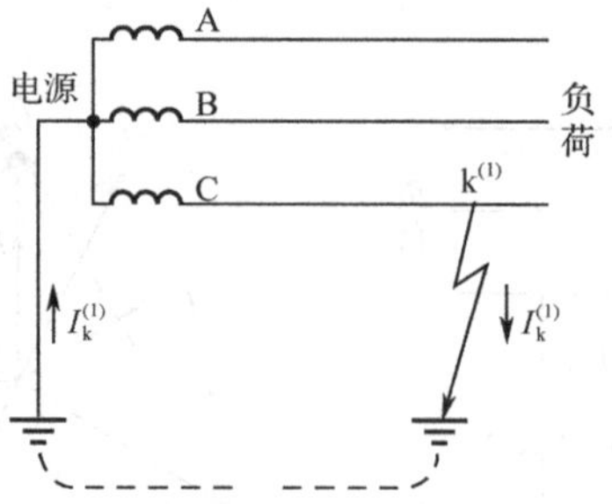


图 1-18　发生单相接地时的中性点直接接地的电力系统

由于中性点直接接地，发生单相接地时，中性点对地电压仍为零，非接地的相对地电压也不发生变化。中性点直接接地的系统发生单相接地时，其他两完好相的对地电压不会升高，这与上述中性点不直接接地的系统不同。因此，凡中性点直接接地的系统中的供电设备的绝缘只需按相电压考虑，而无须按线电压考虑。这对 110kV 以上的超高压系统是很有经济技术价值的。高压电器的绝缘问题是影响电器设计和制造的关键问题。电器绝缘要求的降低，直接降低了电器的造价，同时改善了电器的性能。目前我国 110kV 以上电力网及 380/220V 低压配电系统均采用中性点直接接地方式。

## 1.3.2　低压配电系统接地形式

低压配电系统的中性点运行方式可分为 TN 系统、TT 系统和 IT 系统。

（1）TN 系统。电源中性点直接接地，而且引出中性线（N 线）、保护线（PE 线）或保护中性线（PEN 线）这样的系统，称为 TN 系统。

中性线（N 线）的作用，一是用来接相电压为 220V 的单相用电设备；二是用来传导三相系统中的不平衡电流和单相电流；三是减少负载中性点的电压偏移。

保护线（PE 线）的作用是保障人身安全，防止触电事故发生。在 TN 系统中，当用电设备发生单相接地故障时，就形成单相短路，使线路过电流保护装置动作，迅速切除故障部分，从而防止人身触电。

TN 系统中的所有设备的外露可导电部分均接公共保护线(PE 线)或公共的保护中性线(PEN 线)。如果系统中的 N 线与 PE 线全部合为 PEN 线，则称系统为 TN-C 系统。保护中性线（PEN 线）兼有中性线（N 线）和保护线（PE 线）的功能，当三相负荷不平衡或接有单相用电设备时，PEN 线上均有电流通过。这种系统一般能够满足供电可靠性的要求，而且投资较少，节约有色金属，过去在我国低压配电系统中应用最为普遍。但是当 PEN 断线时，可使设备外露可导电部分带电，对人有触电危险。所以，现在在安全要求较高的场所和要求抗电磁干扰的场所均不允许采用。

如果系统中的 N 线与 PE 线全部分开，则称系统为 TN-S 系统，特点是公共 PE 线在正常情况下无电流通过，因此不会对接在 PE 线上的其他用电设备产生电磁干扰。此外，由于其 N 线与 PE 线分开，因此其 N 线即使断线也并不影响接在 PE 线上的用电设备的安全。该系统多用于环境条件较差，对安全可靠性要求较高及用电设备对抗电磁干扰要求较严的场所。

如果系统的前一部分线路其 N 线与 PE 线全部合为 PEN 线，而后一部分线路，N 线与 PE 线全部或部分分开，则称系统为 TN-C-S 系统，如图 1-19 所示。它兼有 TN-C 系统和 TN-S 系统的优点，常用于配电系统末端环境条件较差且要求无电磁干扰的数据处理或具有精密检测装置等设备的场所。

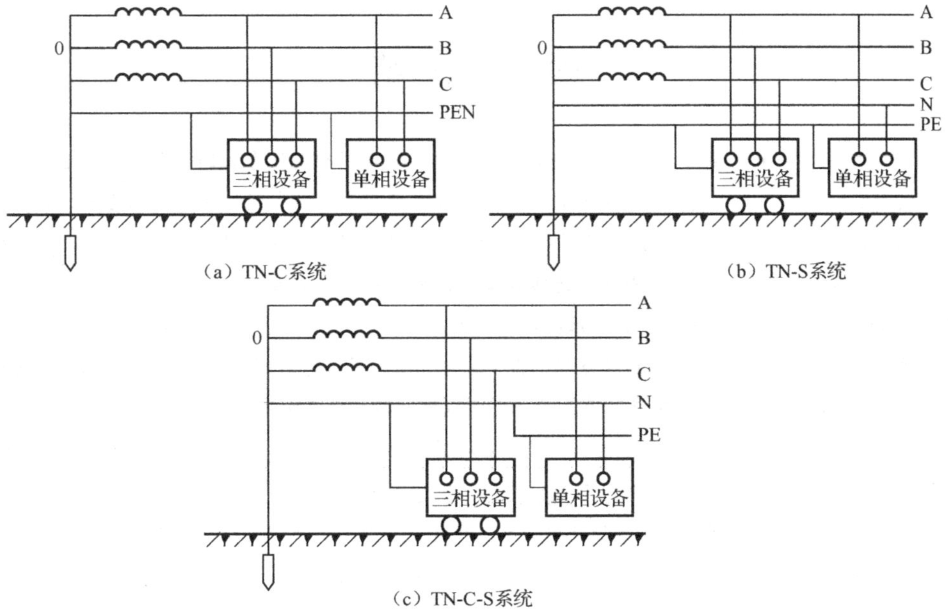


（a）TN-C系统　（b）TN-S系统　（c）TN-C-S系统

图 1-19　TN 系统

（2）TT 系统。TT 系统中所有设备的外露可导电部分均各自经 PE 线单独接地，如图 1-20 所示。该系统适用于对安全要求及对抗电磁干扰要求较高的场所。国外用得较多，现我国也有所应用。

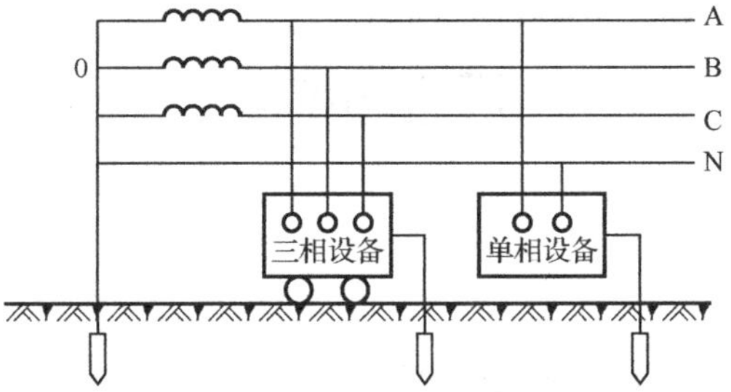


图 1-20　TT 系统

（3）IT 系统。IT 系统中的所有设备的外露可导电部分也都各自经 PE 线单独接地，但其电源中性点不接地或经 1000Ω 阻抗接地，且通常不引出中性线，如图 1-21 所示。主要用于对连续供电要求较高及有易燃易爆危险的场所，特别是矿山、井下等场所的供电。

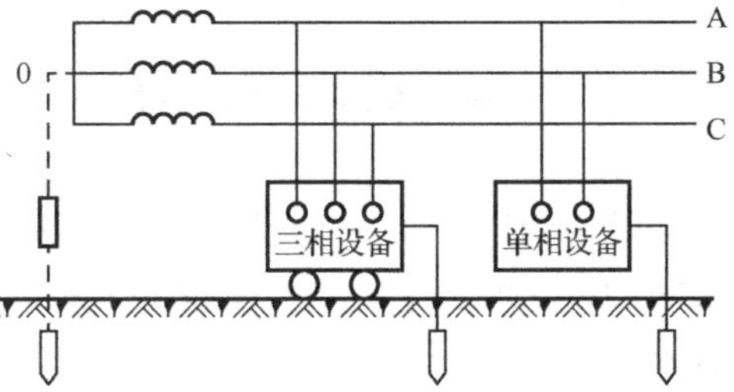


图 1-21　IT 系统

# 项 目 小 结

电力系统是发电、输电、变电、配电和用电的统一整体。发电厂把其他形式的能源通过发电设备转换为电能。我国以火力发电为主，其次是水力发电和核能发电。变电所用来接受电能、变换电压与分配电能，配电所用来接受电能和分配电能。电力网是电力系统的一部分，是输电线路和配电线路的统称，是输送电能和分配电能的通道。直流输电线路架设方便，能耗小，绝缘强度高，更适宜于远距离大容量输电。

为使电气设备实现标准化和系列化，国家规定了交流电网和电力设备的额定电压等级。用电设备的额定电压和电网的额定电压一致。发电机接在线路首端，其额定电压高于所供电网额定电压5%。变压器直接与发电机相连时，其一次侧额定电压与发电机额定电压相同，即比电网的额定电压要高5%；变压器接在某一级额定电压线路中，其一次侧额定电压与线路的额定电压相同。变压器二次侧供电线路较长时，变压器二次绕组的额定电压要比线路额定电压高出10%；二次侧线路较短时，其二次侧额定电压需高于线路额定电压5%。

工厂供电系统由工厂降压变电所、高压配电线路、车间变电所、低压配电线路及用电设备组成。一般大型工业企业均设工厂降压变电所，把（35～110）kV电压降为（6～10）kV电压向车间变电所供电。车间变电所将（6～10）kV的高压配电电压降为380/220V，对低压用电设备供电。一般没有高压用电设备的小型工厂，可选用380/220V电压供电。中、小型工厂可采用（6～10）kV电压供电。

我国电力系统中，110kV以上高压系统多采用中性点直接接地运行方式；（3～66）kV中压系统首选中性点不接地运行方式。当接地电流不满足要求时，可采用中性点经消弧线圈或电阻接地的运行方式；低于1kV的低压配电系统通常为中性点直接接地的运行方式。低压配电系统的中性点运行方式有TN系统、TT系统和IT系统三种，其中TN系统又包括TN-C、TN-S和TN-C-S系统三种。

# 思考与练习

## 一、思考题

（1）什么是电力系统？

（2）变配电所有哪几种类型？分别说明它们的特点。

（3）用电设备的额定电压为什么规定等于电网（线路）额定电压？为什么现在同一10kV电网的高压开关，额定电压有10kV和12kV两种规格？

（4）发电机的额定电压为什么规定要高于同级线路额定电压5%？

（5）电力变压器的额定一次侧电压，为什么规定有的要高于相应的线路额定电压5%？有的又可等于相应线路额定电压？而其二次侧电压，为什么规定有的要高于相应的线路额定电压10%？有的又可只高于相应线路额定电压5%？

（6）我国规定的“工频”是多少？衡量电能质量的两个基本参数是什么？对其偏差都有何要求？

（7）什么是工厂的供配电系统？

（8）工厂供配电系统的供电电压如何选择？工厂的高压配电电压和低压配电电压各如何选择？

（9）三相交流电力系统的电源中性点有哪些运行方式？中性点不直接接地系统与中性点直接接地系统在发生单相接地故障时各有什么特点？

（10）什么是TN-C系统、TN-S系统、TN-C-S系统，TT系统和IT系统各有哪些特点？各适于哪些场合？

## 二、练习题

1. 填空题

（1）把由各种类型发电厂中的发电机、升降压变压器、输电线路和电力用户连接起来的一个________、________、________、________和________的统一的整体称为电力系统。

（2）水力发电厂主要分为________水力发电厂、________水力发电厂和________水力发电厂。

（3）根据变电所在电力系统中所处的地位和作用，可分为________变电所、________变电所、________变电所、________变电所和________变电所。

（4）对大中型工厂来说，通常来说采用________作为供电电压，而对于中小型工厂来说，通常来说采用________、________作为供电电压。

（5）电压偏差是指电气设备的________与其________之差，通常用它对________的百分比来表示。

（6）供配电系统一般由________、________、________、________和用电设备组成。

（7）工厂供配电的基本要求：________、________、________、________。

（8）电力系统的中性点运行方式：________、________、________。

（9）低压配电系统的接地形式：________、________和________。

2. 判断题

（1）电力系统就是电网。（　　）

（2）核能发电厂的发电过程是核裂变能→热能→电能。（　　）

（3）工厂总降压变电所把（35～110）kV 电压降压为 1kV 电压向车间变电所供电。（　　）

（4）变电所与配电所的区别是变电所有变换电压的功能。（　　）

（5）低压配电系统，按保护接地的形式，分为 TN 系统、TS 系统和 IT 系统。（　　）

（6）中性点直接接地或经低电阻接地系统称为大接地电流系统。（　　）

（7）中性点不接地系统单相接地电容电流为正常运行时每相对地电容电流的 $\sqrt{3}$ 倍。（　　）

（8）系统发生单相接地时完好的两相对地电压由原来的线电压降低到相电压。（　　）

3. 选择题

（1）具有总降压变电所的工厂供电系统的进线电压、厂区高压配电电压以及车间 1000V 以下的电压等级分别为（　　）。

A. （35～220）kV，（6～10）kV，220/380V　　B. （10～35）kV，（3～6）kV，220/380V

C. （35～220）kV，（3～6）kV，380/660V　　D. （110～220）kV，（10～35）kV，220/380V

（2）电力变压器二次侧的额定电压比线路电压高（　　）。

A. 2.5%　　B. 5%　　C. 10%　　D. 5%或 10%

（3）发电机的额定电压一般高于同级线路电压（　　）。

A. 2.5%　　B. 5%　　C. 10%　　D. 5%或 10%

（4）在我国，110kV 及以上的电力系统通常采取（　　）的运行方式。

A. 中性点不接地　　B. 中性点经消弧线圈接地

C. 中性点直接接地

（5）车间变电所的电压变换等级通常为（　　）。

A. 把（220～550）kV 降为（35～110）kV　　B. 把（220～550）kV 降为（35～110）kV

C. 把（6～10）kV 降为 220/380V

（6）车间变电所单台主变压器的容量一般不宜大于（　　）。

A. 800kVA　　B. 1250kVA　　C. 2000kVA

（7）当变压器的一次侧绕组直接与发电机相连时，变压器一次侧绕组的额定电压应（　　）。

A．高于发电机的额定电压 5%　　B．高于发电机的额定电压 10%

C．与发电机的额定电压相同

4．计算题

（1）试确定图 1-22 所示的供电系统中发电机和所有变压器的额定电压。

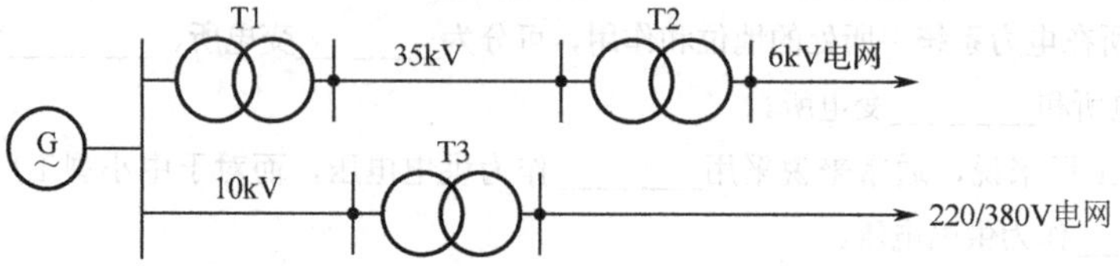


图 1-22　供电系统

（2）某 10kV 电网，架空线路总长度为 50km，电缆线路总长度为 20km。试求此中性点不接地的电力系统中发生单相接地时接地电容电流，并判断此系统的中性点需不需要改为经消弧线圈接地。

# 项目二　供配电系统电力负荷、短路电流及其计算

## 学习目标

（1）理解电力负荷分级和设备工作制；

（2）掌握电力负荷的计算负荷确定和计算方法；

（3）掌握功率因数含义及无功功率补偿的方法；

（4）掌握三相短路电流的计算及其方法。

## 项目任务

### 1. 项目描述

供配电系统要能安全可靠地正常运行，其中各个元件（包括电力变压器、开关设备及导线电缆等）都必须选择得当，除了应满足工作电压和频率的要求外，最重要的就是要满足负荷电流的要求。因此有必要对供配电系统中各个环节的电力负荷进行统计计算。另外，最不正常的工作情况也要考虑，主要就是短路，短路的后果十分严重，因此必须尽力设法消除可能引起短路的一切因素；同时需要进行短路电流的计算，以便正确地选择电气设备，使设备具有足够的动稳定性和热稳定性，以保证它在发生可能有的最大短路电流时不致损坏。为了选择切除短路故障的开关电器、整定短路保护的继电保护装置和选择限制短路电流的元件（如电抗器）等，也必须计算短路电流。

### 2. 工作任务

（1）三相用电设备组计算负荷的计算；

（2）工厂的计算负荷、功率因数及无功功率补偿计算；

（3）线路的三相短路电流计算。

### 3. 项目实施方案

本项目总体实施方案如图 2-1 所示。

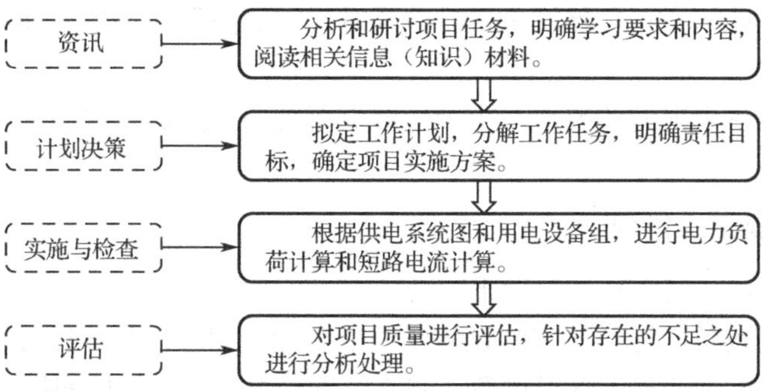


图 2-1　供配电系统电力负荷、短路电流及其计算

# 任务1　电力负荷及其计算

## 2.1.1　电力负荷与负荷曲线绘制

### 1. 电力负荷的分级及其对供电电源的要求

电力负荷有两种含义：一是指耗用电能的用电设备或用户；另一是指用电设备或用户耗用的功率或电流大小。这里所讲电力负荷指的是前者。

1）电力负荷的分级

电力负荷根据其对供电可靠性的要求及中断供电造成的损失或影响的程度分为三级：

（1）一级负荷。一级负荷为中断供电将造成人身伤亡者，或者中断供电将在政治、经济上造成重大损失者，如重大设备损坏、重大产品报废、用重要原料生产的产品大量报废、国民经济中重点企业的连续生产过程被打乱需要长时间才能恢复等。

在一级负荷中，当中断供电将发生中毒、爆炸和火灾等情况的负荷，以及特别重要场所不允许中断供电的负荷，应视为特别重要的负荷。

（2）二级负荷。二级负荷为中断供电将在政治、经济上造成较大损失者，如主要设备损坏、大量产品报废、连续生产过程被打乱需较长时间才能恢复、重点企业大量减产等。

（3）三级负荷。所有不属于上述一、二级负荷者均属三级负荷。

2）各级电力负荷对供电电源的要求

（1）一级负荷对供电电源的要求。由于一级负荷属重要负荷，如果中断供电造成的后果将十分严重，因此要求由两路电源供电，当其中一路电源发生故障时，另一路电源应不致同时受到损坏。

一级负荷中特别重要的负荷，除上述两路电源外，还必须增设应急电源。为保证对特别重要负荷的供电，严禁将其他负荷接入应急供电系统。常用的应急电源有：独立于正常电源的发电机组；供电网络中独立于正常电源的专门供电线路；蓄电池；干电池。

（2）二级负荷对供电电源的要求。二级负荷也属于重要负荷，要求由两回路供电，供电变压器也应有两台。只有当负荷较小或者当地供电条件困难时，二级负荷可由一回路 6kV 及以上的专用架空线路供电。这是考虑架空线路发生故障时，较之电缆线路发生故障时易于发现且易于检查和修复。当采用电缆线路时，必须采用两根电缆并列供电，每根电缆应能承受全部二级负荷。在其中一回路或一台变压器发生常见故障时，二级负荷应不致中断供电，或中断后能迅速恢复供电。

（3）三级负荷对供电电源的要求。由于三级负荷为不重要的一般负荷，因此它对供电电源无特殊要求。

### 2. 工厂用电设备的工作制

工厂的用电设备，按其工作制分以下三类：

（1）连续工作制设备。这类工作制设备在恒定负荷下运行，且运行时间长到足以使之达到热平衡状态，用电设备大都属于这类设备，如通风机、水泵、空气压缩机、电动/发电机组、电炉和照明灯等。机床电动机的负荷，一般变动较大，但其主电动机一般也是连续运行的。

（2）短时工作制设备。这类工作制设备在恒定负荷下运行的时间短（短于达到热平衡所需的时间），而停歇时间长（长到足以使设备温度冷却到周围介质的温度），如机床上的某些辅助电动机（如进给电动机）、控制闸门的电动机等。

（3）断续周期工作制设备。这类工作制设备周期性地时而工作，时而停歇，如此反复运行，但无论工作或停歇，均不足以使设备达到热平衡，如电焊机和吊车电动机等。

断续周期工作制设备，可用“负荷持续率”来表示其工作特征。负荷持续率为一个工作周期内工作时间与工作周期的百分比值，用$\varepsilon$ 表示，即

$$\varepsilon = \frac{t}{T} \times 100\% = \frac{t}{t + t_0} \times 100\% \quad (2\text{-}1)$$

式中，$T$ 为工作周期；$t$ 为工作时间；$t_0$ 为停歇时间。

断续周期工作制设备的额定容量（铭牌容量）$P_N$，是对应于某一标称负荷持续率 $\varepsilon_N$ 的。如果实际运行的负荷持续率$\varepsilon \neq \varepsilon_N$，则实际容量 $P_e$ 应按同一周期内等效发热条件进行换算。由于电流 $I$ 通过电阻为 $R$ 的设备在时间 $t$ 内产生的热量为 $I^2Rt$，因此在设备产生相同热量的条件下，$I \propto 1/\sqrt{\varepsilon}$；而在同一电压下，设备容量 $P \propto I$；又由式(2-1)知，同一周期 $T$ 的负荷持续率 $\varepsilon \propto t$。因此 $P \propto 1/\sqrt{\varepsilon}$，即设备容量与负荷持续率的平方根值成反比。由此可见，如果设备在$\varepsilon_N$ 下的容量为 $P_N$，则换算到实际$\varepsilon$下的容量 $P_e$ 为

$$P_e = P_N \sqrt{\frac{\varepsilon_N}{\varepsilon}} \quad (2\text{-}2)$$

### 3. 负荷曲线及有关物理量

1）负荷曲线的概念

负荷曲线是表征电力负荷随时间变动情况的一种图形。负荷曲线按负荷对象分，有工厂的、车间的或某类设备的负荷曲线。按负荷性质分，有有功和无功负荷曲线。按所表示的负荷变动时间分，有年的、月的、日的或工作班的负荷曲线。

图 2-2 是一班制工厂的日有功负荷曲线，其中图 2-2（a）是依点连成的负荷曲线，图 2-2（b）是依点绘成梯形的负荷曲线。

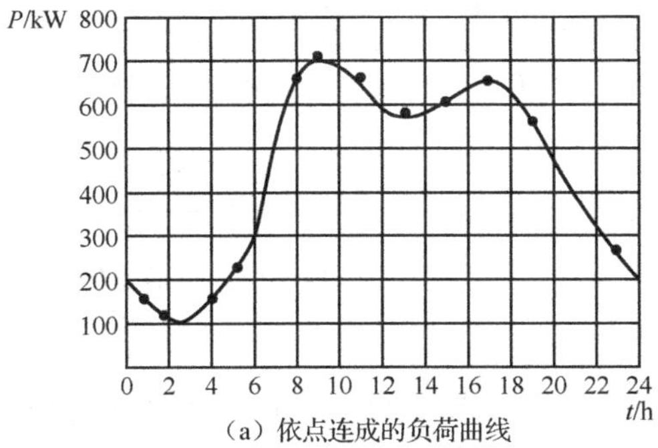

（a）依点连成的负荷曲线

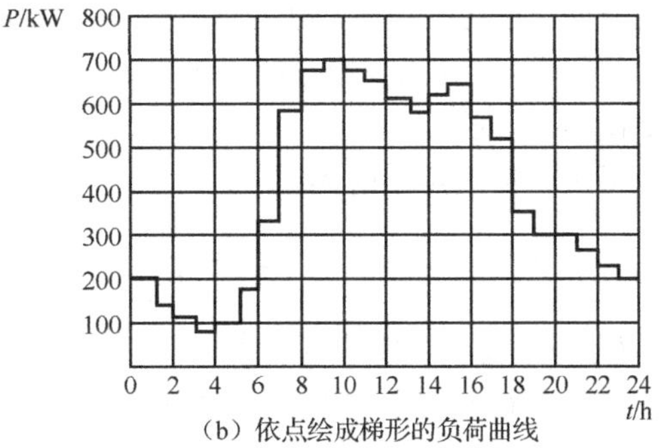

（b）依点绘成梯形的负荷曲线

图 2-2　日有功负荷曲线

年负荷曲线，通常绘成负荷持续时间曲线，按负荷大小依次排列，如图 2-3（c）所示。全年按 8760h 计算。

上述年负荷曲线，根据其一年中具有代表性的夏季负荷曲线（见图 2-3（a））和冬季负荷曲线（见图 2-3（b））来绘制。其夏日和冬季在全年中所占的天数，应视当地的地理位置和气温情况而定。如在我国北方，可近似取夏季 165 天，冬季 200 天；而在我国南方，则可近似取夏季 200 天，冬季 165 天。假设绘制北方某厂的年负荷曲线（见图 2-3（c）），其中 $P_1$ 在年负荷曲线上所占的时间 $T_1 = 165(t_1 + t_1')$，$P_2$ 在年负荷曲线上所占的时间 $T_2 = 165t_2 + 200t_2'$，其余类推。

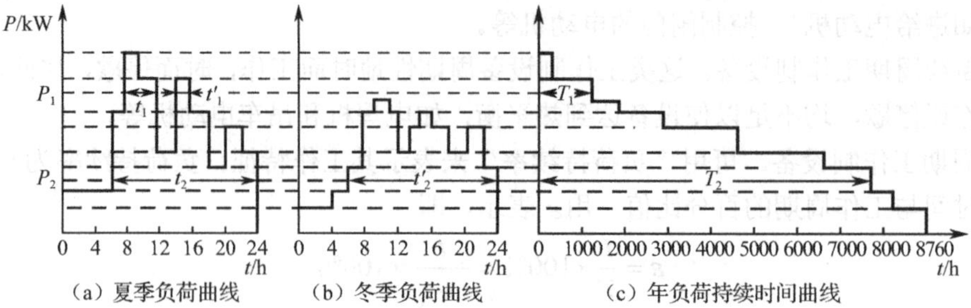


图 2-3　年负荷持续时间曲线的绘制

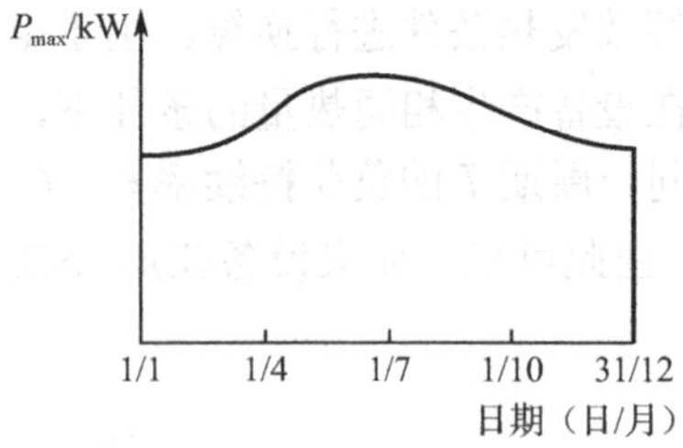


图 2-4　年每日最大负荷曲线

年负荷曲线还可按全年每日的最大负荷绘制，称为年每日最大负荷曲线，如图 2-4 所示。横坐标依次以全年十二个月份的日期来分格。这种年最大负荷曲线，可以用来确定拥有多台电力变压器的工厂变电所在一年内的不同时期宜于投入几台运行，即所谓经济运行方式，以降低电能损耗，提高供电系统的经济效益。

从各种负荷曲线，可以直观了解电力负荷变动的情况。通过对负荷曲线的分析，可以更深入地掌握负荷变动的规律，从中获得一些对设计和运行有用的资料。因此负荷曲线对于从事工厂供电设计和运行的人员来说，都是很必要的。

2）与负荷曲线和负荷计算有关的物理量

（1）年最大负荷。年最大负荷 $P_{max}$ 就是全年中负荷最大的工作班内（这一工作班的最大负荷不是偶然出现的，而是全年至少出现 2～3 次）消耗电能最大的半小时平均功率。因此年最大负荷也称为半小时最大负荷 $P_{30}$。

（2）年最大负荷利用小时。年最大负荷利用小时 $T_{max}$ 是一个假想时间，在此时间内，电力负荷按年最大负荷 $P_{max}$（或 $P_{30}$）持续运行所消耗的电能，恰好等于该电力负荷全年实际消耗的电能，如图 2-5 所示。

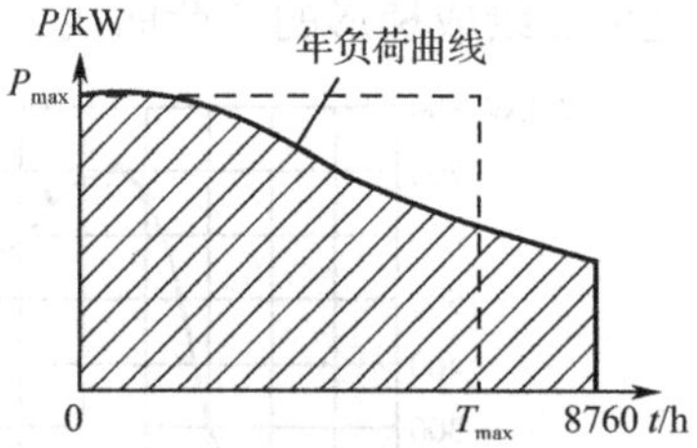


图 2-5　年最大负荷和年最大负荷利用小时

年最大负荷利用小时为

$$T_{max}=\frac{W_a}{P_{max}} \tag{2-3}$$

式中，$W_a$ 为年实际消耗的电能量。

年最大负荷利用小时是反映电力负荷特征的一个重要参数，与工厂的生产班制有明显的关系。例如一班制工厂，$T_{max}$≈1800～3000h；两班制工厂，$T_{max}$≈3500～4800h；三班制工厂，$T_{max}$≈5000～7000h。

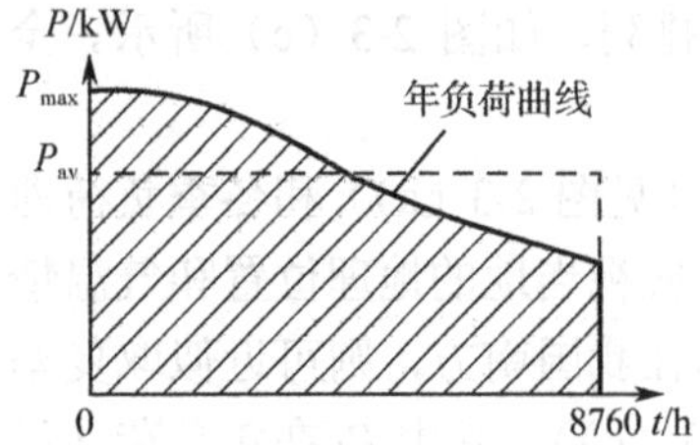


图 2-6　年平均负荷

（3）平均负荷。平均负荷 $P_{av}$ 就是电力负荷在一定时间 $t$ 内平均消耗的功率，也就是电力负荷在该时间 $t$ 内消耗的电能 $W_t$ 除以时间 $t$ 的值，即

$$P_{av}=\frac{W_t}{t} \tag{2-4}$$

年平均负荷 $P_{av}$ 的说明如图 2-6 所示。年平均负荷 $P_{av}$ 的横线与纵横两坐标轴所包围的矩形面积恰好等于年负荷曲线与两

坐标轴所包围的面积 $W_a$，即年平均负荷 $P_{av}$ 为

$$P_{av}=\frac{W_a}{8760} \tag{2-5}$$

（4）负荷系数。负荷系数 $K_L$ 又称负荷率，它是用电负荷的平均负荷 $P_{av}$ 与其最大负荷 $P_{max}$ 的比值，即

$$K_L=\frac{P_{av}}{P_{max}} \tag{2-6}$$

对用电设备来说，负荷系数就是设备的输出功率 $P$ 与设备额定容量 $P_N$ 的比值，即

$$K_L=\frac{P}{P_N} \tag{2-7}$$

## 2.1.2　三相用电设备组计算负荷的确定

### 1．概述

供配电系统要能安全可靠地正常运行，最重要的就是要满足负荷电流的要求。通过负荷统计计算求出的、用来按发热条件选择供电系统中各元件的负荷值，称为计算负荷。根据计算负荷选择的电气设备和导线电缆，如果以计算负荷连续运行，其发热温度不会超过允许值。

由于导体通过电流达到稳定温升的时间大约需（3～4）$\tau$，$\tau$为发热时间常数。截面在 16mm² 及以上的导体，其$\tau\geqslant$10min，因此载流导体大约经 30min 后可达到稳定温升值。可见，计算负荷实际上与从负荷曲线上查得的半小时最大负荷 $P_{30}$（即 $P_{max}$）是基本相当的。所以，计算负荷也可以认为就是半小时最大负荷。后面的计算中分别用 $P_{30}$、$Q_{30}$、$S_{30}$ 和 $I_{30}$ 来表示有功计算负荷、无功计算负荷、视在计算负荷和计算电流。

计算负荷是供电设计计算的基本依据。如果计算负荷确定得过大，将使电器和导线电缆选得过大，造成投资和有色金属的浪费。如果计算负荷确定得过小，又将使电器和导线电缆处于过负荷下运行，增加电能损耗，产生过热，导致绝缘过早老化，甚至燃烧引起火灾，从而造成更大的损失。由此可见，正确确定计算负荷非常重要。

我国目前普遍采用的确定用电设备组计算负荷的方法，有需要系数法和二项式法。需要系数法是国际上普遍采用的确定计算负荷的基本方法，最为简便。但在确定设备台数较少而容量差别较大的分支干线的计算负荷时，采用二项式法较需要系数法合理，且计算也比较简便。

### 2．按需要系数法确定计算负荷

1）基本公式

用电设备组的计算负荷，是指用电设备组从供电系统中取用的半小时最大负荷 $P_{30}$，如图 2-7 所示。用电设备组的设备容量 $P_e$，是指用电设备组所有设备（不含备用的设备）的额定容量 $P_N$ 之和，即 $P_e=\sum P_N$。而设备的额定容量 $P_N$ 是设备在额定条件下的最大输出功率（出力）。但是用电设备组的设备实际上不一定都同时运行，运行的设备也不太可能都满负荷，同时设备本身和配电线路还有功率损耗，因此用电设备组的有功计算负荷应为

$$P_{30}=\frac{K_{\Sigma}K_L}{\eta_e\eta_{WL}}P_e \tag{2-8}$$

式中，$K_{\Sigma}$ 为设备组的同时系数，即设备组在最大负荷时运行的设备容量与全部设备容量之比；$K_L$ 为设备组的负荷系数，即设备组在最大负荷时输出功率与运行的设备容量之比；$\eta_e$ 为设备组的平均效率，即设备组在最大负荷时输出功率与取用功率之比；$\eta_{WL}$ 为配电线路的平均效率，

即配电线路在最大负荷时的末端功率与首端功率之比。

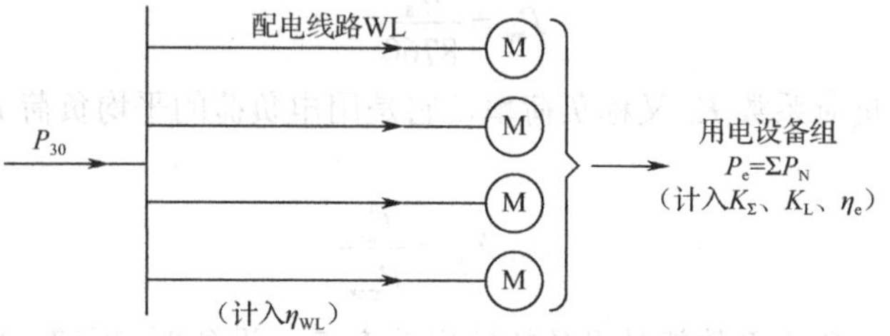


图 2-7　用电设备组的计算负荷

令式（2-8）中的 $\frac{K_\Sigma K_L}{\eta_e \eta_{WL}} = K_d$，$K_d$ 称为需要系数。由式（2-8）可知，需要系数的定义式为

$K_d = \frac{P_{30}}{P_e}$，即用电设备组的需要系数，为用电设备组的半小时最大负荷与其设备容量的比值。

由此可得按需要系数法确定三相用电设备组计算负荷的基本公式为

$$\left.\begin{aligned} P_{30} &= K_d \times P_e \\ Q_{30} &= P_{30} \times \tan\varphi \\ S_{30} &= \frac{P_{30}}{\cos\varphi} \\ I_{30} &= \frac{S_{30}}{\sqrt{3}U_N} \end{aligned}\right\} \tag{2-9}$$

上式中的 $K_d$、$\cos\varphi$、$\tan\varphi$，可查附表 1。设备容量 $P_e$ 的公式如下：

$$P_e = \begin{cases} \sum P_N\text{：连续工作制和短时工作制} \\ \sum (P_N\sqrt{\varepsilon_N})\text{：电焊机组} \\ \sum (2P_N\sqrt{\varepsilon_N})\text{：吊车电动机组} \end{cases} \tag{2-10}$$

负荷计算中常用的单位：有功功率为“千瓦”（kW），无功功率为“千乏”（kvar），视在功率为“千伏安”（kVA），电流为“安”（A），电压为“千伏”（kV）。

附表 1 所列需要系数值是按车间范围内台数较多的情况来确定的，需要系数值都较低，因此需要系数法适用于确定车间的计算负荷。只有 1～2 台设备时，可认为 $K_d$=1，即 $P_{30}$=$P_e$。只有一台电动机时，其 $P_{30}$=$P_N/\eta$，这里 $P_N$ 为电动机额定容量，$\eta$为电动机效率。另外，查表时首先要正确判明用电设备的类别和工作状态，否则会造成错误。例如，机修车间的金属切削机床电动机，应属小批生产的冷加工机床电动机，因为金属切削就是冷加工，而机修不可能是大批量生产。又如压塑机、拉丝机和锻锤等，应属热加工机床。再如起重机、行车、电动葫芦等，均属吊车类。

**例 2-1**　已知某机修车间的金属切削机床组，拥有电压为 380V 的三相电动机 7.5kW 6 台，4kW 8 台，3kW 20 台，1.5kW 10 台。试求其计算负荷。

**解**：查附表 1 中“小批量生产金属冷加工机床”项，得 $K_d$=0.16～0.2（取 0.2），$\cos\varphi = 0.5$，$\tan\varphi = 1.73$。

此机床组电动机的总容量：$P_e = 7.5\times 6 + 4\times 8 + 3\times 20 + 1.5\times 10 = 152\text{kW}$

因此可求得：

有功计算负荷：$P_{30} = K_d \times P_e = 0.2\times 152 = 30.4\text{kW}$

无功计算负荷：$Q_{30} = P_{30} \times \tan\varphi = 30.4\times 1.73 = 52.59\text{kvar}$

视在计算负荷：$S_{30}=\dfrac{P_{30}}{\cos\varphi}=\dfrac{30.4}{0.5}=60.8\text{kVA}$

计算电流：$I_{30}=\dfrac{S_{30}}{\sqrt{3}U_N}=\dfrac{60.8}{\sqrt{3}\times0.38}=92.38\text{A}$

2）设备容量的计算

需要系数法基本公式中的设备容量 $P_e$，不含备用设备的容量，且与用电设备组的工作制有关。其计算方法见式（2-10）。

（1）一般连续工作制和短时工作制的用电设备组容量计算

其设备容量是所有设备的铭牌额定容量之和。

（2）断续周期工作制的设备容量计算

其设备容量是将所有设备在不同负荷持续率下的铭牌额定容量换算到一个规定的负荷持续率下的容量之和。容量换算的公式如式（2-2）所示。断续周期工作制的用电设备常用的有电焊机和吊车电动机，各自的换算要求如下：

① 电焊机组。因电焊机的铭牌负荷持续率有20%、40%、50%、60%、75%、100%等多种，而$\varepsilon$=100%时，$\sqrt{\varepsilon}=1$，换算最为简便，因此规定其设备容量统一换算到$\varepsilon$=100%。附表1中电焊机的需要系数及其他系数也都是对应于$\varepsilon$=100%的。因此由式（2-2）可得换算后的设备容量为

$$P_e=P_N\sqrt{\frac{\varepsilon_N}{\varepsilon_{100}}}=S_N\cos\varphi\sqrt{\frac{\varepsilon_N}{\varepsilon_{100}}},\quad P_e=P_N\sqrt{\varepsilon_N}=S_N\cos\varphi\sqrt{\varepsilon_N} \tag{2-11}$$

式中，$P_N$、$S_N$ 为电焊机的铭牌容量（前者为有功功率，后者为视在功率）；$\varepsilon_N$ 为与铭牌容量相对应的负荷持续率（计算中用小数）；$\varepsilon_{100}$ 为其值等于100%的负荷持续率（计算中用1）；$\cos\varphi$ 为铭牌规定的功率因数。

② 吊车电动机组。吊车（起重机）的铭牌负荷持续率有15%、25%、40%、60%等，而$\varepsilon$=25%时，$\sqrt{\varepsilon}=0.5$，换算相对较为简便，因此规定其设备容量统一换算到$\varepsilon$=25%。附表1中吊车组的需要系数及其他系数也都是对应于$\varepsilon$=25%的。因此由式（2-2），可得换算后的设备容量为

$$P_e=P_N\sqrt{\frac{\varepsilon_N}{\varepsilon_{25}}}=2P_N\sqrt{\varepsilon_N} \tag{2-12}$$

式中，$P_N$ 为吊车电动机的铭牌容量；$\varepsilon_N$ 为与 $P_N$ 对应的负荷持续率（计算中用小数）；$\varepsilon_{25}$ 为其值等于25%的负荷持续率（计算中用0.25）。

3）多组用电设备计算负荷的确定

确定拥有多组用电设备的干线上或车间变电所低压母线上的计算负荷时，应考虑各组用电设备的最大负荷不同时出现的因素。因此在确定多组用电设备的计算负荷时，应结合具体情况对其有功负荷和无功负荷分别计入一个同时系数 $K_{\Sigma P}$ 和 $K_{\Sigma Q}$。该系数的取值见表2-1。

**表2-1　同时系数 $K_{\Sigma P}$ 和 $K_{\Sigma Q}$**

| 应用范围 | | $K_{\Sigma P}$ | $K_{\Sigma Q}$ |
|---|---|---|---|
| 车间干线 | | 0.85～0.95 | 0.90～0.97 |
| 低压母线 | 由用电设备组 $P_{30}$ 直接相加 | 0.80～0.90 | 0.85～0.95 |
| | 由车间干线 $P_{30}$ 直接相加 | 0.90～0.95 | 0.93～0.97 |

由此可得多组用电设备组计算负荷的基本公式为

$$\left.\begin{aligned} P_{30} &= K_{\Sigma P}\sum P_{30.i} \\ Q_{30} &= K_{\Sigma Q}\sum Q_{30.i} \\ S_{30} &= \sqrt{P_{30}^2+Q_{30}^2} \\ I_{30} &= \frac{S_{30}}{\sqrt{3}U_N} \end{aligned}\right\} \tag{2-13}$$

式中，$i$ 为用电设备组的组数；$K_{\Sigma P}$、$K_{\Sigma Q}$ 为同时系数，见表 2-1。

**例 2-2**　一机修车间的 380V 线路上，接有金属切削机床电动机 20 台共 50kW，其中较大容量电动机有 7.5kW 2 台，4kW 2 台，2.2kW 8 台；另接通风机 1.2kW 3 台；电阻炉 3kW 1 台。试求计算负荷（设同时系数 $K_{\Sigma P}$、$K_{\Sigma Q}$ 均为 0.9）。

**解：**

（1）冷加工机床：查附表 1 可取 $K_{d1}=0.2$，$\cos\varphi_1=0.5$，$\tan\varphi_1=1.73$。

$$P_{30.1}=K_{d1}P_{e1}=0.2\times50=10\text{kW}$$

$$Q_{30.1}=P_{30.1}\tan\varphi_1=10\times1.73=17.3\text{kvar}$$

（2）通风机：查附表 1 可取 $K_{d2}=0.8$，$\cos\varphi_2=0.8$，$\tan\varphi_2=0.75$。

$$P_{30.2}=K_{d2}P_{e2}=0.8\times1.2\times3=2.88\text{kW}$$

$$Q_{30.2}=P_{30.2}\tan\varphi_2=2.88\times0.75=2.16\text{kvar}$$

（3）电阻炉：查附表 1 可取 $K_{d3}=0.7$，$\cos\varphi_3=1$，$\tan\varphi_3=0$。

$$P_{30.3}=K_{d3}P_{e3}=0.7\times3\text{kW}=2.1\text{kW}$$

$$Q_{30.3}=0$$

（4）总计算负荷：

$$P_{30}=K_{\Sigma P}\sum P_{30.i}=0.9(10+2.88+2.1)=13.48\text{kW}$$

$$Q_{30}=K_{\Sigma Q}\sum Q_{30.i}=0.9(17.3+2.16+0)=17.51\text{kvar}$$

$$S_{30}=\sqrt{P_{30}^2+Q_{30}^2}=\sqrt{13.48^2+17.51^2}=22.1\text{kVA}$$

$$I_{30}=\frac{S_{30}}{\sqrt{3}U_N}=\frac{22.1}{\sqrt{3}\times0.38}=33.58\text{A}$$

### 3. 按二项式法确定计算负荷

（1）基本公式

按二项式法确定三相用电设备组计算负荷的基本公式为

$$\left.\begin{aligned} P_{30} &= bP_e + cP_x \\ Q_{30} &= P_{30}\times\tan\varphi \\ S_{30} &= \frac{P_{30}}{\cos\varphi} \\ I_{30} &= \frac{S_{30}}{\sqrt{3}U_N} \end{aligned}\right\} \tag{2-14}$$

式中，二项式系数 $b$、$c$ 和最大容量的设备台数 $x$、$\cos\varphi$、$\tan\varphi$，可查附表 1。$bP_e$（二项式第一项）表示设备组的平均功率，其中 $P_e$ 是用电设备组的设备总容量；$cP_x$（二项式第二项）表示设备组中 $x$ 台容量最大的设备投入运行时增加的附加负荷，其中 $P_x$ 是 $x$ 台最大容量的设备总容量。

**注意：**按二项式法确定计算负荷时，如果设备总台数 $n$ 少于附表 1 中规定的最大容量设备

台数 $x$ 的 2 倍，即 $n<2x$ 时，$x=n/2$ 且按“四舍五入”取其整数。如果用电设备组只有 1～2 台设备时，则可认为 $P_{30}=P_e$。对于单台电动机，则 $P_{30}=P_N/\eta$，这里 $P_N$ 为电动机额定容量，$\eta$为其额定效率。由于二项式法不仅考虑了用电设备组最大负荷时的平均负荷，而且考虑了少数容量最大的设备投入运行时对总计算负荷的额外影响，所以二项式法比较适于确定设备台数较少而容量差别较大的低压干线和分支线的计算负荷。

**例 2-3**　试用二项式法来确定例 2-1 中机床组的计算负荷。

**解**：查附表 1 中“小批量生产金属冷加工机床”项，得 $b=0.14$，$c=0.4$，$x=5$，$\cos\varphi=0.5$，$\tan\varphi=1.73$。

此机床组电动机的总容量：$P_e=7.5\times6+4\times8+3\times20+1.5\times10=152\text{kW}$

$x$ 台最大容量的设备容量：$P_5=7.5\times5=37.5\text{kW}$

因此可求得：

有功计算负荷：$P_{30}=bP_e+cP_x=0.14\times152+0.4\times37.5=36.28\text{kW}$

无功计算负荷：$Q_{30}=P_{30}\times\tan\varphi=36.28\times1.73=62.76\text{kvar}$

视在计算负荷：$S_{30}=\dfrac{P_{30}}{\cos\varphi}=\dfrac{36.28}{0.5}=72.56\text{kVA}$

计算电流：$I_{30}=\dfrac{S_{30}}{\sqrt{3}U_N}=\dfrac{72.56}{\sqrt{3}\times0.38}=110.24\text{A}$

（2）多组用电设备计算负荷的确定

采用二项式法确定多组用电设备总的计算负荷是在各组设备中取其中一组最大的有功附加负荷$(cP_x)_{max}$，再加上各组的平均负荷 $bP_e$，由此可得多组用电设备组计算负荷的基本公式为

$$\left.\begin{aligned}P_{30}&=\sum(bP_e)_i+(cP_x)_{max}\\Q_{30}&=\sum(bP_e\tan\varphi)_i+(cP_x)_{max}\tan\varphi_{max}\\S_{30}&=\sqrt{P_{30}^2+Q_{30}^2}\\I_{30}&=\frac{S_{30}}{\sqrt{3}U_N}\end{aligned}\right\}\qquad(2\text{-}15)$$

式中，$\tan\varphi_{max}$ 为最大附加负荷$(cP_x)_{max}$的设备组的平均功率因数角的正切值。

为了简化，按二项式法计算多组设备的计算负荷时，不论各组设备台数多少，各组的计算系数 $b$、$c$、$x$ 和 $\cos\varphi$等，均按附表 1 所列数值计算。

**例 2-4**　试用二项式法来确定例 2-2 中的计算负荷。

**解**：求出各组的平均功率 $bP_e$和附加负荷 $cP_x$。

① 金属切削机床组。

查附表 1，取 $b_1=0.14$，$c_1=0.4$，$x_1=5$，$\cos\varphi_1=0.5$，$\tan\varphi_1=1.73$，则

$$(bP_e)_1=0.14\times50=7\text{kW},\ (cP_x)_1=0.4(7.5\times2+4\times2+2.2\times1)=10.08\text{kW}$$

② 通风机组。

查附表 1，取 $b_2=0.65$，$c_2=0.25$，$\cos\varphi_2=0.8$，$\tan\varphi_2=0.75$，$x_2=5$，则

$$(bP_e)_2=0.65\times3.6=2.34\text{kW},\ (cP_x)_2=0.25\times3.6=0.9\text{kW}$$

③ 电阻炉。

查附表 1，取 $b_3=0.7$，$c_3=0$，$\cos\varphi_3=1$，$\tan\varphi_3=0$，则

$$(bP_e)_3=0.7\times3=2.1\text{kW},\ (cP_x)_3=0$$

显然，第一组的附加负荷$(cP_x)_1$最大，故总计算负荷为

$$P_{30}=\sum(bP_e)_i+(cP_x)_1=(7+2.34+2.1)+10.08=21.52\text{kW}$$

$$Q_{30}=\sum(bP_e\tan\varphi)_i+(cP_x)\tan\varphi_1=(7\times1.73+2.34\times0.75+0)+10.08\times1.73=31.3\text{kvar}$$

$$S_{30}=\sqrt{21.52^2+31.3^2}=37.98\text{kVA}$$

$$I_{30}=\frac{S_{30}}{\sqrt{3}U_N}=\frac{37.98}{\sqrt{3}\times0.38}=57.7\text{A}$$

比较例 2-2 和例 2-4 的计算结果，按二项式法计算的结果较之按需要系数法计算的结果大得比较多，这也更加合理。

### 2.1.3　单相用电设备组计算负荷的确定

**1．概述**

在工厂里，除了广泛应用的三相设备外，还有电焊机、电炉、电灯等各种单相设备。单相设备应尽可能均衡分配，使三相尽可能平衡。如果三相线路中单相设备的总容量不超过三相设备总容量的 15%，单相设备可与三相设备综合按三相负荷平衡计算；如果超过 15%，则应将单相设备容量换算为等效三相设备容量，再与三相设备容量相加。只要三相负荷不平衡，就应以最大负荷相有功负荷的 3 倍作为等效三相有功负荷，以满足安全运行要求。

**2．单相设备组等效三相负荷的计算**

（1）单相设备接于相电压时的等效三相负荷计算

其等效三相设备容量 $P_e$ 应按最大负荷相所接单相设备容量 $P_{e.m\varphi}$ 的 3 倍计算，即

$$P_e=3P_{e.m\varphi} \tag{2-16}$$

（2）单相设备接于线电压时的等效三相负荷计算

由于容量为 $P_{e.\varphi}$ 的单相设备在线电压上产生的电流 $I=P_{e.\varphi}/(U\cos\varphi)$，此电流应与等效三相设备容量 $P_e$ 产生的电流 $I'=P_e/(\sqrt{3}U\cos\varphi)$ 相等，因此其等效三相设备容量为

$$P_e=\sqrt{3}P_{e.\varphi} \tag{2-17}$$

（3）单相设备分别接于线电压和相电压时的负荷计算

首先应将接于线电压的单相设备容量换算为接于相电压的设备容量，然后分相计算各相的设备容量与计算负荷。总的等效三相有功计算负荷为其最大有功负荷相的有功计算负荷 $P_{30.m\varphi}$ 的 3 倍，即

$$P_{30}=3P_{30.m\varphi} \tag{2-18}$$

总的等效三相无功计算负荷为最大有功负荷相的无功计算负荷 $Q_{30.m\varphi}$ 的 3 倍，即

$$Q_{30}=3Q_{30.m\varphi} \tag{2-19}$$

关于将接于线电压的单相设备容量换算为接于相电压的设备容量的问题，可按下列换算公式进行换算：

$$\left.\begin{array}{ll}
\text{A相} & \begin{array}{l} P_A=p_{AB-A}P_{AB}+p_{CA-A}P_{CA} \\ Q_A=q_{AB-A}P_{AB}+q_{CA-A}P_{CA} \end{array} \\
\text{B相} & \begin{array}{l} P_B=p_{BC-B}P_{BC}+p_{AB-B}P_{AB} \\ Q_B=q_{BC-B}P_{BC}+q_{AB-B}P_{AB} \end{array} \\
\text{C相} & \begin{array}{l} P_C=p_{CA-C}P_{CA}+p_{BC-C}P_{BC} \\ Q_C=q_{CA-C}P_{CA}+q_{BC-C}P_{BC} \end{array}
\end{array}\right\} \tag{2-20}$$

式中，$P_{AB}$、$P_{BC}$、$P_{CA}$ 分别为接于 AB、BC、CA 相间的有功设备容量；$P_A$、$P_B$、$P_C$ 分别为换算为 A、B、C 相的有功设备容量；$Q_A$、$Q_B$、$Q_C$ 分别为换算为 A、B、C 相的无功设备容量；$p_{AB-A}$、$q_{AB-A}$ 等分别是接于 AB 等相间的设备容量换算为 A、B 等相设备容量的有功和无功功率换算系数，如表 2-2 所示。

表 2-2　相间负荷换算为相负荷的功率换算系数

| 功率换算系数 | 负荷功率因数 | | | | | | | | |
|---|---|---|---|---|---|---|---|---|---|
| | 0.35 | 0.4 | 0.5 | 0.6 | 0.65 | 0.7 | 0.8 | 0.9 | 1.0 |
| $p_{AB-A}$、$p_{BC-B}$、$p_{CA-C}$ | 1.27 | 1.17 | 1.0 | 0.89 | 0.84 | 0.8 | 0.72 | 0.64 | 0.5 |
| $p_{AB-B}$、$p_{BC-C}$、$p_{CA-A}$ | −0.27 | −0.17 | 0 | 0.11 | 0.16 | 0.2 | 0.28 | 0.36 | 0.5 |
| $q_{AB-A}$、$q_{BC-B}$、$q_{CA-C}$ | 1.05 | 0.86 | 0.58 | 0.38 | 0.3 | 0.22 | 0.09 | −0.05 | −0.29 |
| $q_{AB-B}$、$q_{BC-C}$、$q_{CA-A}$ | 1.63 | 1.44 | 1.16 | 0.96 | 0.88 | 0.8 | 0.67 | 0.53 | 0.29 |

**例 2-5**　如图 2-8 所示 220/380V 三相四线制线路上，接有 220V 单相电热干燥箱 4 台，其中 2 台 10kW 接于 A 相，1 台 30kW 接于 B 相，1 台 30kW 接于 C 相。此外接有 380V 单相对焊机 4 台，其中 2 台 14kW（$\varepsilon$=100%）接于 AB 相间，1 台 20kW（$\varepsilon$=100%）接于 BC 相间，1 台 20kW（$\varepsilon$=60%）接于 CA 相间。试求此线路的计算负荷。

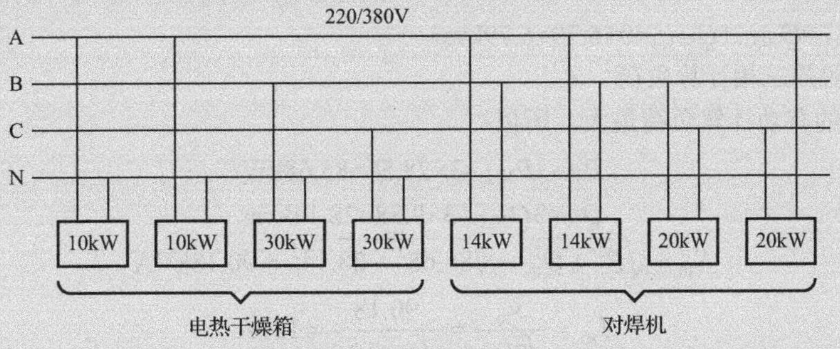


图 2-8　例 2-5 的电路

**解：**（1）电热干燥箱的各相计算负荷

查附表 1 得 $K_d$=0.7，$\cos\varphi$=1，$\tan\varphi$=0，因此只要计算有功计算负荷。

A 相：$P_{30.A1}=K_dP_{e.A}=0.7\times10\times2=14\text{kW}$

B 相：$P_{30.B1}=K_dP_{e.B}=0.7\times30\times1=21\text{kW}$

C 相：$P_{30.C1}=K_dP_{e.C}=0.7\times30\times1=21\text{kW}$

（2）对焊机的各相计算负荷

查附表 1 得 $K_d$=0.35，$\cos\varphi$=0.7，$\tan\varphi$=1.02。

查表 2-2 得 $\cos\varphi$=0.7 时：$p_{AB-A}=p_{BC-B}=p_{CA-C}=0.8$，$p_{AB-B}=p_{BC-C}=p_{CA-A}=0.2$，$q_{AB-A}=q_{BC-B}=q_{CA-C}=0.22$，$q_{AB-B}=q_{BC-C}=q_{CA-A}=0.8$。

先将接于 CA 相的 20kW（$\varepsilon$=60%）换算至$\varepsilon$=100%的设备容量，即

$$P_{CA}=20\sqrt{0.6}=15.5\text{kW}$$

因此换算到各相的有功和无功设备容量为

A 相：$P_A=p_{AB-A}P_{AB}+p_{CA-A}P_{CA}=0.8\times14\times2+0.2\times15.5=25.5\text{kW}$

$Q_A=q_{AB-A}P_{AB}+q_{CA-A}P_{CA}=0.22\times14\times2+0.8\times15.5=18.56\text{kvar}$

B 相：$P_B=p_{BC-B}P_{BC}+p_{AB-B}P_{AB}=0.8\times20\times1+0.2\times14\times2=21.6\text{kW}$

$Q_B=q_{BC\text{-}B}P_{BC}+q_{AB\text{-}B}P_{AB}=0.22\times20\times1+0.8\times14\times2=26.8\text{kvar}$

C 相：$P_C=p_{CA\text{-}C}P_{CA}+p_{BC\text{-}C}P_{BC}=0.8\times15.5+0.2\times20\times1=16.4\text{kW}$

$Q_C=q_{CA\text{-}C}P_{CA}+q_{BC\text{-}C}P_{BC}=0.22\times15.5+0.8\times20\times1=19.41\text{kvar}$

各相的计算负荷为

A 相：$P_{30.A2}=K_dP_A=0.35\times25.5=8.93\text{kW}$

$Q_{30.A2}=K_dQ_A=0.35\times18.56=6.5\text{kvar}$

B 相：$P_{30.B2}=K_dP_B=0.35\times21.6=7.56\text{kW}$

$Q_{30.B2}=K_dQ_B=0.35\times26.8=9.38\text{kvar}$

C 相：$P_{30.C2}=K_dP_C=0.35\times16.4=5.74\text{kW}$

$Q_{30.C2}=K_dQ_C=0.35\times19.41=6.79\text{kvar}$

（3）各相总的计算负荷

A 相：$P_{30.A}=P_{30.A1}+P_{30.A2}=14+8.93=22.93\text{kW}$

$Q_{30.A}=Q_{30.A1}+Q_{30.A2}=0+6.5=6.5\text{kvar}$

B 相：$P_{30.B}=P_{30.B1}+P_{30.B2}=21+7.56=28.56\text{kW}$

$Q_{30.B}=Q_{30.B1}+Q_{30.B2}=0+9.38=9.38\text{kvar}$

C 相：$P_{30.C}=P_{30.C1}+P_{30.C2}=21+5.74=26.74\text{kW}$

$Q_{30.C}=Q_{30.C1}+Q_{30.C2}=0+6.79=6.79\text{kvar}$

（4）总的等效三相计算负荷

因为 B 相的有功计算负荷最大，所以

$$P_{30}=3P_{30.B}=3\times28.56=85.68\text{kW}$$

$$Q_{30}=3Q_{30.B}=3\times9.38=28.14\text{kvar}$$

$$S_{30}=\sqrt{P_{30}^2+Q_{30}^2}=\sqrt{85.68^2+28.14^2}=90.18\text{kVA}$$

$$I_{30}=\frac{S_{30}}{\sqrt{3}U_N}=\frac{90.18}{\sqrt{3}\times0.38}=137\text{A}$$

### 2.1.4　尖峰电流及其计算

#### 1．概述

尖峰电流 $I_{pk}$ 是指持续时间 1～2s 的短时最大电流。

尖峰电流主要用来选择熔断器和低压断路器、整定继电保护装置及检验电动机自启动条件等。

#### 2．用电设备尖峰电流的计算

（1）单台用电设备尖峰电流的计算

单台用电设备的尖峰电流就是其启动电流，因此尖峰电流为

$$I_{pk}=I_{st}=K_{st}I_N \tag{2-21}$$

式中，$I_N$ 为用电设备的额定电流；$I_{st}$ 为用电设备的启动电流；$K_{st}$ 为用电设备的启动电流倍数，笼型电动机为 $K_{st}$=5～7，绕线转子电动机 $K_{st}$=2～3，直流电动机 $K_{st}$=1.7，电焊变压器 $K_{st}\geq3$。

（2）多台用电设备尖峰电流的计算

$$\left.\begin{aligned} I_{pk}&=K_\Sigma\sum_{i=1}^{n-1}I_{N.i}+I_{st.max}\\ \text{或}\quad I_{pk}&=I_{30}+(I_{st}-I_N)_{max}\end{aligned}\right\} \tag{2-22}$$

式中，$I_{st.max}$ 和 $(I_{st}-I_N)_{max}$ 分别为用电设备中启动电流与额定电流之差为最大的那台设备的启动电流及其启动电流与额定电流之差；$\sum_{i=1}^{n-1} I_{N.i}$ 为将启动电流与额定电流之差为最大的那台设备除外的其他 $n$−1 台设备的额定电流之和；$K_\Sigma$ 为上述 $n$−1 台设备的同时系数，按台数多少选取，一般取 0.7～1；$I_{30}$ 为全部设备投入运行时线路的计算电流。

**例 2-6**　有一 380V 配电干线，给三台电动机供电，已知 $I_{N1}$=6A，$I_{N2}$=4A，$I_{N3}$=10A，$I_{st1}$=36A，$I_{st2}$=20A，$K_{st3}$=3，求该配电线路的尖峰电流。

**解**：$I_{st1}-I_{N1}=36-6=30A$；$I_{st2}-I_{N2}=20-4=16A$；$I_{st3}-I_{N3}=K_{st3}I_{N3}-I_{N3}=3\times10-10=20A$

可见，$(I_{st}-I_N)_{max}$=30A，则 $I_{st.max}$=36A，取 $K_\Sigma$=0.9，因此该线路的尖峰电流为

$$I_{pk}=K_\Sigma(I_{N2}+I_{N3})+I_{st.max}=0.9\times(4+10)+36=48.6A$$

# 任务 2　工厂计算负荷、功率因数及无功补偿计算

## 2.2.1　工厂计算负荷的确定

工厂计算负荷是选择工厂电源进线及主要电气设备包括主变压器的基本依据，也是计算工厂功率因数和无功补偿容量的基本依据。确定工厂计算负荷的方法很多，可按具体情况选用。

### 1．按需要系数法确定工厂计算负荷

将全厂用电设备的总容量 $P_e$（不计备用设备容量）乘上一个需要系数 $K_d$（见附表 2），即得全厂的有功计算负荷，即

$$P_{30}=K_dP_e \tag{2-23}$$

式中，$Q_{30}$、$S_{30}$ 和 $I_{30}$ 的计算与前述需要系数法相同。

### 2．按逐级计算法确定工厂计算负荷

如图 2-9 所示，工厂的计算负荷（这里以有功负荷为例）$P_{301}$，应该是高压母线上所有高压配电线路计算负荷之和，再乘上一个同时系数。高压配电线路的计算负荷 $P_{302}$，应该是该线路所供车间变电所低压侧的计算负荷 $P_{303}$，加上变压器的功率损耗 $\Delta P_T$ 和高压配电线路的功率损耗 $\Delta P_{WL}$…如此逐级计算即可求得供电系统中所有元件的计算负荷。但对一般供电系统来说，由于高低压配电线路一般不很长，因此在确定计算负荷时其线路损耗往往略去不计。

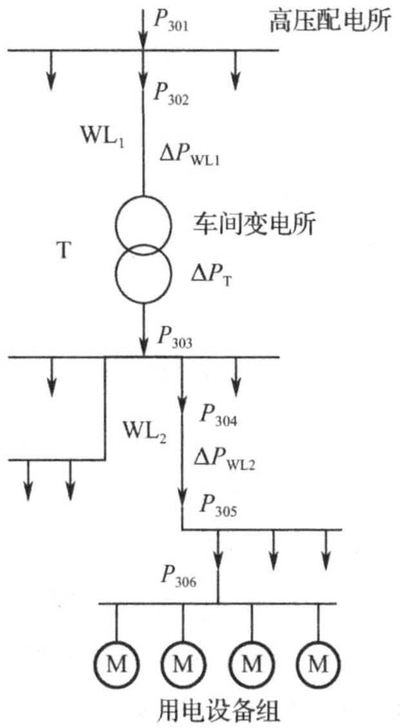


图 2-9　工厂供电系统中各部分的有功计算负荷和功率损耗

按需要系数法逐级计算如下（以有功负荷计算为例）：

$$\begin{cases} P_{306}=K_dP_e \\ P_{305}=K_{\Sigma P}\sum P_{306} \\ P_{304}=\Delta P_{WL2}+P_{305}\approx P_{305} \\ P_{303}=K_{\Sigma P}\sum P_{304} \\ P_{302}=\Delta P_{WL1}+\Delta P_T+P_{303}\approx \Delta P_T+P_{303} \\ P_{301}=K_{\Sigma P}\sum P_{302} \end{cases}$$

在上面的负荷计算中，电力变压器的功率损耗可按下列简化公式近似计算：

$$\left.\begin{aligned}\Delta P_{\mathrm{T}} &\approx 0.015S_{30}\\ \Delta Q_{\mathrm{T}} &\approx 0.06S_{30}\end{aligned}\right\} \tag{2-24}$$

以上公式中 $S_{30}$ 为变压器二次侧的视在计算负荷。

### 2.2.2 工厂的功率因数、无功补偿及补偿后工厂的计算负荷

#### 1. 工厂的功率因数

（1）瞬时功率因数：可由功率因数表直接测出，或由功率表、电压表和电流表的读数通过下式求得（间接测量）。

$$\cos\varphi = \frac{P}{\sqrt{3}UI} \tag{2-25}$$

式中，$P$ 为功率表测出的三相有功功率读数（kW）；$U$ 为电压表测出的线电压读数（kV）；$I$ 为电流表测出的电流读数（A）。

瞬时功率因数只用来了解和分析工厂或设备在生产过程中某一时间的功率因数值，借以了解当时的无功功率变化情况，以便采取适当的补偿措施。

（2）平均功率因数：亦称加权平均功率因数，按下式计算。

$$\cos\varphi = \frac{W_{\mathrm{p}}}{\sqrt{W_{\mathrm{p}}^2 + W_{\mathrm{q}}^2}} \tag{2-26}$$

式中，$W_{\mathrm{p}}$ 为某一段时间（通常取一月）内消耗的有功电能，由有功电能表读取；$W_{\mathrm{q}}$ 为某一段时间（通常取一月）内消耗的无功电能，由无功电能表读取。

月平均功率因数通常作为供电部门向企业调整收费的依据。如果月平均功率因数高于规定值，可减收电费；而低于规定值，则要加收电费，以鼓励用户积极设法提高功率因数，降低电能损耗。

（3）最大负荷时功率因数：指在最大负荷即计算负荷时的功率因数，为工厂的有功计算负荷与视在计算负荷之比，即

$$\cos\varphi = P_{30} / S_{30} \tag{2-27}$$

我国供电有关规程规定：高压供电的用户，最大负荷时功率因数不得低于 0.90，其他企业不得低于 0.85。凡最大负荷时功率因数未达规定的，应增添无功补偿装置，通常采用并联电容器进行补偿。

#### 2. 无功功率补偿

工厂中的用电设备多为电动机、电焊机、电力变压器等感性负载，从而使工厂的功率因数降低。如果在充分发挥设备潜力、改善设备运行性能、提高其自然功率因数的情况下，尚达不到规定的功率因数要求时，则需要考虑增设无功功率补偿装置。

图 2-10 表示功率因数的提高与无功功率和视在功率变化的关系。假设功率因数由 $\cos\varphi$ 提高到 $\cos\varphi'$，这时在用户需用的有功功率 $P_{30}$ 不变的条件下，无功功率将由 $Q_{30}$ 减小到 $Q_{30}'$，视在功率将由 $S_{30}$ 减小到 $S_{30}'$。相应的负荷电流 $I_{30}$ 也将有所减小，这将使系统的电能损耗和电压损耗相应降低，既节约了电能，又提高了电压质量，而且可选择较小容量的供电设备和导线电缆，因此提高功率因数对供电系统也大有好处。

由图 2-10 可知，要使功率因数 $\cos\varphi$ 提高到 $\cos\varphi'$，必须装设无功补偿装置（并联电容器），其容量为

$$Q_C = Q_{30} - Q'_{30} = P_{30}(\tan\varphi - \tan\varphi') \tag{2-28}$$

在确定了总的补偿容量后，即可根据所选并联电容器的单个容量 $q_C$ 来确定电容器个数：

$$n = Q_C / q_C \tag{2-29}$$

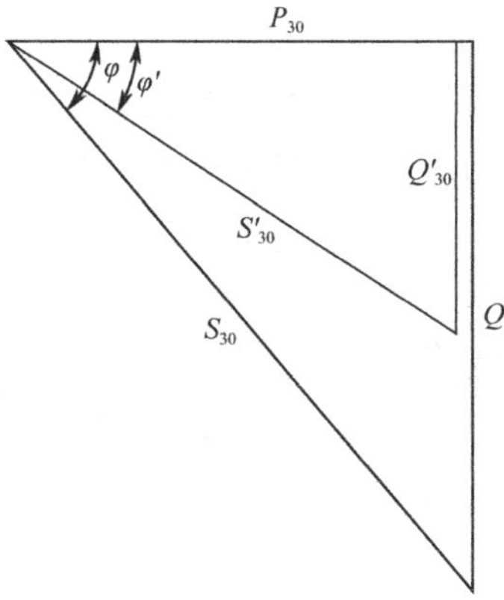


图 2-10　功率因数提高与无功功率、视在功率变化的关系

### 3. 无功补偿后的工厂计算负荷

工厂（或车间）装设了无功补偿装置以后，总的计算负荷 $P_{30}$ 不变，而总的无功计算负荷应扣除无功补偿容量，即总的无功计算负荷为

$$Q'_{30} = Q_{30} - Q_C \tag{2-30}$$

总的视在计算负荷为

$$S'_{30} = \sqrt{P_{30}^2 + Q_{30}'^2} = \sqrt{P_{30}^2 + (Q_{30} - Q_C)^2} \tag{2-31}$$

由上式可以看出，在变电所低压侧装设了无功补偿装置以后，由于低压侧总的视在负荷减小，从而可使变电所主变压器容量选得小一些，这不仅可降低变电所的初投资，而且可减少工厂的电费开支，因为我国供电企业对工业用户实行的是“两部电费制”：一部分叫基本电费，按所装设的主变压器容量来计费，规定每月按 kVA 容量大小交纳电费。另一部分叫电能电费，按每月实际耗用的电能 kW · h 来计算电费，并且要根据月平均功率因数的高低乘一个调整系数。凡月平均功率因数高于规定值的，可减交一定百分比的电费。由此可见，提高工厂功率因数不仅对整个电力系统大有好处，而且对工厂本身也是有一定经济实惠的。

**例 2-7**　某厂拟建一降压变电所，装设一台主变压器。已知变电所低压侧有功计算负荷为 450kW，无功计算负荷为 600kvar。为了使工厂变电所高压侧的功率因数不低于 0.9，如在低压侧装设并联电容器进行补偿时，需装设多少补偿容量？并问补偿前后工厂变电所所选主变压器容量有何变化？

注：我国新的变压器容量等级为 R10 容量系列，是指容量等级是按 $R10 = \sqrt[10]{10} \approx 1.26$ 倍数递增的。R10 系列的容量等级较密，便于合理选用，是 IEC（国际电工委员会）推荐的，采用这种 R10 系列，容量等级有 100、125、160、200、250、315、400、500、630、800、1000kVA 等。

**解：**（1）补偿前

变压器低压侧的视在计算负荷为 $S_{30.2} = \sqrt{450^2 + 600^2} = 750\text{kVA}$。

主变压器容量的选择条件为 $S_{NT} > S_{30.2}$，因此在未进行无功补偿时，主变压器容量应选为 800kVA。

这时变电所低压侧的功率因数为 $\cos\varphi_{(2)} = P_{30.2} / S_{30.2} = 450 / 750 = 0.6$。

（2）无功补偿容量

按规定变电所高压侧的$\cos\varphi_{(1)} \geqslant 0.9$，考虑到变压器的无功功率损耗$\Delta Q_T$远大于其有功损耗$\Delta P_T$，因此在变压器低压侧进行无功补偿时，低压侧补偿后的功率因数应略高于 0.9，这里取$\cos\varphi'_{(2)} = 0.93$。

要使低压侧功率因数由 0.6 提高到 0.93，低压侧需装设的并联电容器容量为

$$Q_C = P_{30.2}(\tan\varphi_{(2)} - \tan\varphi'_{(2)}) = 450(\tan\arccos 0.6 - \tan\arccos 0.93) = 422\text{kvar}$$

取整：$Q_C = 430\text{kvar}$。

（3）补偿后的变压器容量和功率因数

补偿后变电所低压侧的视在计算负荷为

$$S'_{30.2} = \sqrt{P_{30.2}^2 + (Q_{30.2} - Q_C)^2} = \sqrt{450^2 + (600-430)^2} = 481\text{kVA}$$

因此补偿后变压器容量可改选为 500kVA，比补偿前容量减少 300kVA。

变压器的功率损耗为

$$\Delta P_T = 0.015S'_{30.2} = 0.015 \times 481 = 7.22\text{kW}$$

$$\Delta Q_T = 0.06S'_{30.2} = 0.06 \times 481 = 28.86\text{kvar}$$

变电所高压侧的计算负荷为

$$P'_{30.1} = P'_{30.2} + \Delta P_T = 450 + 7.22 = 457.22\text{kW}$$

$$Q'_{30.1} = Q'_{30.2} + \Delta Q_T = (600-430) + 28.86 = 198.86\text{kvar}$$

$$S'_{30.1} = \sqrt{P'^2_{30.1} + Q'^2_{30.1}} = \sqrt{457.22^2 + 198.86^2} = 498.6\text{kVA}$$

补偿后工厂的功率因数为$\cos\varphi'_{(1)} = P'_{30.1} / S'_{30.1} = 457.22/498.6 = 0.917$，满足要求。

由此例可以看出，采用无功补偿来提高功率因数能使工厂取得可观的经济效果。

# 任务 3　短路电流及其计算

## 2.3.1　短路的原因、危害和种类

### 1．短路的原因

供电系统要求正常地不间断地对用电负荷供电，以保证生产和生活的正常进行。然而由于各种原因，也难免出现故障，而使系统的正常运行遭到破坏。系统中最常见的故障就是短路。短路故障是指运行中的电力系统或供配电系统的相与相或者相与地之间发生的金属性非正常连接。短路产生的原因主要是系统中带电部分的电气绝缘出现破坏，而引起这种破坏的原因有过电压、雷击、绝缘材料的老化以及运行人员的误操作和施工机械的破坏、鸟害、鼠害等。

### 2．短路的危害

短路后，系统中出现的短路电流比正常负荷电流大得多，可达几万安甚至几十万安。如此大的短路电流可对供电系统造成极大的危害：

（1）短路时要产生很大的电动力和很高的温度，而使故障元件和短路电路中的其他元件受到损害和破坏，甚至引发火灾事故。

（2）短路时电路的电压骤然下降，严重影响电气设备的正常运行。

（3）短路时保护装置动作，将故障电路切除，从而造成停电，而且短路点越靠近电源，停

电范围越大，造成的损失也越大。

（4）严重的短路要影响电力系统运行的稳定性，可使并列运行的发电机组失去同步，造成系统解列，甚至崩溃，这是短路故障最严重的后果。

（5）不对称短路包括单相和两相短路，其短路电流将产生较强的不平衡交流电磁场，对附近的通信线路、电子设备等产生电磁干扰，影响其正常运行，甚至使之发生误动作。

由此可见，短路的后果是十分严重的，因此必须尽力设法消除可能引起短路的一切因素；同时需要进行短路电流的计算，以便正确地选择电气设备，使设备具有足够的动稳定性和热稳定性，以保证它在发生可能有的最大短路电流时不致损坏。

### 3. 短路的种类

在三相系统中，短路的形式有三相短路、两相短路、单相短路和两相接地短路等，短路种类、表示符号、性质及特点如表 2-3 所示。其中两相接地短路的实质是两相短路。

**表 2-3　短路种类、表示符号、性质及特点**

| 短路种类 | 表示符号 | 示 意 图 | 短路性质 | 特　点 |
|---|---|---|---|---|
| 单相短路 | $k^{(1)}$ | 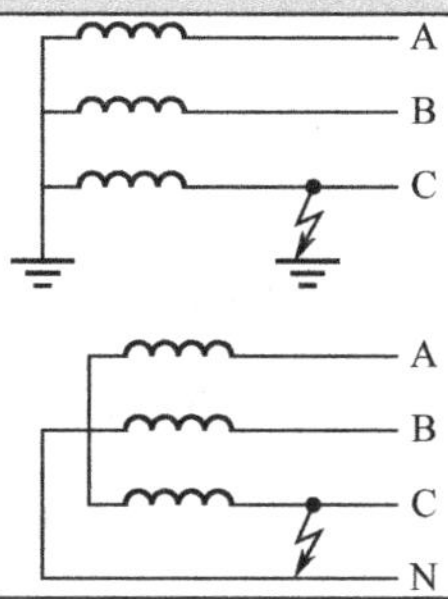 | 不对称短路 | 短路电流仅在故障相中流过，故障相电压下降，非故障相电压升高 |
| 两相短路 | $k^{(2)}$ | 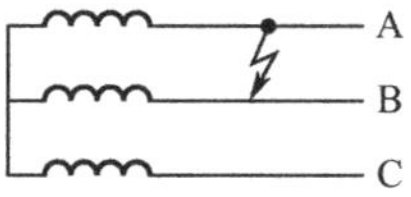 | 不对称短路 | 短路回路中流过很大的短路电流，电压和电流的对称性被破坏 |
| 两相短路接地 | $k^{(1,1)}$ | 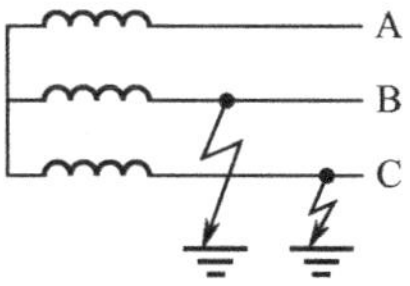 | 不对称短路 | 短路回路中流过很大的短路电流，故障相电压为零 |
| 三相短路 | $k^{(3)}$ | 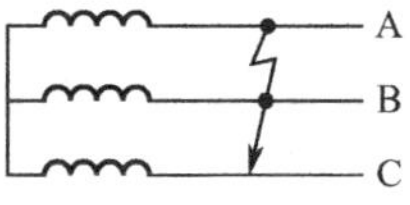 | 对称短路 | 三相电路中都流过很大的短路电流，短路时电压和电流保持对称，短路点电压为零 |

当线路或者设备发生三相短路时，由于短路的三相阻抗相等，因此三相电流和电压仍然对称，所以三相短路又称为对称短路，其他类型的短路不但相电流、相电压的大小不同，而且各相之间的相位角也不相等，此类短路统称为不对称短路。

电力系统中，发生单相短路的可能性最大，发生三相短路的可能性最小，但通常三相短路电流最大，造成的危害也最严重。因此，常以三相短路时的短路电流热效应和电动力效应来校验电气设备。

### 2.3.2　无限大容量电力系统发生三相短路时的物理过程和物理量

#### 1. 无限大容量电力系统及其三相短路的物理过程

无限大容量电力系统，是指供电容量相对于用户供电系统容量大得多的电力系统。其特点：当用户供电系统的负荷变动甚至发生短路时，电力系统变电所馈电母线上的电压能基本维持不变。如果电力系统的电源总阻抗不超过短路电路总阻抗的5%～10%，或者电力系统容量超过用户供电系统容量的50倍时，可将电力系统视为无限大容量系统。

对一般用户供电系统来说，由于用户供电系统的容量远比电力系统总容量小，而阻抗又较电力系统大得多，因此用户供电系统内发生短路时，电力系统变电所馈电母线上的电压几乎维持不变，也就是说可将电力系统视为无限大容量的电源。

图2-11（a）是一个电源为无限大容量的供电系统发生三相短路的电路图。由于三相短路对称，因此这一三相短路电路可用图2-11（b）所示的等效单相电路来分析。

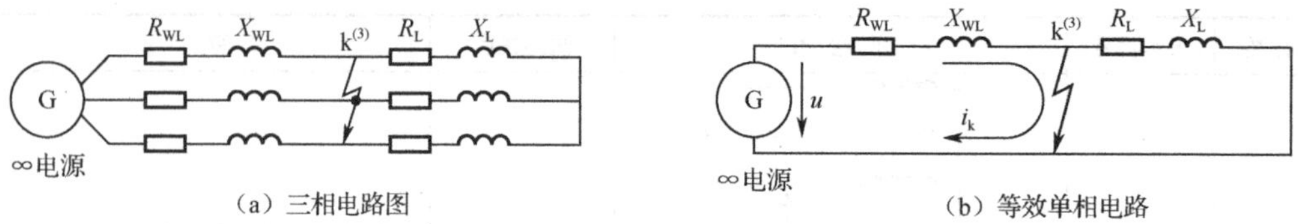


$R_{WL}$、$X_{WL}$—线路阻抗；$R_L$、$X_L$—负载阻抗

图2-11　无限大容量电力系统发生三相短路

图2-12表示无限大容量系统发生三相短路前后电压、电流变动曲线。由图可看到，短路电流在到达稳定值之前，要经过一个暂态过程。根据楞次定律，这一暂态过程是由于电路中存在着电感，电流不能突变，电路电流存在非周期分量而形成的。短路全电流由短路电流周期分量 $i_p$ 与短路电流非周期分量 $i_{np}$ 两部分构成，等非周期分量衰减完毕后，短路电流达到一个新的稳定状态。

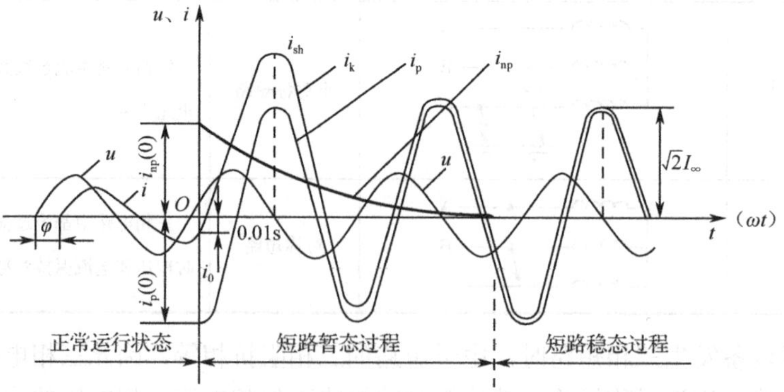


图2-12　无限大容量系统发生三相短路前后的电压、电流变动曲线

#### 2. 短路有关的物理量

（1）短路电流周期分量 $i_p$：由于短路后电路阻抗突然减小很多倍，因而按欧姆定律突然增大很多倍的电流。

（2）短路电流非周期分量 $i_{np}$：因短路电路存在电感，而按楞次定律电路中感生的用以维持短路初瞬间（$t$=0时）电路电流不致突变的一个反向抵消 $i_{p(0)}$，且按指数函数规律衰减的电流。

（3）短路全电流 $i_k$：短路电流周期分量 $i_p$ 与短路电流非周期分量 $i_{np}$ 的叠加，就是短路全电流。即 $i_k=i_p+i_{np}$。

（4）短路稳态电流 $I_\infty$：短路电流非周期分量 $i_{np}$ 衰减完毕后的短路电流，称为短路稳态电流，其有效值用 $I_\infty$ 表示。在无限大容量系统中，由于系统馈电母线电压维持不变，所以其短路电流周期分量有效值（习惯上用 $I_k$ 表示）在短路的全过程中维持不变，即 $I_k=I''=I_\infty$，式中 $I''$ 为短路次暂态电流有效值，即短路后第一个周期的短路电流周期分量 $i_p$ 的有效值。

（5）短路冲击电流 $i_{sh}$：短路冲击电流为短路全电流中的最大瞬时值。由图 2-12 所示短路全电流 $i_k$ 的曲线可以看出，短路后经半个周期（即 0.01s），$i_k$ 达到最大值，此时的短路全电流即短路冲击电流 $i_{sh}$。

短路全电流 $i_k$ 的最大有效值是短路后第一个周期的短路电流有效值，用 $I_{sh}$ 表示，也可称为短路冲击电流有效值。

在高压电路发生三相短路时，一般可取

$$\begin{aligned} i_{sh} &= 2.55I'' \\ I_{sh} &= 1.51I'' \end{aligned} \tag{2-32}$$

在低压电路和 1000kVA 及以下电力变压器二次侧发生三相短路时，一般可取

$$\begin{aligned} i_{sh} &= 1.84I'' \\ I_{sh} &= 1.09I'' \end{aligned} \tag{2-33}$$

## 2.3.3　无限大容量电力系统中短路电流的计算

### 1．概述

短路电流计算的方法，常用的有欧姆法和标幺制法。

短路电流计算步骤：首先要绘出计算电路图。在计算电路图上，应将短路计算所需考虑的各元件的额定参数都表示出来，并将各元件依次编号，然后确定短路计算点。短路计算点要选择得使需要进行短路校验的电气元件有最大可能的短路电流通过。

接着，按所选择的短路计算点绘出等效电路图，并计算电路中各主要元件的阻抗。在等效电路图上，只需将被计算的短路电流所流经的一些主要元件表示出来，并标明各元件的序号和阻抗值，一般分子标序号，分母标阻抗值（阻抗用复数形式 $R+jX$ 表示）。

然后将等效电路化简，通常只需采用阻抗串并联的方法即可将电路化简，求出其等效的总阻抗。

最后计算短路电流和短路容量。

短路计算中的物理量一般采用下列单位：电流单位为“千安”（kA），电压单位为“千伏”（kV），短路容量和断流容量单位为“兆伏安”（MVA），设备容量单位为“千瓦”（kW）或“千伏安”（kVA），阻抗单位为“欧姆”（Ω）等。

### 2．采用欧姆法进行三相短路计算

欧姆法又称有名单位制法，因其短路计算中的阻抗都采用有名单位“欧姆”而得名。

在无限大容量系统中发生三相短路时，其三相短路电流周期分量有效值按下式计算：

$$I_k^{(3)} = \frac{U_C}{\sqrt{3}|Z_\Sigma|} = \frac{U_C}{\sqrt{3}\sqrt{R_\Sigma^2 + X_\Sigma^2}} \tag{2-34}$$

式中，$|Z_\Sigma|$ 和 $R_\Sigma$、$X_\Sigma$ 分别为短路电路的总阻抗（模）和总电阻、总电抗值；$U_C$ 为短路点的短

路计算电压。由于线路首端短路时其短路最为严重，因此按线路首端电压考虑，即短路计算电压取为比线路额定电压 $U_N$ 高 5%，按我国电压标准，$U_C$ 有 0.4kV、0.69kV、3.15kV、6.3kV、10.5kV、37kV 等。

在高压电路的短路计算中，通常总电抗远比总电阻大，所以一般只计电抗，不计电阻。在计算低压侧短路时，也只有当 $R_\Sigma > X_\Sigma/3$ 时才需计入电阻。

如果不计电阻，则三相短路电流周期分量有效值为

$$I_k^{(3)} = \frac{U_C}{\sqrt{3}X_\Sigma} \tag{2-35}$$

三相短路容量为

$$S_k^{(3)} = \sqrt{3}U_C I_k^{(3)} \tag{2-36}$$

下面介绍供电系统中各主要元件包括电力系统（电源）、电力变压器和电力线路的阻抗计算。至于供电系统中的母线、线圈型电流互感器一次绕组、低压断路器过电流脱扣线圈等的阻抗及开关触头的接触电阻，相对来说很小，在一般短路计算中可略去不计。在略去上述阻抗后，计算所得的短路电流略比实际值有所偏大，但用略偏大的短路电流来校验电气设备，倒可以使其运行的安全性更有保证。

（1）电力系统的阻抗计算

电力系统的电阻相对于电抗来说很小，一般不予考虑。电力系统的电抗，可由电力系统变电所馈电线出口断路器的断流容量 $S_{oc}$ 来估算，$S_{oc}$ 就看做电力系统的极限短路容量 $S_k$。因此电力系统的电抗为

$$X_S = \frac{U_C^2}{S_{oc}} \tag{2-37}$$

式中，$U_C$ 为电力系统馈电线的短路计算电压，但为了便于短路总阻抗的计算，免去阻抗换算的麻烦，此式中的 $U_C$ 可直接采用短路点的短路计算电压；$S_{oc}$ 为系统出口断路器的断流容量，可查有关手册或产品样本（参看附表 4 额定容量），如果只有断路器的开断电流 $I_{oc}$ 的数据，则其断流容量 $S_{oc} = \sqrt{3}I_{oc}U_N$，这里 $U_N$ 为断路器的额定电压。

（2）电力变压器的阻抗计算

① 变压器的电阻 $R_T$：可由变压器的短路损耗 $\Delta P_k$ 近似计算。

因

$$\Delta P_k \approx 3I_N^2 R_T \approx 3\left(\frac{S_N}{\sqrt{3}U_C}\right)^2 R_T = \left(\frac{S_N}{U_C}\right)^2 R_T$$

故

$$R_T \approx \Delta P_k \left(\frac{U_C}{S_N}\right)^2 \tag{2-38}$$

式中，$U_C$ 为短路点的短路计算电压；$S_N$ 为变压器的额定容量；$\Delta P_k$ 为变压器的短路损耗（亦称负载损耗），可查有关手册或产品样本（参看附表 3）。

② 变压器的电抗 $X_T$：可由变压器的短路电压 $U_k\%$ 近似计算。

因

$$U_k\% \approx \frac{\sqrt{3}I_N X_T}{U_C} \times 100 \approx \frac{S_N X_T}{U_C^2} \times 100$$

故

$$X_T \approx \frac{U_k\%}{100} \cdot \frac{U_C^2}{S_N} \tag{2-39}$$

式中，$U_k\%$为变压器的短路电压（亦称阻抗电压）百分值，可查有关手册或产品样本（参看附表 3）。

（3）电力线路的阻抗计算

① 线路的电阻 $R_{WL}$：可由导线电缆的单位长度电阻乘以线路长度求得，即

$$R_{WL}=R_0 l \tag{2-40}$$

式中，$R_0$ 为导线电缆单位长度的电阻，可查有关手册或产品样本（参看附表 10）；$l$ 为线路长度。

② 线路的电抗 $X_{WL}$：可由导线电缆的单位长度电抗乘以线路长度求得，即

$$X_{WL}=X_0 l \tag{2-41}$$

式中，$X_0$ 为导线电缆单位长度电抗，亦可查有关手册或产品样本（参看附表 10），也可按表 2-4 取平均值；$l$ 为线路长度。

**表 2-4　电力线路每相的单位长度电抗平均值**

| 线路结构 | 单位长度电抗平均值（Ω/km） | | |
|---|---|---|---|
| | 220/380V | （6～10）kV | （35～110）kV |
| 架空线路 | 0.32 | 0.35 | 0.40 |
| 电缆线路 | 0.066 | 0.08 | 0.12 |

必须注意：在计算短路电路阻抗时，如电路内含有电力变压器时，电路内各元件的阻抗都应统一换算到短路点的短路计算电压去，阻抗等效换算的条件是元件的功率损耗不变。

由$\Delta P=U^2/R$ 和$\Delta Q=U^2/X$ 可知，元件的阻抗值与电压的平方成正比，因此阻抗等效换算的公式为

$$R' = R\left(\frac{U'_C}{U_C}\right)^2 \tag{2-42}$$

$$X' = X\left(\frac{U'_C}{U_C}\right)^2 \tag{2-43}$$

式中，$R$、$X$ 和 $U_C$ 为换算前元件的电阻、电抗和元件所在处的短路计算电压；$R'$、$X'$ 和 $U'_C$ 为换算后元件的电阻、电抗和短路点的计算电压。

就短路计算中需要计算的几个主要元件的阻抗来说，实际上只有电力线路的阻抗需要按上述公式换算，如计算低压侧短路电流时，高压线路的阻抗就需要换算到低压侧去。而电力系统和电力变压器的阻抗，由于其计算公式中均含有 $U_C^2$，因此计算其阻抗时，$U_C$ 直接代以短路点的短路计算电压，就相当于阻抗已经换算到短路计算点一侧了。

**例 2-8**　某供电系统如图 2-13 所示。已知电力系统出口断路器为 SN10-10Ⅱ型。试求工厂变电所高压 10kV 母线上 k-1 点短路和低压 380V 母线上 k-2 点短路的三相短路电流和短路容量。

**解：**

1）求 k-1 点的三相短路电流和短路容量（$U_{C1}$=10.5kV）

（1）计算短路电路中各元件的电抗及总电抗

① 电力系统的电抗：由附表 4 可查得 SN10-10Ⅱ型断路器的断流容量 $S_{oc}$=500MVA，因此 $X_1 = \frac{U_{C1}^2}{S_{oc}} = \frac{10.5^2}{500} = 0.22\Omega$。

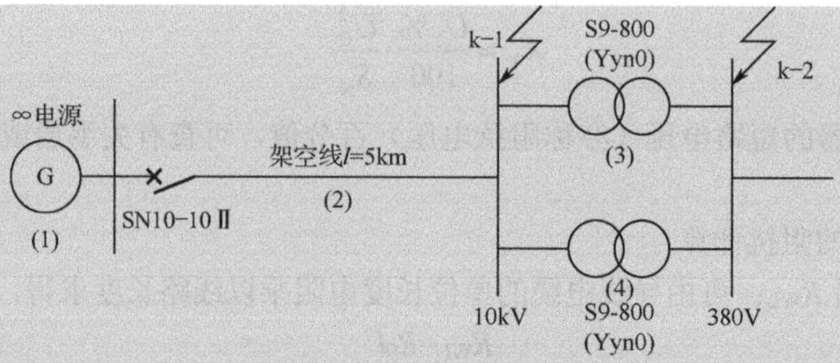


图 2-13　例 2-8 的短路计算电路图

② 架空线路的电抗：由表 2-4 查得 $X_0$=0.35Ω/km，因此

$$X_2 = X_0 l = 0.35 \times 5 = 1.75\Omega$$

③ 绘制 k-1 点短路的等效电路如图 2-14（a）所示。图上标出各元件的序号（分子）和电抗值（分母），并计算其总电抗为

$$X_{\Sigma(k-1)} = X_1 + X_2 = 0.22 + 1.75 = 1.97\Omega$$

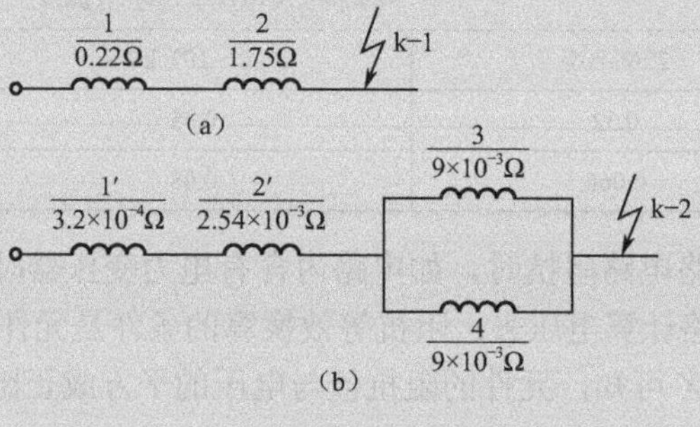


图 2-14　例 2-8 的短路等效电路图（欧姆法）

（2）计算三相短路电流和短路容量

① 三相短路电流周期分量有效值为

$$I_{k-1}^{(3)} = \frac{U_{C1}}{\sqrt{3}X_{\Sigma(k-1)}} = \frac{10.5}{\sqrt{3}\times 1.97} = 3.08\text{kA}$$

② 三相短路次暂态电流和稳态电流为

$$I''^{(3)} = I_{\infty}^{(3)} = I_{k-1}^{(3)} = 3.08\text{kA}$$

③ 三相短路冲击电流及第一个周期短路全电流有效值为

$$i_{sh}^{(3)} = 2.55I''^{(3)} = 2.55\times 3.08 = 7.85\text{kA}$$

$$I_{sh}^{(3)} = 1.51I''^{(3)} = 1.51\times 3.08 = 4.65\text{kA}$$

④ 三相短路容量：$S_{k-1}^{(3)} = \sqrt{3}U_{C1}I_{k-1}^{(3)} = \sqrt{3}\times 10.5\times 3.08 = 56\text{MVA}$。

2）求 k-2 点的短路电流和短路容量（$U_{C2}$=0.4kV）

（1）计算短路电路中各元件的电抗及总电抗

① 电力系统的电抗：$X_1' = \dfrac{U_{C2}^2}{S_{oc}} = \dfrac{0.4^2}{500} = 3.2\times 10^{-4}\Omega$。

② 架空线路的电抗：$X_2' = X_0 l\left(\dfrac{U_{C2}}{U_{C1}}\right)^2 = 0.35\times 5\times\left(\dfrac{0.4}{10.5}\right)^2 = 2.54\times 10^{-3}\Omega$。

③ 电力变压器的电抗：由附表 3 查得 $U_k\%$=4.5，因此

$$X_3 = X_4 = \frac{U_k\%}{100} \cdot \frac{U_{C2}^2}{S_N} = \frac{4.5}{100} \cdot \frac{0.4^2}{800 \times 10^{-3}} = 9 \times 10^{-3}\Omega$$

④ 绘制 k-2 点短路的等效电路如图 2-14（b）所示，并计算其总电抗为

$$X_{\Sigma(k-2)} = X_1' + X_2' + X_3 \parallel X_4 = X_1' + X_2' + \frac{X_3 \times X_4}{X_3 + X_4}$$

$$= 3.2 \times 10^{-4} + 2.54 \times 10^{-3} + \frac{9 \times 10^{-3}}{2} = 7.36 \times 10^{-3}\Omega$$

（2）计算三相短路电流和短路容量

① 三相短路电流周期分量有效值为

$$I_{k-2}^{(3)} = \frac{U_{C2}}{\sqrt{3}X_{\Sigma(k-2)}} = \frac{0.4}{\sqrt{3} \times 7.36 \times 10^{-3}} = 31.4\text{kA}$$

② 三相短路次暂态电流和稳态电流为

$$I''^{(3)} = I_{\infty}^{(3)} = I_{k-2}^{(3)} = 31.4\text{kA}$$

③ 三相短路冲击电流及第一个周期短路全电流有效值为

$$i_{sh}^{(3)} = 1.84 I''^{(3)} = 1.84 \times 3.08 = 57.8\text{kA}$$

$$I_{sh}^{(3)} = 1.09 I''^{(3)} = 1.09 \times 3.08 = 34.2\text{kA}$$

④ 三相短路容量：$S_{k-2}^{(3)} = \sqrt{3}U_{C2}I_{k-2}^{(3)} = \sqrt{3} \times 0.4 \times 31.4 = 21.8\text{MVA}$。

### 3. 采用标幺制法进行三相短路计算

标幺制法又称相对单位制法，因其短路计算中的有关物理量采用标幺值即相对单位而得名。任一物理量的标幺值 $A_d^*$，为该物理量的实际量 $A$ 与所选定的基准值 $A_d$ 的比值，即

$$A_d^* = \frac{A}{A_d} \tag{2-44}$$

按标幺制法进行短路计算时，一般是先选定基准容量 $S_d$ 和基准电压 $U_d$。

基准容量，工程设计中通常取 $S_d$=100MVA。

基准电压，通常取元件所在处的短路计算电压，即取 $U_d=U_C$。

选定了基准容量和基准电压以后，基准电流 $I_d$ 则按下式计算：

$$I_d = \frac{S_d}{\sqrt{3}U_d} \tag{2-45}$$

基准电抗 $X_d$ 则按下式计算：

$$X_d = \frac{S_d}{\sqrt{3}I_d} = \frac{U_d^2}{S_d} \tag{2-46}$$

下面分别讲述供电系统中各主要元件的电抗标幺值的计算（取 $S_d$=100MVA，$U_d=U_C$）。

（1）电力系统的电抗标幺值

$$X_S^* = \frac{X_S}{X_d} = \frac{U_C^2 / S_{oc}}{U_d^2 / S_d} = \frac{S_d}{S_{oc}} \tag{2-47}$$

（2）电力变压器的电抗标幺值

$$X_T^* = \frac{X_T}{X_d} = \frac{U_k\%}{100} \cdot \frac{U_C^2 / S_N}{U_d^2 / S_d} = \frac{U_k\%}{100} \cdot \frac{S_d}{S_N} \tag{2-48}$$

（3）电力线路的电抗标幺值

$$X_{WL}^{*}=\frac{X_{WL}}{X_d}=\frac{X_0 l}{U_d^2/S_d} \tag{2-49}$$

短路计算中各主要元件的电抗标幺值求出以后，即可利用其等效电路图进行电路化简，求出其总电抗标幺值 $X_{\Sigma}^{*}$。由于各元件均采用标幺值，与短路计算点的电压无关，因此电抗标幺值无须进行电压换算，这也是标幺制法较欧姆法优越之处。

无限大容量系统三相短路电流周期分量有效值的标幺值按下式计算：

$$I_k^{(3)*}=\frac{I_k^{(3)}}{I_d}=\frac{U_C}{\sqrt{3}X_{\Sigma}\times I_d}=\frac{X_d}{X_{\Sigma}}=\frac{1}{X_{\Sigma}^{*}} \tag{2-50}$$

由此可求得三相短路电流周期分量有效值为

$$I_k^{(3)}=I_k^{(3)*}\times I_d=\frac{I_d}{X_{\Sigma}^{*}} \tag{2-51}$$

求得 $I_k^{(3)}$ 以后，即可利用欧姆法有关的公式求出 $I''^{(3)}$、$I_{\infty}^{(3)}$、$i_{sh}^{(3)}$、$I_{sh}^{(3)}$ 等。

三相短路容量的计算公式为

$$S_k^{(3)}=\sqrt{3}I_k^{(3)}U_C=\frac{\sqrt{3}I_d U_C}{X_{\Sigma}^{*}}=\frac{S_d}{X_{\Sigma}^{*}} \tag{2-52}$$

**例 2-9** 试用标幺制法计算例 2-8 所示供电系统中 k-1 点和 k-2 点的三相短路电流和短路容量。

**解：**

（1）确定基准值：取 $S_d$=100MVA，$U_{d1}$=10.5kV，$U_{d2}$=0.4kV，而

$$I_{d1}=\frac{S_d}{\sqrt{3}U_{d1}}=\frac{100}{\sqrt{3}\times 10.5}=5.5\text{kA}$$

$$I_{d2}=\frac{S_d}{\sqrt{3}U_{d2}}=\frac{100}{\sqrt{3}\times 0.4}=144\text{kA}$$

（2）计算短路电路中各主要元件的电抗标幺值

① 电力系统的电抗标幺值。由附表 4 查得 $S_{oc}$=500MVA，因此

$$X_1^{*}=\frac{S_d}{S_{oc}}=\frac{100}{500}=0.2$$

② 架空线路的电抗标幺值。由表 2-4 查得 $X_0$=0.35Ω/km，因此

$$X_{WL}^{*}=\frac{X_0 l}{U_{d1}^2/S_d}=\frac{0.35\times 5\times 100}{10.5^2}=1.59$$

③ 电力变压器的电抗标幺值。由附表 3 查得 $U_k\%$=4.5，因此

$$X_T^{*}=\frac{U_k\%}{100}\cdot\frac{S_d}{S_N}=\frac{4.5\times 100}{100\times 800\times 10^{-3}}=5.625$$

绘制短路等效电路图如图 2-15 所示，图上标出各元件的序号和标幺值，并标明短路计算点。

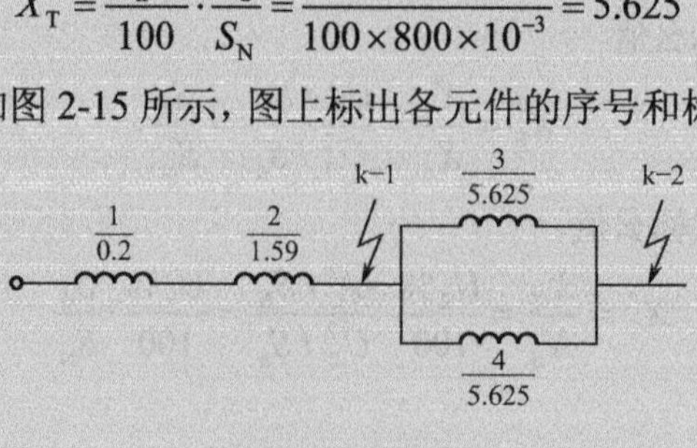


图 2-15 例 2-9 的短路等效电路图（标幺制法）

（3）计算 k-1 点的短路电路总电抗标幺值及三相短路电流和短路容量

① 总电抗标幺值为

$$X^*_{\Sigma(k-1)} = X^*_1 + X^*_2 = 0.2 + 1.59 = 1.79$$

② 三相短路电流周期分量有效值为

$$I^{(3)}_{k-1} = \frac{I_{d1}}{X^*_{\Sigma(k-1)}} = \frac{5.5}{1.79} = 3.07\text{kA}$$

③ 其他三相短路电流为

$$I''^{(3)} = I^{(3)}_{\infty} = I^{(3)}_{k-1} = 3.07\text{kA}$$

$$i^{(3)}_{sh} = 2.55I''^{(3)} = 2.55 \times 3.07 = 7.83\text{kA}$$

$$I^{(3)}_{sh} = 1.51I''^{(3)} = 1.51 \times 3.07 = 4.64\text{kA}$$

④ 三相短路容量为：$S^{(3)}_{k-1} = \sqrt{3}U_{C1}I^{(3)}_{k-1} = \sqrt{3} \times 10.5 \times 3.07 = 55.9\text{MVA}$。

（4）计算 k-2 点的短路电路总电抗标幺值及三相短路电流和短路容量

① 总电抗标幺值为

$$X^*_{\Sigma(k-2)} = X^*_1 + X^*_2 + X^*_3 \parallel X^*_4 = 0.2 + 1.59 + \frac{5.625}{2} = 4.6$$

② 三相短路电流周期分量有效值为

$$I^{(3)}_{k-2} = \frac{I_{d2}}{X^*_{\Sigma(k-2)}} = \frac{144}{4.6} = 31.3\text{kA}$$

③ 其他三相短路电流为

$$I''^{(3)} = I^{(3)}_{\infty} = I^{(3)}_{k-2} = 31.3\text{kA}$$

$$i^{(3)}_{sh} = 1.84I''^{(3)} = 1.84 \times 31.3 = 57.6\text{kA}$$

$$I^{(3)}_{sh} = 1.09I''^{(3)} = 1.09 \times 31.3 = 34.1\text{kA}$$

④ 三相短路容量为

$$S^{(3)}_{k-2} = \sqrt{3}U_{C2}I^{(3)}_{k-2} = \sqrt{3} \times 0.4 \times 31.3 = 21.7\text{MVA}$$

由此可见，采用标幺制法的计算结果与例 2-8 采用欧姆法计算的结果基本相同。

**4．两相短路电流的计算**

如图 2-16 所示，在无限大容量系统中发生两相短路时如果只计电抗，其短路电流可由下式求得：

$$I^{(2)}_k = \frac{U_C}{2X_\Sigma} \tag{2-53}$$

其他两相短路电流 $I''^{(2)}$、$I_\infty{}^{(2)}$、和 $I_{sh}{}^{(2)}$等，都可按前面三相短路的对应公式计算。

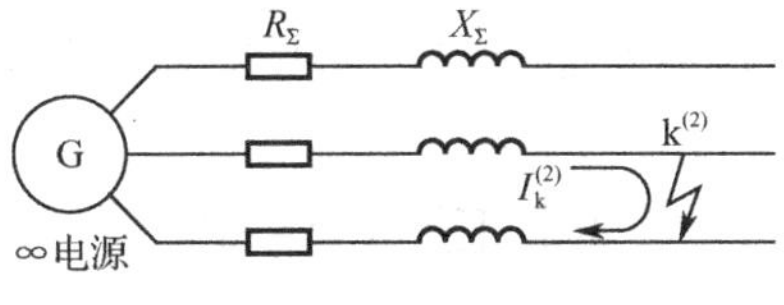


图 2-16　无限大容量系统中发生两相短路

关于两相短路电流与三相短路电流的关系，因

$$I^{(2)}_k = \frac{U_C}{2X_\Sigma}, \quad I^{(3)}_k = \frac{U_C}{\sqrt{3}X_\Sigma}, \quad \frac{I^{(2)}_k}{I^{(3)}_k} = \frac{U_C / 2X_\Sigma}{U_C / \sqrt{3}X_\Sigma} = \frac{\sqrt{3}}{2} = 0.866$$

故

$$I_k^{(2)} = 0.866 I_k^{(3)} \tag{2-54}$$

上式说明，无限大容量系统中，同一地点的两相短路电流为其三相短路电流的 0.866 倍。因此无限大容量系统中的两相短路电流，可在求出三相短路电流后利用式（2-54）直接求得。

### 2.3.4　短路电流的效应和稳定度校验

#### 1．概述

通过上述短路计算可知，供电系统中发生短路时，短路电流是相当大的。如此大的短路电流通过电器和导体，一方面要产生很大的电动力，即电动效应；另一方面要产生很高的温度，即热效应。这两种短路效应，对电器和导体的安全运行威胁极大，因此这里要研究短路电流的效应及短路稳定度的校验问题。

#### 2．短路电流的电动效应和动稳定度

供电系统短路时，短路电流特别是短路冲击电流将使相邻导体之间产生很大的电动力，有可能使电器和载流部分遭受严重破坏。为此，要使电路元件能承受短路时最大电动力的作用，电路元件必须具有足够的电动稳定度。

一般电器的动稳定度按下列公式校验：

$$i_{max} \gg i_{sh}^{(3)} \text{ 或 } I_{max} \gg I_{sh}^{(3)} \tag{2-55}$$

式中，$i_{max}$ 和 $I_{max}$ 分别为电器的动稳定电流峰值和有效值，可查有关手册或产品样本。附表 4 列有部分高压断路器的主要技术数据，包括动稳定电流数据，供参考。

#### 3．短路电流的热效应和热稳定度

（1）短路时导体的发热过程和发热计算

导体通过正常负荷电流时，由于导体具有电阻，因此会产生电能损耗。这种电能损耗转化为热能，一方面使导体温度升高，另一方面向周围介质散热。当导体内产生的热量与向周围介质散发的热量相等时，导体就维持在一定的温度值。当线路发生短路时，短路电流将使导体温度迅速升高。由于短路后线路的保护装置很快动作，切除短路故障，所以短路电流通过导体的时间不长，通常不超过 2～3s。因此在短路过程中，可不考虑导体向周围介质的散热，即近似地认为导体在短路时间内是与周围介质绝热的，短路电流在导体中产生的热量，全部用来使导体的温度升高。

（2）一般电器的热稳定度校验条件

$$I_t^2 t \geqslant I_\infty^{(3)2} t_{ima} \tag{2-56}$$

式中，$I_t$ 为电器的热稳定电流；$t$ 为电器的热稳定试验时间，$t_{ima}$ 为发热假想时间，$t_k$ 为短路时间，$t_{ima} = t_k$。以上 $I_t$ 和 $t$ 可查有关手册或产品样本，常用高压断路器的 $I_t$ 和 $t$ 可查附表 4。

## 项 目 小 结

工厂常用的用电设备按工作制可以分为连续工作制设备、短时工作制设备、断续周期工作制设备三类。连续工作制设备和短时工作制设备，设备容量即为其额定容量。断续周期工作制设备在不同的负荷持续率下工作时，其输出功率是不同的，在计算其设备容量时，必须先转换到一个统一的 $\varepsilon$ 下。对起重电动机应统一换算到 $\varepsilon$=25%，对电焊机设备应统一换算到 $\varepsilon$=100%。

年负荷曲线反映了全年负荷变动与对应的负荷持续时间的关系。年最大负荷 $P_{max}$ 是全年中负荷最大的工作班消耗电能最多的半小时平均负荷 $P_{30}$，也就是有功计算负荷。

确定计算负荷的常用方法有需要系数法和二项式法。需要系数法适用于变配电所的负荷计算。二项式法适用于低压配电支干线和配电箱的负荷计算。

功率因数反映了供用电系统中无功功率消耗量在系统总容量中所占的比重，反映了供用电系统的供电能力。高压供电的工厂，最大负荷时的功率因数不得低于 0.9，其他工厂不得低于 0.85。提高功率因数主要是提高自然功率因数和人工补偿无功功率因数。

照明供电系统是工厂供电系统的一个组成部分。照明设备通常都是单相负荷，在设计安装时应将它们均匀地分配到三相上，以减少三相负荷不平衡状况。

电力系统中发生短路事故会对线路及电气设备造成极大的危害。其中发生单相短路的概率最大，发生三相短路的概率最小。但三相短路电流最大，造成的危害最严重，因而常以三相短路时的短路电流热效应和电动力效应来校验电气设备。计算短路电流的方法有欧姆法和标幺制法两种。

# 思考与练习

## 一、思考题

(1) 电力负荷按重要程度分哪几级？各级负荷对供电电源有什么要求？

(2) 工厂用电设备按其工作制分哪几类？什么叫负荷持续率？它表征哪类设备的工作特性？

(3) 什么叫年最大负荷和年平均负荷？什么叫负荷系数？

(4) 什么叫计算负荷？为什么计算负荷通常采用半小时最大负荷？正确确定计算负荷有何意义？

(5) 确定计算负荷的需要系数法和二项式法各有什么特点？各适用于哪些场合？

(6) 什么叫尖峰电流？尖峰电流的计算有什么用途？

(7) 短路有哪些形式？哪种短路形式的可能性最大？哪些短路形式的危害最为严重？

(8) 什么叫无限大容量的电力系统？它有什么特点？在无限大容量系统中发生短路时，短路电流将如何变化？能否突然增大？

(9) 短路电流周期分量和非周期分量各是如何产生的？各符合什么定律？

(10) 什么是短路冲击电流 $i_{sh}$、短路次暂态电流 $I''$、短路稳态电流 $I_{\infty}$？

(11) 什么叫短路计算电压？它与线路额定电压有什么关系？

(12) 在无限大容量系统中，两相短路电流和单相短路电流各与三相短路电流有什么关系？

(13) 对一般开关电器，其短路动稳定度和热稳定度校验的条件各是什么？

## 二、练习题

1. 填空题

(1) 工厂电力负荷按照对可靠性的要求分为________、________、________。

(2) 工厂用电设备的工作制分为________，________，________。

(3) 负荷曲线：用电设备功率随________变化关系的图形。

(4) 计算负荷 $P_{30}$：全年负荷________的工作班内，消耗电能最大的半小时的________。

(5) 负荷计算的方法有________和________。在计算设备台数较少，而且各台设备容量相差悬殊的车间干线和配电箱的计算负荷时宜采用________。

(6) 尖峰电流是指持续时间 1～2s 的短时________。

(7) 次暂态电流：即短路后________的短路电流的周期分量。

(8) 电力线路及设备发生短路后产生危害效应有：________、________。

(9) 工厂供电系统中，________电流最大，因此它造成的危害也最为严重。电力系统中，发生________的可能性最大，发生________的可能性最小。

(10) 短路全电流是短路________ $i_p$ 与________ $i_{np}$ 的和。

**2. 判断题**

(1) 短时工作制设备的负荷也需要换算。(　　)

(2) 普遍用二项式法计算负荷比用需要系数法更接近实际电力负荷。(　　)

(3) 二项式法用于单组的公式为：$P_{30} = bP_e + cP_x$。(　　)

(4) 尖峰电流 $I_{pk}$ 是考虑设备工作持续时间为 5s 的短时最大负荷电流。(　　)

(5) 当发生三相短路时电力系统变电所馈电母线上的电压基本保护不变。(　　)

(6) 单相短路电流只用于单相短路保护整定及单相短路热稳定度的校验。(　　)

(7) 短路是指相相之间、相地之间的不正常接触。(　　)

(8) 短路故障的最严重后果是大面积停电。(　　)

(9) 三相短路和两相接地短路称为对称短路，而单相短路和两相短路称为不对称短路。(　　)

(10) 通常以三相短路时的短路电流热效应和电动力效应来校验电气设备。(　　)

3. 选择题

(1) 在配电设计中，通常采用(　　)的最大平均负荷作为按发热条件选择电器或导体的依据。

A. 20min　　B. 30min　　C. 60min　　D. 90min

(2) 在求计算负荷 $P_{30}$ 时，我们常将工厂用电设备按工作情况分为(　　)。

A. 金属加工机床类，通风机类，电阻炉类

B. 电焊机类，通风机类，电阻炉类

C. 连续工作制，短时工作制，断续周期工作制

D. 一班制，两班制，三班制

(3) 工厂供电中计算负荷 $P_{30}$ 的特点是(　　)。

A. 真实的、随机变化的　　B. 假想的、随机变化的

C. 真实的、预期不变的最大负荷　　D. 假想的、预期不变的最大负荷

(4) 吊车电动机组的功率是指将额定功率换算到负载持续率为(　　)时的有功功率。

A. 15%　　B. 25%　　C. 50%　　D. 100%

(5) 用电设备台数较多，各台设备容量相差不悬殊时，国际上普遍采用(　　)来确定计算负荷。

A. 二项式法　　B. 单位面积功率法　　C. 需要系数法　　D. 变值需要系数法

(6) 若中断供电将在政治、经济上造成较大损失，如造成主要设备损坏、大量的产品报废、连续生产过程被打乱，需较长时间才能恢复的电力负荷是(　　)。

A. 一级负荷　　B. 二级负荷　　C. 三级负荷　　D. 四级负荷

(7) 电力线路发生短路时一般会产生的危害效应有(　　)。

A. 电磁效应、集肤效应　　B. 集肤效应、热效应

C. 电动效应、热效应　　D. 电动效应、电磁效应

(8) 在相同的有功功率及无功功率条件下，加入电容补偿后的计算电流比不加入电容补偿所对应的计算电流(　　)。

A. 大　　B. 小　　C. 相等　　D. 无法确定

4. 计算题

(1) 已知某机修车间的金属切削机床组，有电压为 380V 的电动机 20 台，其总的设备容量为 100kW。试

求其计算负荷。

（2）一机修车间的380V线路上，接有金属切削机床电动机40台共150kW，其中较大容量电动机有7.5kW 4台，5.5kW 15台；另接通风机2台共5kW；行车1台5.1kW（$\varepsilon$=40%）。试求计算负荷（设同时系数$K_{\Sigma p}$、$K_{\Sigma q}$均为0.9）。

（3）试用二项式法来确定题（2）中的计算负荷。

（4）某220/380V线路上，接有如下表所示的用电设备。试确定该线路的计算负荷$P_{30}$、$Q_{30}$、$S_{30}$、$I_{30}$。

**用电设备列表**

| 设备名称 | 380V单头手动弧焊机 | | | 220V电热箱 | | |
|---|---|---|---|---|---|---|
| 接入相序 | AB | BC | CA | A | B | C |
| 设备台数 | 1 | 1 | 2 | 2 | 1 | 1 |
| 单台设备容量 | 21kVA（$\varepsilon$=65%） | 17 kVA（$\varepsilon$=100%） | 10.3kVA（$\varepsilon$=50%） | 3kW | 6kW | 4.5kW |

（5）某380V线路供电给下表所示4台电动机。试计算其尖峰电流（建议$K_{\Sigma}$=0.9）。

**多台电动机参数表**

| 电动机参数 | M1 | M2 | M3 | M4 |
|---|---|---|---|---|
| $I_N$（A） | 35 | 14 | 56 | 20 |
| $I_{st}$（A） | 140 | 80 | 160 | 135 |

（6）某厂拟建一降压变电所，装设一台主变压器。已知变电所低压侧（380V）的有功计算负荷为400kW，无功计算负荷为550kvar。为了使工厂（变电所高压侧）的功率因数不低于0.9，如在低压侧装设并联电容器进行补偿时，需装设多少补偿容量？并问补偿前后工厂变电所所选主变压器的容量有何变化（S9系列变压器的额定容量$S_N$有315，400，500，630，800，1000…（单位为kVA））？

（7）有一地区变电所通过一条长7km的10kV电缆线路供电给一个装有两台并列运行的SL7－800型（$U_k$%=4.5）主变压器的变电所。地区变电站出口断路器的断流容量为300MVA。试用欧姆法求该变电所10kV高压侧和380V低压侧的短路电流$I_k^{(3)}$、$I''^{(3)}$、$I_\infty^{(3)}$、$I_{sh}^{(3)}$、$I_{sh}^{(3)}$及短路容量$S_k^{(3)}$。并列出短路计算表。

（8）试用标幺制法重做第（7）题。

# 项目三　供配电系统变配电设备的结构与运行

## 学习目标

（1）了解供配电设备的结构与运行；

（2）理解变换设备的结构与运行；

（3）了解变配电所的布置、运行与管理。

## 项目任务

### 1. 项目描述

从前面的供配电系统图中可以看到，组成系统的有变压器、断路器、负荷开关、熔断器。元件的型号、规格多种多样，我们必须要了解怎么来选择主接线中的元件，同时要掌握电路中的一些图形符号、文字符号的含义，以及如何识读主电路图，了解变电所、设备如何运行等，这是从事各企事业变配电所运行、维护和设计工作必备的基础知识。

### 2. 工作任务

（1）会对电气设备进行选择与校验；

（2）理解供电系统的运行；

（3）识读变配电所主接线图。

### 3. 项目实施方案

为了能有效地完成本项目任务，根据项目要求，通过资讯、计划决策、实施与检查、评估等系统化的工作过程完成项目任务。本项目总体实施方案如图 3-1 所示。

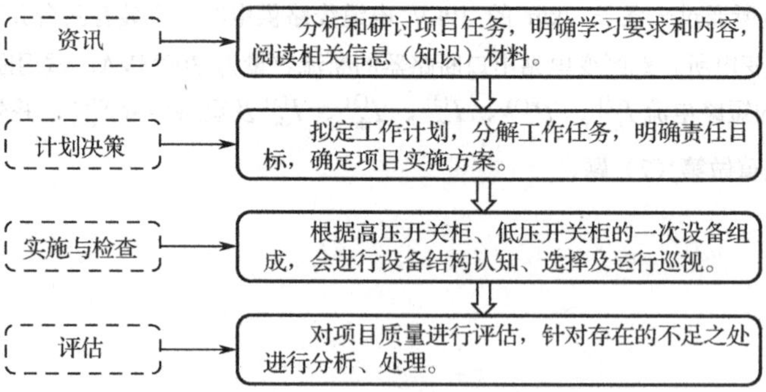


图 3-1　供配电系统变配电设备的结构与运行项目实施方案

## 任务 1　供配电设备的结构与运行

### 3.1.1　变配电所的任务、类型和位置

#### 1. 变配电所的任务

变配电所是供电系统的核心。变配电所按任务可分为变电所和配电所。变电所担负着从

电力系统受电，经过变压，然后配电的任务。配电所担负着从电力系统受电，然后直接配电的任务。

**2. 变配电所的类型**

一般中小型工厂变配电所由高压配电所和各车间变电所组成。工厂的高压配电所，尽可能与邻近的车间变电所合建。车间变电所按其主变压器的安装位置来分，有下列类型：

（1）车间附设变电所。变电所变压器室的一面墙或几面墙与车间建筑的墙共用，变压器室的大门朝车间外开。按变压器室位于车间墙内还是墙外，分为内附式（如图 3-2 中的 1、2）和外附式（如图 3-2 中的 3、4）。生产面积比较紧凑和生产流程要经常调整，设备也要相应变动的生产车间，宜采用附设变电所的形式。这种变电所在机械类工厂中比较普遍。

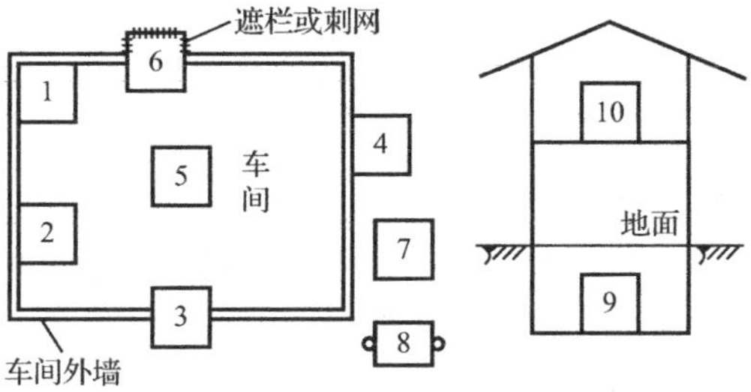


1、2—内附式；3、4—外附式；5—车间内式；6—露天或半露天式；7—独立式；8—杆上式；9—地下式；10—楼上式

图 3-2　车间变电所的类型

（2）车间内变电所。变压器室位于车间内的单独房间内，变压器室的大门朝车间内开（如图 3-2 中的 5）。车间内变电所位于车间的负荷中心，可以缩短配电距离，从而降低电能损耗和电压损耗，减少有色金属消耗量，因此技术经济指标比较好。但是变电所建在车间内部，要占一定的生产面积，因此对一些生产面积比较紧凑和生产流程要经常调整，设备也要相应变动的生产车间不太适合；而且其变压器室门朝车间内开，对生产的安全有一定的威胁。这种车间内变电所在大型冶金企业中较多。

（3）露天（或半露天）变电所。变压器安装在车间外面抬高的地面上（如图 3-2 中的 6）。变压器上方没有任何遮蔽物的，称为露天式；变压器上方设有顶板或挑檐的，称为半露天式。露天或半露天变电所，比较简单经济，通风散热好，因此只要周围环境条件正常，无腐蚀性、爆炸性气体和粉尘的场所均可以采用。这种形式的变电所在工厂的生活区及小厂中较为常见。

（4）独立变电所。整个变电所设在与车间建筑有一定距离的单独建筑物内（如图 3-2 中的 7）。独立变电所建筑费用较高，因此除非各车间的负荷相当小而分散，或需远离易燃易爆和有腐蚀性物质的场所可以采用外，一般车间变电所不宜采用。

（5）杆上变电台。变压器安装在室外的电杆上，亦称杆上变电所（如图 3-2 中的 8）。杆上变电台最为简单经济，一般用于容量在 315kVA 及以下的变压器，而且多用于生活区供电。

（6）地下变电所。整个变电所设置在地下室（如图 3-2 中的 9）。地下变电所的通风散热条件较差，湿度较大，建筑费用也较高，但相当安全。这种形式的变电所在一些高层建筑、地下工程和矿井中常被采用。

（7）楼上变电所。整个变电所设置在楼上设备层（如图 3-2 中的 10）。楼上变电所适用于高层建筑。这种变电所要求结构尽可能轻型、安全，其主变压器通常采用无油的干式变压器，不少采用成套变电所。

（8）组合式变电所。由电器制造厂按一定接线方案成套制造、现场装配的变电所，又称成套或箱式变电所。

（9）移动式变电所。整个变电所装在可移动的车上。移动式变电所主要用于坑道作业及临时施工现场供电。

上述的车间附设变电所、车间内变电所、独立变电所、地下变电所和楼上变电所，均属于室内变电所。露天、半露天变电所和杆上变电台，则属于室外变电所。组合式变电所和移动式变电所，则室内型和室外型均有。

#### 3. 变配电所位置的选择

变配电所位置选择的一般原则：

（1）尽量靠近负荷中心，以缩短低压配电线路距离，降低配电系统的电能损耗、电压损耗和有色金属消耗，保证电压质量。

（2）进出线方便，特别要便于架空进出线。

（3）接近电源侧。

（4）设备运输方便、安装方便。

（5）避开剧烈震动、高温场所；避开多尘或有腐蚀性气体的场所；避开地势低洼和可能积水的场所；避开有爆炸危险、火灾危险环境的场所。

（6）尽量让高压配电所与车间变电所合建。

（7）为工厂的发展和负荷的增加留有扩建的余地。

### 3.1.2　高压一次设备认知

#### 1. 一次设备及分类

变配电所中承担输送和分配电能任务的电路，称为一次电路，或称主电路、主接线。一次电路中所有的电气设备，称为一次设备或一次元件。

一次设备按其功能来分，可分为以下几类：

（1）变换设备。其功能是按电力系统运行的要求改变电压或电流、频率等，如电力变压器、电流互感器、电压互感器、变频器等。

（2）控制设备。其功能是控制一次电路的通断，如各种高低压开关设备。

（3）保护设备。其功能是对电力系统进行过电流和过电压等的保护，如熔断器和避雷器等。

（4）补偿设备。其功能是补偿电力系统中的无功功率，提高系统的功率因数，如并联电力电容器等。

（5）成套设备。它是按一次电路接线方案的要求，将有关一次设备及控制、指示、监测和保护一次电路的二次设备组合为一体的电气装置，如高压开关柜、低压配电屏、动力和照明配电箱等。

#### 2. 电气设备运行中的电弧问题

电弧是电气设备运行中出现的一种强烈的电游离现象，其特点是光亮很强和温度很高。电弧对供电系统的安全运行有很大的影响。首先，电弧延长了电路断开的时间。在开关分断短路电流时，开关触头上的电弧就延长了短路电流通过电路的时间，使短路电流危害的时间延长，这可能对电路设备造成更大的损坏。同时，电弧的高温可能烧损开关的触头，烧毁电气设备和导线电缆，还可能引起电路弧光短路，甚至引发火灾和爆炸事故。此外，强烈的弧光可能损伤人的视力，严重的可致人眼失明。因此，开关设备在结构设计上要保证操作时电弧能迅速地熄灭。

1）电弧的产生

（1）电弧产生的根本原因

开关触头在分断电流时之所以会产生电弧，其根本的原因在于触头本身及其周围介质中含有大量可被游离的电子。这样，当分断的触头之间存在着足够大的外施电压时，就有可能强烈地电游离而产生电弧。

（2）产生电弧的游离方式

① 热电发射。当开关触头分断电流时，其阴极表面由于大电流逐渐收缩集中而出现炽热的光斑，温度很高，从而使触头表面分子中外层电子吸收足够的热能而发射到触头间隙中去，形成自由电子。

② 高电场发射。开关触头分断之初，电场强度很大。在这种高电场的作用下，触头表面的电子可能被强拉出来，使之进入触头间隙的介质中去，也形成自由电子。

③ 碰撞游离。当触头间隙存在着足够大的电场强度时，其中的自由电子将以相当大的动能向阳极运动，电子在高速运动中碰撞到中性质点，就可能使中性质点中的电子游离出来，从而使中性质点分解为带电的正离子和自由电子。这些被碰撞游离出来的带电质点在电场力的作用下，继续参加碰撞游离，结果使触头间介质中的离子数越来越多，形成“雪崩”现象。当离子浓度足够大时，介质击穿而产生电弧。

④ 高温游离。电弧的温度很高，表面温度达3000～4000℃，弧心温度可高达10000℃。在如此高温下，电弧中的中性质点可游离为正离子和自由电子（据研究，一般气体在9000～10000℃发生游离，而金属蒸气在4000℃左右即发生游离），从而进一步加强了电弧中的游离。触头越分开，电弧越大，高温游离也越显著。

由于上述各种游离的综合作用，使得触头在分断电流时产生电弧并得以维持。

2）电弧的熄灭

要使电弧熄灭，必须使触头中的去游离率大于游离率，即电弧中离子消失的速率大于离子产生的速率。熄灭电弧的去游离方式有：

（1）正负带电质点的“复合”。复合就是正负带电质点重新结合为中性质点。电弧中的电场强度越弱，电弧温度越低，电弧截面越小，则其中带电质点的复合越强。

（2）正负带电质点的“扩散”。扩散就是电弧中的带电质点向周围介质中扩散开去，从而使电弧区域的带电质点减少。扩散的原因，一是由于电弧与周围介质的温度差，二是由于电弧与周围介质的离子浓度差。扩散也与电弧截面有关。电弧截面越小，离子扩散越强。

上述带电质点的复合和扩散，都使电弧中的离子数减少，即去游离增强，从而有助于电弧的熄灭。

3）开关电器中常用的灭弧方法

（1）速拉灭弧法。迅速拉长电弧，可使弧隙的电场强度骤降，离子的复合迅速增强，从而加速电弧的熄灭。这种灭弧方法是开关电器中普遍采用的最基本的一种灭弧方法。高压开关中装设强有力的断路弹簧，目的就在于加快触头的分断速度，迅速拉长电弧。

（2）冷却灭弧法。降低电弧的温度，可使电弧中的高温游离减弱，正负离子的复合增强，有助于电弧的加速熄灭。这种灭弧方法在开关电器中也应用普遍，同样是一种基本的灭弧方法。

（3）吹弧灭弧法。利用外力来吹动电弧，使电弧加速冷却，同时拉长电弧，降低电弧中的电场强度，使离子的复合和扩散增强，从而加速电弧的熄灭。按吹弧的方向分，有横吹和纵吹两种，如图3-3所示。按外力的性质分，有气吹、油吹、电动力吹和磁力吹等方式。低压刀开关被迅速拉开其刀闸时，不仅迅速拉长了电弧，而且其电流回路产生的电动力作用于电弧，使之加速拉长，如图 3-4 所示。有的开关装有专门的磁吹线圈来吹弧，如图 3-5 所示。也有的开关利用铁磁物质如钢片来吸弧，如图 3-6 所示，这相当于反向吹弧。

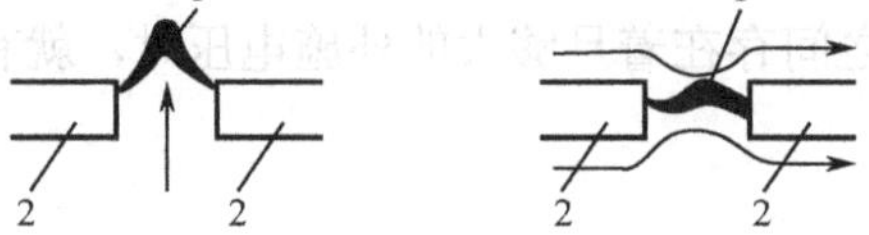

（a）横吹　　（b）纵吹

1—电弧；2—触头

图 3-3　吹弧方式

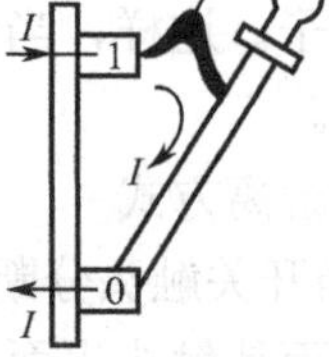

图 3-4　电动力吹弧（刀开关断开时）

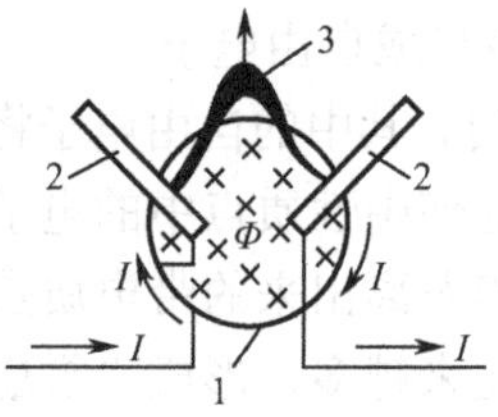

1—磁吹线圈；2—灭弧触头；3—电弧

图 3-5　磁力吹弧

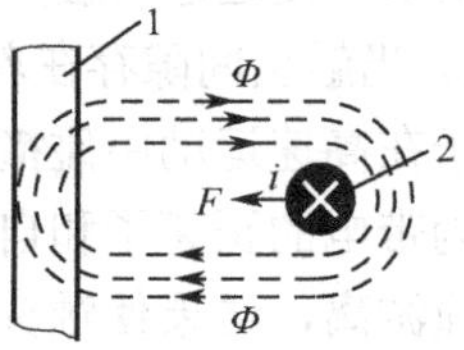

1—钢片；2—电弧

图 3-6　铁磁吸弧

（4）长弧切短灭弧法。由于电弧的电压降主要降落在阴极和阳极上，其中阴极电压降又比阳极电压降大得多，而弧柱（电弧的中间部分）的电压降是很小的，因此如果利用若干金属栅片（通常采用钢栅片）将长弧切割成若干短弧，则电弧上的电压降将近似地增大若干倍。当外施电压小于电弧上的电压降时，电弧就不能维持而迅速熄灭。图 3-7 为钢灭弧栅（又称去离子栅），当电弧在其电流回路本身产生的电动力及铁磁吸力的共同作用下进入钢灭弧栅内时，就被切割为若干短弧，使电弧电压降大大增加，同时钢片还有冷却降温作用，从而加速电弧的熄灭。

（5）粗弧分细灭弧法。将粗大的电弧分成若干平行的细小的电弧，使电弧与周围介质的接触面增大，改善电弧的散热条件，降低电弧的温度，使电弧中离子的复合和扩散都得到加强，从而使电弧迅速熄灭。

（6）狭沟灭弧法。使电弧在固体介质所形成的狭沟中燃烧。由于电弧的冷却条件改善，使电弧的去游离增强，同时介质表面的复合也比较强烈，从而使电弧迅速熄灭。熔断器熔管内充填石英砂，就是利用狭沟灭弧原理。有一种用耐弧的陶瓷材料制成的绝缘灭弧栅，如图 3-8 所示，也同样利用了狭沟灭弧原理。

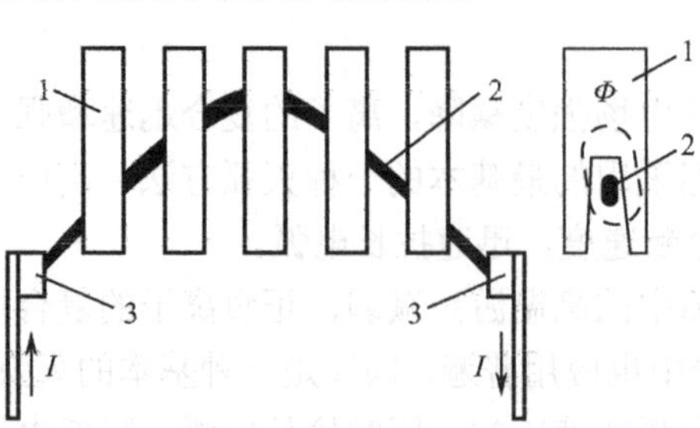

1—钢栅片；2—电弧；3—触头

图 3-7　钢灭弧栅对电弧的作用

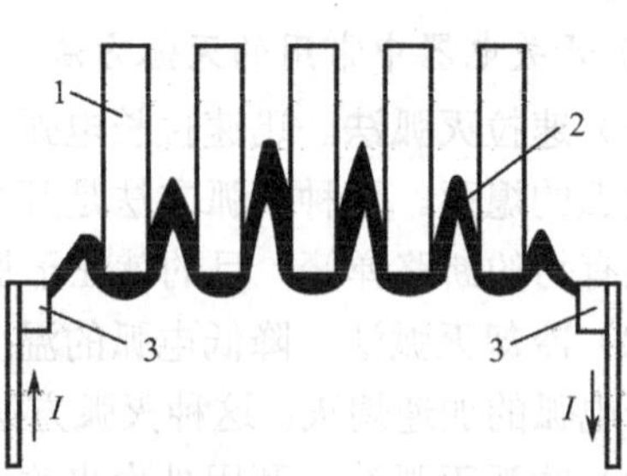

1—绝缘栅片；2—电弧；3—触头

图 3-8　绝缘灭弧栅对电弧的作用

（7）真空灭弧法。真空具有较高的绝缘强度。如果将触头装在真空容器内，则在电弧电流过零时就能立即熄灭而不致复燃。真空断路器就是利用真空灭弧法的原理制造的。

（8）六氟化硫（$SF_6$）灭弧法。$SF_6$ 气体具有优良的绝缘性能和灭弧性能，其绝缘强度约为空气的 3 倍，其绝缘强度恢复的速度约为空气的 100 倍。六氟化硫断路器就是利用 $SF_6$ 做绝缘和灭弧介质的，从而获得较高的断流容量和灭弧速度。

在电气开关设备中，常综合采用上述灭弧法来达到迅速灭弧的目的。

### 3. 常用高压一次设备

#### 1）高压隔离开关（QS）

高压隔离开关具有明显可见的断开间隙，主要用来隔离高压电源，以保证其他设备和线路的安全检修，并能通断一定的小电流，如励磁电流（空载电流）不超过 2A 的空载变压器，电容电流（空载电流）不超过 5A 的空载线路以及电压互感器、避雷器电路等。由于它没有专门的灭弧装置，因而绝不允许用来切断正常的负荷电流和短路电流。

高压隔离开关全型号的表示和含义如下：

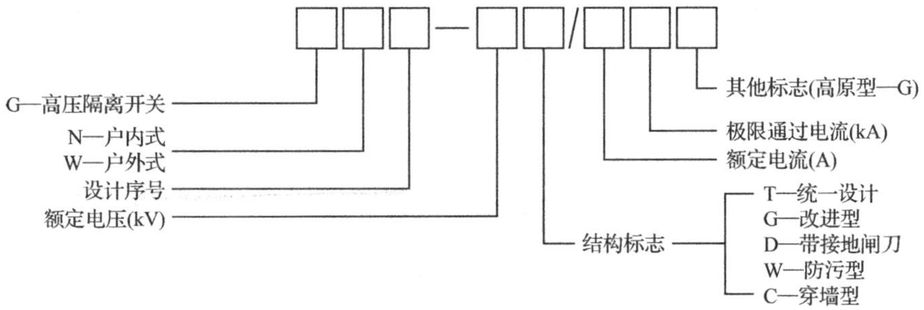


高压隔离开关按安装地点，分户内和户外两大类。图 3-9 是 GN8-10/600 型户内高压隔离开关的外形结构图。图 3-10 是 GW2-35 型户外高压隔离开关的外形结构图。

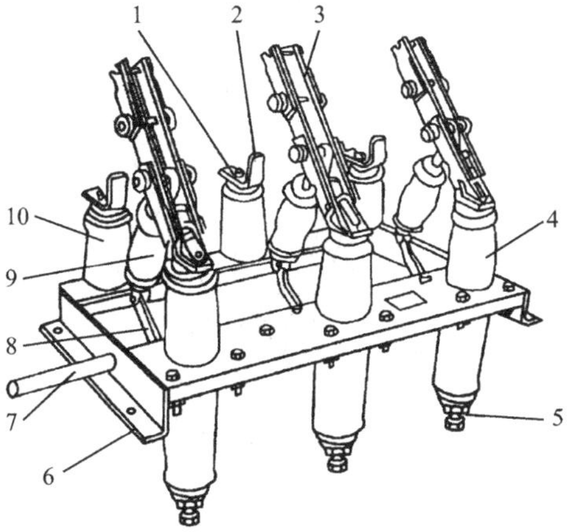


1—上接线端子；2—静触头；3—闸刀；4—套管绝缘子；5—下接线端子；

6—框架；7—转轴；8—拐臂；9—升降绝缘子；10—支柱绝缘子

图 3-9　GN8-10/600 型户内式高压隔离开关

户内式高压隔离开关通常采用 CS6 型手动操作机构进行操作，而户外式高压隔离开关则大多采用高压绝缘操作棒手工操作，也有的通过手动杠杆传动机构操作。图 3-11 是 CS6 型手动操作机构与 GN8 型隔离开关配合的一种安装方式。

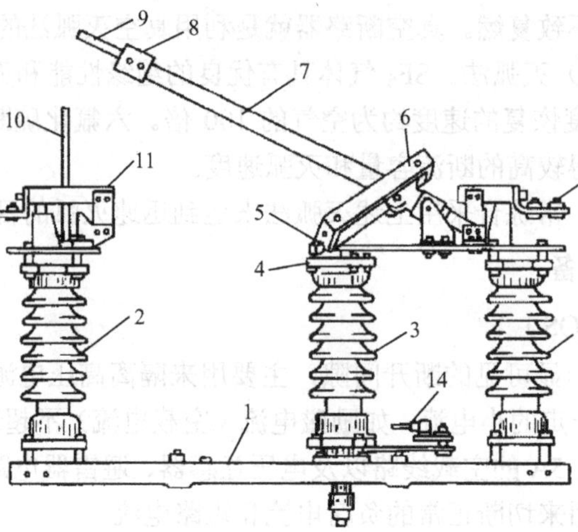


1—角钢架；2—支柱瓷瓶；3—旋转瓷瓶；4—曲柄；5—轴套；6—传动装置；7—管形闸刀；
8—工作动触头；9、10—灭弧角条；11—插座；12、13—接线端子；14—曲柄传动机构

图 3-10　GW2-35 型户外高压隔离开关

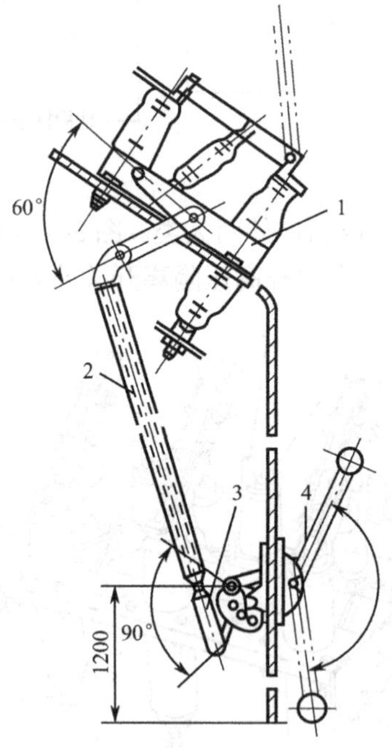


1—GN8 型隔离开关；2—传动连杆（$\phi$200mm 焊接钢管）；3—调节杆；4—CS6 型手动操作机构

图 3-11　CS6 与 GN8 配合的一种安装方式

2）高压负荷开关（QL）

高压负荷开关具有简单的灭弧装置，因而能通断一定的负荷电流和过负荷电流。但是它不能断开短路电流，所以它一般与高压熔断器串联使用，借助熔断器来进行短路保护。负荷开关断开后，与隔离开关一样，也有明显可见的断开间隙，因此也具有隔离高压电源、保证安全检修的功能。

高压负荷开关全型号的表示和含义如下：

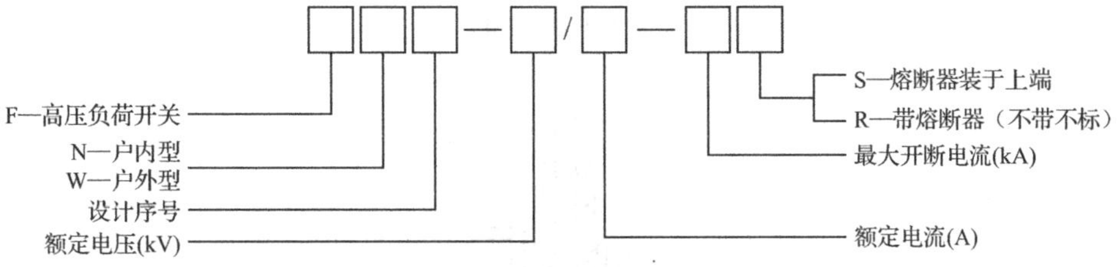


高压负荷开关的类型较多，这里主要介绍一种应用较广的 FN3-10RT 型户内压气式高压负荷开关，其外形如图 3-12 所示。

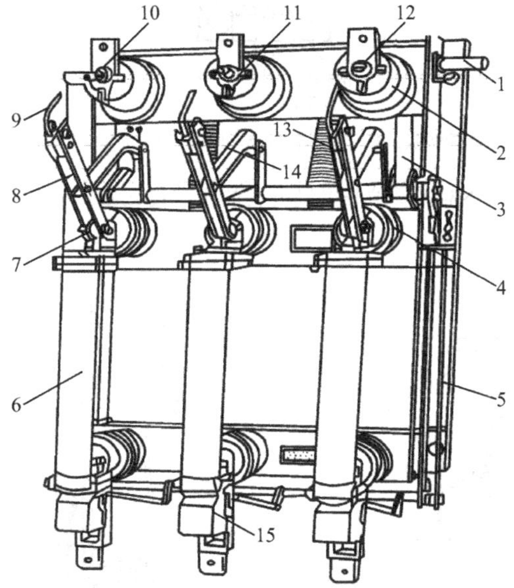


1—主轴；2—上绝缘子兼汽缸；3—连杆；4—下绝缘子；5—框架；6—RN1 型高压熔断器；7—下触座；8—闸刀；9—弧动触头；10—绝缘喷嘴；11—弧静触头；12—上触座；13—分闸弹簧；14—绝缘拉杆；15—热脱扣器

图 3-12　FN3-10RT 型高压负荷开关

由图 3-12 可以看出，上半部为负荷开关，外形与高压隔离开关类似，它就是在隔离开关基础上加了一个简单的灭弧装置。负荷开关上端的绝缘子就是一个简单的灭弧室，其内部结构如图 3-13 所示。该绝缘子不仅起支柱绝缘子的作用，而且内部是一个汽缸，装有由操作机构主轴传动的活塞，其作用类似打气筒。绝缘子上部装有绝缘喷嘴和弧静触头。

当负荷开关分闸时，在闸刀一端的弧动触头与绝缘子上的弧静触头之间产生电弧。由于分闸时主轴转动而带动活塞，压缩汽缸内的空气而从喷嘴往外吹弧，使电弧迅速熄灭。当然，分闸时还有迅速拉长电弧及电流回路本身的电磁吹弧的作用，加强了灭弧。但总的来说，负荷开关的断流灭弧能力是很有限的，只能分断一定的负荷电流和过负荷电流，因此负荷开关不能配置短路保护装置来自动跳闸，但可以装设热脱扣器用于过负荷保护。

上述负荷开关一般配用 CS2 等型手动操作机构进行操作。图 3-14 是 CS2 型手动操作机构的外形及其与 FN3 型负荷开关配合的一种安装方式。

3）高压断路器（QF）

高压断路器的功能是不仅能通断正常的负荷电流，而且能接通和承受一定时间的短路电流，并能在保护装置作用下自动跳闸，切除短路故障。

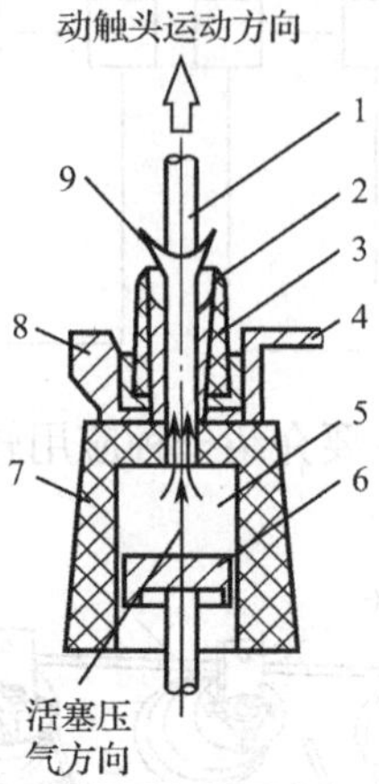


1—弧动触头；2—绝缘喷嘴；3—弧静触头；4—接线端子；5—汽缸；6—活塞；7—上绝缘子；8—主静触头；9—电弧

图 3-13　FN3-10 型高压负荷开关的压气式灭弧装置工作示意图

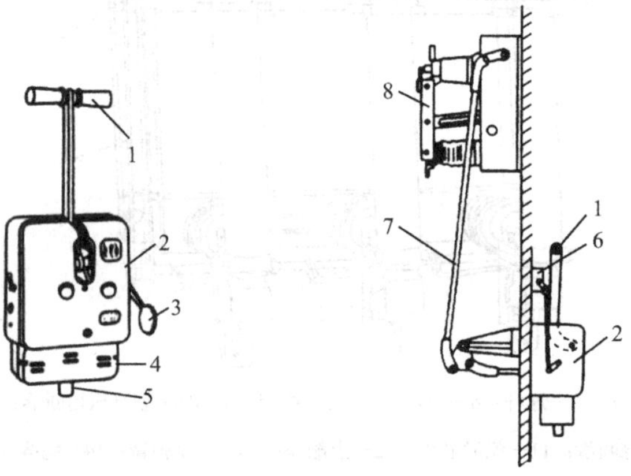


（a）CS2型操作机构外形　　（b）CS2型与负荷开关配合安装方式

1—操作手柄；2—操作机构外壳；3—分闸指示牌（掉牌）；4—脱扣器盒；

5—分闸铁芯；6—辅助开关（联动触头）；7—传动连杆；8—负荷开关

图 3-14　CS2 与 FN3 配合的一种安装方式

高压断路器按其采用的灭弧介质分，有油断路器、真空断路器、六氟化硫（$SF_6$）断路器等。其中油断路器又分多油和少油两大类。多油断路器的油量多，其油一方面作为灭弧介质，另一方面又作为相对地（外壳）甚至相与相之间的绝缘介质。少油断路器的油量很少，其油只作为灭弧介质，其外壳通常是带电的。过去，35kV 及以下的户内配电装置中大多采用少油断路器，而现在大多采用真空断路器和六氟化硫断路器。

高压断路器全型号的表示和含义如下：

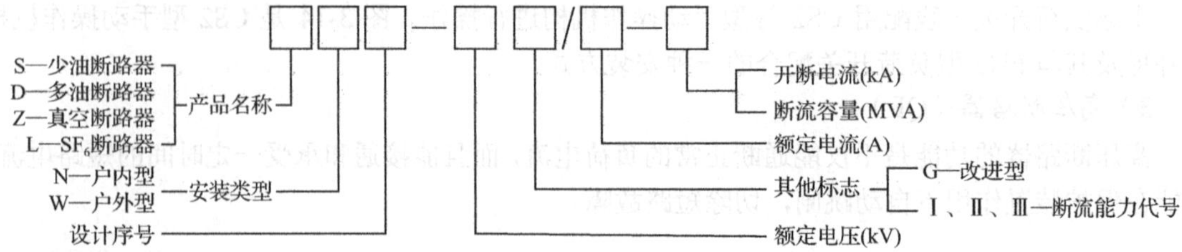

（1）SN10-10 型高压少油断路器

图 3-15 是 SN10-10 型高压少油断路器的外形，其一相油箱内部结构的剖面图如图 3-16 所示。这种断路器的导电回路是：上接线端子→静触头→导电杆（动触头）→中间滚动触头→下接线端子。

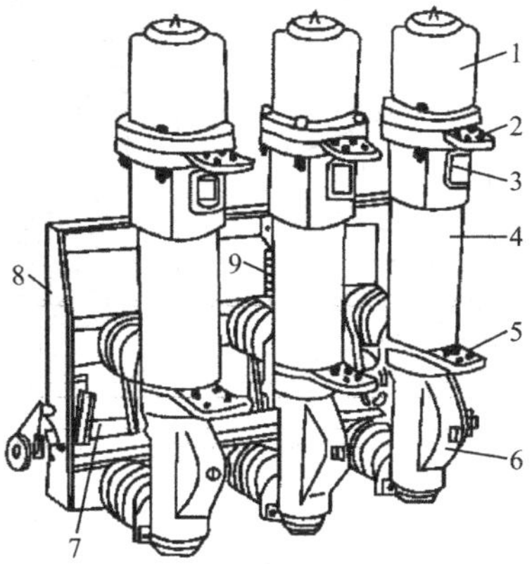


1—铝帽；2—上接线端子；3—油标；4—绝缘箱（内装灭弧室及触头）；5—下接线端子；6—基座；7—主轴；8—框架；9—分闸弹簧

图 3-15　SN10-10 型高压少油断路器

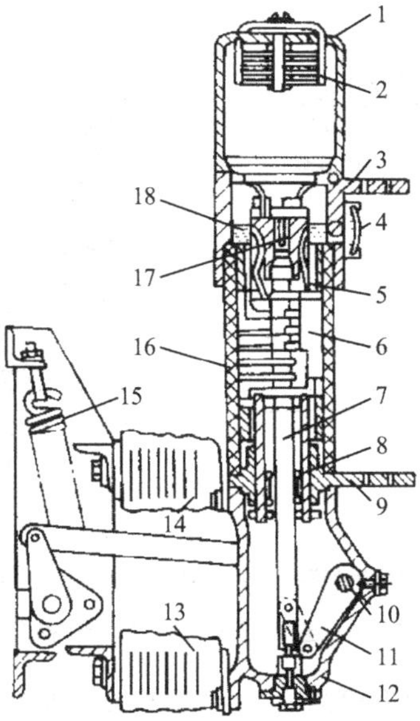


1—铝帽；2—油汽分离器；3—上接线端子；4—油标；5—静触头；6—灭弧室；7—动触头；8—中间滚动触头；9—下接线端子；10—转轴；11—拐臂；12—基座；13—下支柱瓷瓶；14—上支柱瓷瓶；15—断路器弹簧；16—绝缘筒；17—逆止阀；18—绝缘油

图 3-16　SN10-10 型高压少油断路器的一相油箱内部结构

SN10-10 型少油断路器可配用 CS2、CD10、CT7 等操作机构。CS2 手动操作机构能手动和远距离分闸。其结构简单，且为交流操作，因此相当经济实用；但由于受操作速度所限，它操作的断路器断开的短路容量不宜大于 100MVA。CD10 电磁操作机构能手动和远距离操作断路器的分、合闸，但需直流操作，且要求合闸功率大。CT7 弹簧操作机构也能手动和远距离操作断路器的分、合闸，且其操作电源交、直流均可，但机构较复杂，价格较高。由于采用交流操作电源较为简单经济，因此弹簧操作机构的应用越来越广。图 3-17 是 CD10 型电磁操作机构的外形和剖面图，图 3-18 是其分、合闸传动原理示意图。

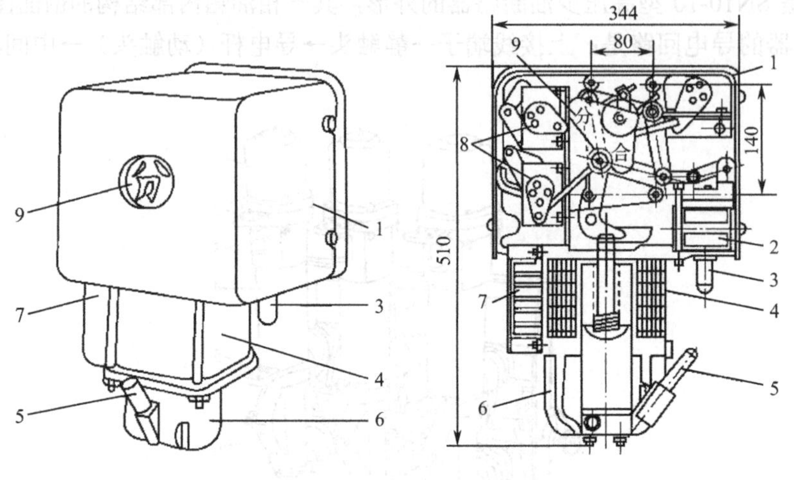


（a） 外形图　　（b） 剖面图

1—外壳；2—跳闸线圈；3—手动跳闸铁芯；4—合闸线圈；5—手动合闸操作手柄；

6—缓冲底座；7—接线端子排；8—辅助开关；9—分合闸指示器

图 3-17　CD10 型电磁操作机构

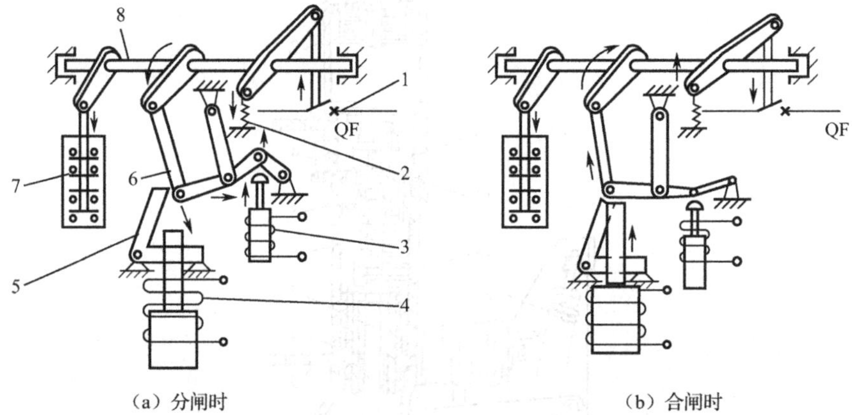


（a）分闸时　　（b）合闸时

1—高压断路器（QF）；2—断路弹簧；3—跳闸线圈（带铁芯）；4—合闸线圈（带铁芯）；

5—L 形搭钩；6—连杆；7—辅助开关；8—操作机构主轴

图 3-18　CD10 型电磁操作机构的传动原理示意图

（2）高压真空断路器

高压真空断路器，是利用“真空”灭弧的一种断路器，其触头装在真空灭弧室内。由于电弧主要是由强烈的气体游离引起的，而真空中不存在气体游离的问题，所以该断路器的触头断开时很难发生电弧。真空断路器具有体积小、动作快、寿命长、安全可靠和便于维护检修等优点，但价格较贵。过去主要应用于频繁操作和安全要求较高的场所，而现在已开始取代少油断路器广泛应用在 35kV 及以下的高压配电装置中。图 3-19 为 ZN63A-12 型真空断路器的结构简图。

真空断路器配用 CD10 等型电磁操作结构或 CT7 等型弹簧操作机构。

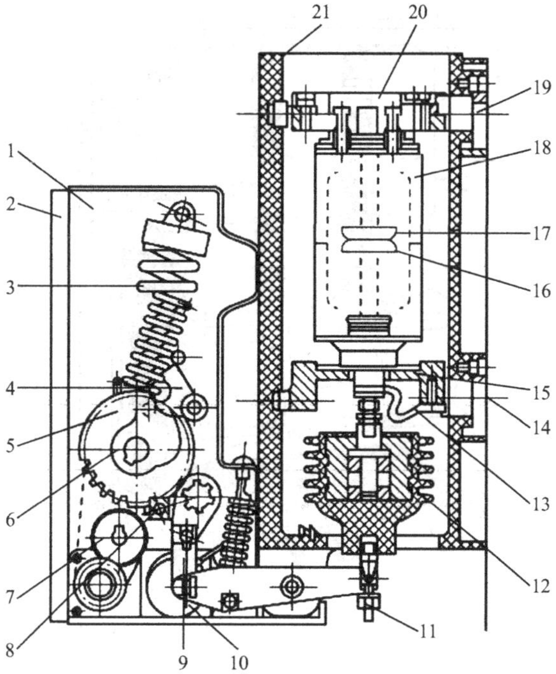


1—机箱；2—面板；3—合闸弹簧；4—合闸掣子；5—链轮传动机构；6—凸轮机构；7—齿轮传动机构；8—输入拐臂；9—四杆传动机构；10—储能电机；11—操作绝缘子；12—触头压力弹簧；13—软连接；14—下部接线端子；15—下支架；16—动触头；17—静触头；18—真空灭弧室；19—上部接线端子；20—上支架；21—绝缘筒

图 3-19　ZN63A-12 型真空断路器的结构简图

（3）高压六氟化硫断路器

六氟化硫（$SF_6$）断路器，是利用 $SF_6$ 气体做灭弧和绝缘介质的一种断路器。$SF_6$ 是一种无色、无味、无毒且不易燃的惰性气体。在 150℃以下时，其化学性能相当稳定。$SF_6$ 不含碳元素，这对于灭弧和绝缘介质来说，是极为优越的特性。前面所讲的油断路器是用油做灭弧和绝缘介质的，而油在电弧高温作用下要分解出碳，使油中的含碳量增高，从而降低了油的绝缘和灭弧性能。因此油断路器在运行中要经常注意监视油色，适时分析油样，必要时要更换新油，而 $SF_6$ 就无这些麻烦。$SF_6$ 又不含氧元素，因此它不存在触头氧化的问题。所以 $SF_6$ 断路器较之空气断路器，其触头的磨损较少，使用寿命增长。$SF_6$ 除具有上述优良的物理化学性能外，还具有优良的绝缘性能，在 300kPa 下，其绝缘强度与一般绝缘油的绝缘强度大体相当。$SF_6$ 特别优越的性能是在电流过零时，电弧暂时熄灭后，它具有迅速恢复绝缘强度的能力，从而使电弧难以复燃而很快熄灭。图 3-20 为 LN2-10 型高压 $SF_6$ 断路器的外形结构图。

与油断路器比较，$SF_6$ 断路器具有断流能力大、灭弧速度快、绝缘性能好等优点，适于频繁操作，且无易燃易爆危险。但其缺点，是要求制造加工的精度很高，对其密封性能要求更严，因此价格较贵。$SF_6$ 断路器主要用于需频繁操作及有易燃易爆危险的场所，特别是用做全封闭式组合电器。$SF_6$ 断路器与真空断路器一样，也配用 CD10 或 CT7 操作机构。

4）高压熔断器（FU）

熔断器是一种在电路电流超过规定值并经一定时间后，使其熔体熔化而分断电流、断开电路的一种保护电器。熔断器的功能主要是对电路和设备进行短路保护，有的熔断器还具有过负荷保护的功能。

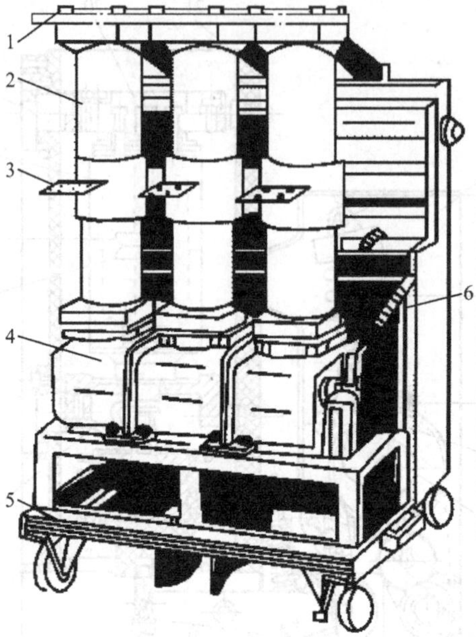


1—上接线端；2—绝缘筒（内为汽缸及触头系统）；3—下接线端；4—操作机构；5—小车；6—分闸弹簧

图 3-20 LN2-10 型高压六氟化硫断路器

高压熔断器全型号的表示和含义如下：

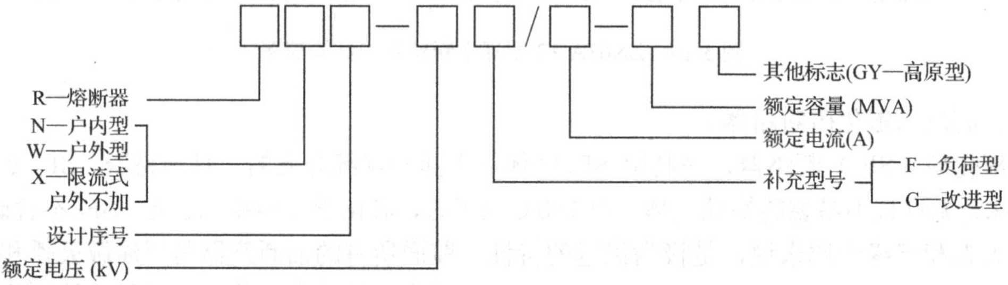


供电系统中，室内广泛采用 RN1、RN2 等型高压管式限流熔断器，室外则广泛采用 RW4-10、RW10-10（F）等型高压跌开式熔断器。

（1）RN1 和 RN2 型户内高压管式熔断器

RN1 型和 RN2 型的结构基本相同，都是瓷质熔管内充石英砂填料的密封管式熔断器。其外形结构如图 3-21（a）所示。

RN1 型用做高压电路和设备的短路保护、过负荷保护。其熔体要通过主电路的大电流，因此其结构尺寸较大，额定电流可达 100A。而 RN2 型只用做高压电压互感器一次侧的短路保护。其一次电流很小，因此 RN2 型的结构尺寸较小，其熔体额定电流一般为 0.5A。

RN1、RN2 型熔断器熔管的内部结构如图 3-21（b）、（c）所示。由图可知，熔断器的熔体（铜熔丝）上焊有小锡球。锡是低熔点金属，过负荷时锡球受热首先熔化，包围铜熔丝，铜锡分子相互渗透而形成熔点较铜的熔点低的铜锡合金，使铜熔丝能在较低的温度下熔断，这就是所谓的“冶金效应”。它使熔断器能在不太大的过负荷电流和较小的短路电流下动作，从而提高了保护灵敏度。又由图可知，该熔断器采用多根熔丝并联，熔断时产生多根并行的细小电弧，利用粗弧分细灭弧法来加速电弧的熄灭。而且该熔断器熔管内是充填石英砂的，熔丝熔断时产生的电弧完全在石英砂内燃烧，因此其灭弧能力很强，能在短路后不到半个周期内即短路电流未

达到冲击值 $i_{sh}$ 之前就能完全熄灭电弧，切断短路电流，从而使熔断器本身及其所保护的电气设备不必考虑短路冲击电流的影响，因此这种熔断器属于“限流”熔断器。

当短路电流或过负荷电流通过熔断器的熔体时，工作熔体熔断后，指示熔体相继熔断，其红色的熔断指示器弹出，给出熔断的指示信号。

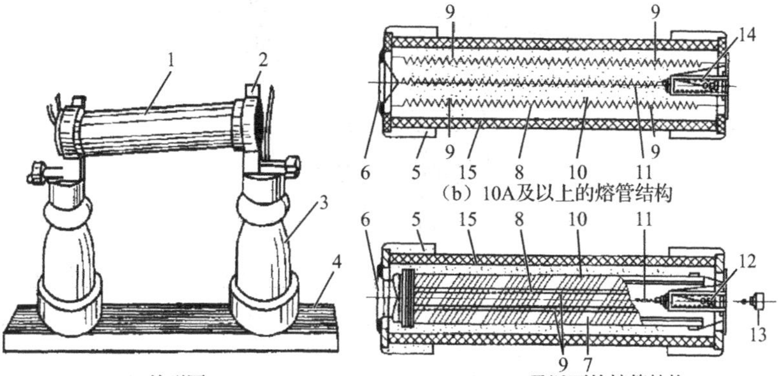


1—熔管；2—插座；3—支柱绝缘子；4—底座；5—端帽；6—端盖；7—瓷芯棒；8—熔体；9—小锡球；10—石英砂；11—拉丝；12—指示装置；13—小铜帽；14—弹簧；15—瓷管

图 3-21　RN1 型熔断器的外形及结构图

（2）RW4 和 RW10（F）型户外高压跌开式熔断器

跌开式熔断器（其文字符号一般型用 FD，负荷型用 FDL），又称跌落式熔断器，广泛用于环境正常的室外场所。其功能为既可做（6～10）kV 线路和设备的短路保护，又可在一定条件下，直接用高压绝缘操作棒（俗称令克棒）来操作熔管的分合，兼起高压隔离开关的作用。一般的跌开式熔断器如 RW4-10（G）型等，只能在无负荷下操作，或通断小容量的空载变压器和空载线路等，其操作要求与高压隔离开关相同。而负荷型跌开式熔断器如 RW10-10（F）型，则能带负荷操作，其操作要求则与高压负荷开关相同。

图 3-22 是 RW4-10（G）型跌开式熔断器的基本结构。这种跌开式熔断器串接在线路上。正常运行时，其熔管上端的动触头借熔丝的张力拉紧后，利用绝缘操作棒将此动触头推入上静触头内锁紧，同时下动触头与下静触头也相互压紧，从而使电路接通。当线路上发生短路时，短路电流使熔丝熔断，形成电弧。熔管（消弧管）内壁由于电弧烧灼而分解出大量气体，使管内气压剧增，并沿管道形成强烈的气流纵向吹弧，使电弧迅速熄灭。熔管的上动触头因熔丝熔断后失去张力而下翻，使锁紧机构释放熔管，在触头弹力及熔管自重的作用下，回转跌开，造成明显可见的断开间隙。

这种跌开式熔断器还采用了“逐级排气”的结构。其熔管上端在正常时是被一薄膜封闭的，可以防止雨水浸入。在分断小的短路电流时，由于熔管上端封闭而形成单端排气，使管内保持足够大的气压，这样有助于熄灭小的短路电流所产生的电弧。而在分断大的短路电流时，由于管内产生的气压大，致使上端薄膜冲开而形成两端排气，这样有助于防止分断大的短路电流时可能造成的熔管爆裂。

RW10-10（G）型跌开式熔断器是在一般跌开式熔断器的上静触头上面加装了一个简单的灭弧室，因而能够带负荷操作。这种负荷型跌开式熔断器既能实现短路保护，又能带负荷操作，且能起隔离开关的作用，因此应用较广。

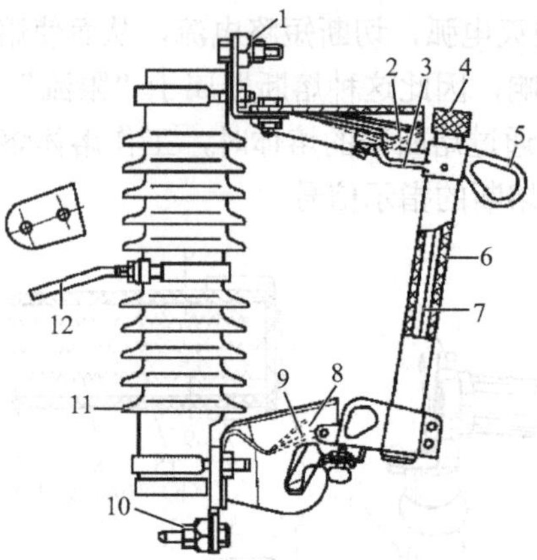


1—上接线端子；2—上静触头；3—上动触头；4—管帽（带薄膜）；5—操作环；
6—熔管（外层为酚醛纸管或环氧玻璃布管，内衬纤维质消弧管）；7—铜熔丝；
8—下动触头；9—下静触头；10—下接线端子；11—绝缘子；12—固定安装板

图 3-22　RW4-10（G）型跌开式熔断器的基本结构

跌开式熔断器利用电弧燃烧使消弧管内壁分解产生气体来熄灭电弧，即使负荷型跌开式熔断器加装简单的灭弧室，其灭弧能力也不强，灭弧速度也不快，不能在短路电流达到冲击值之前熄灭电弧，因此这种跌开式熔断器属于“非限流”熔断器。

5）高压开关柜

高压开关柜是按一定的线路方案将有关一、二次设备组装在一起的一种高压成套配电装置，在电力系统中用来控制和保护高压设备和线路，其中安装有高压开关设备、保护电器、监测仪表和母线、绝缘子等。

高压开关柜全型号的表示和含义如下：

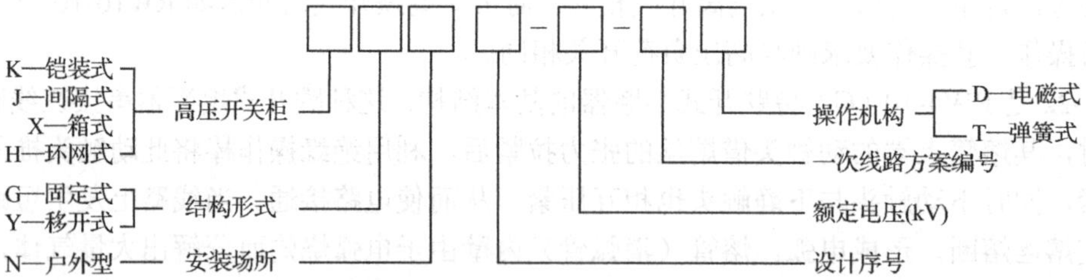


高压开关柜有固定式和手车式（移开式）两大类。以往大量生产和广泛应用的固定式高压开关柜主要是 GG-1A（F）型。这种防误型开关柜装设了防止电气误操作和保障人身安全的闭锁装置，即所谓“五防”：（1）防止误分、误合断路器；（2）防止带负荷误拉、误合隔离开关；（3）防止带电误挂接地线；（4）防止带接地线或在接地开关闭合时误合隔离开关或断路器；（5）防止人员误入带电间隔。

图 3-23 是 GG-1A（F）-07S 型固定式高压开关柜的结构图，其中断路器为 SN10-10 型。

手车式（又称移开式）高压开关柜的特点，是高压断路器等主要电气设备是装在可以拉出和推入开关柜的手车上的。高压断路器等设备出现故障需要检修时，可随时将其手车拉出，然后推入同类备用手车，即可恢复供电。因此采用手车式开关柜，较之采用固定式开关柜，具有检修安全方便、供电可靠性高的优点，但其价格较贵。

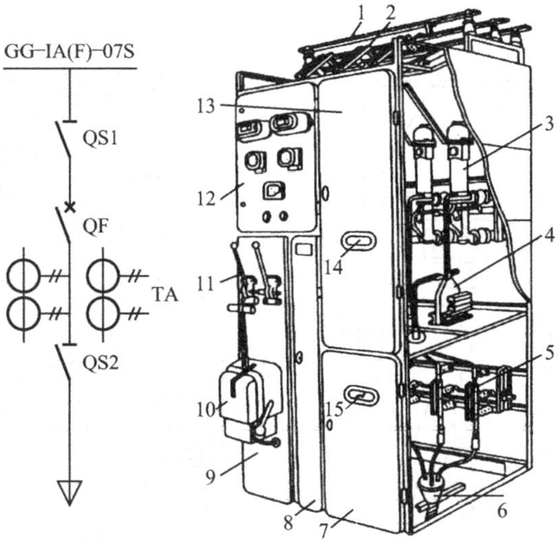


1—母线；2—母线侧隔离开关（QS1，GN8-10 型）；3—少油断路器（QF，SN10-10 型）；4—电流互感器（TA，LQJ-10 型）；5—线路侧隔离开关（QS2，GN6-10 型）；6—电缆头；7—下检修门；8—端子箱门；9—操作板；10—断路器的手动操作机构（CS2 型）；11—隔离开关的操作手柄；12—仪表继电器屏；13—上检修门；14、15—观察窗口

图 3-23　GG-1A（F）-07S 型固定式高压开关柜（断路器柜）的结构图

图 3-24 是 GC-10（F）型手车式高压开关柜的结构图。

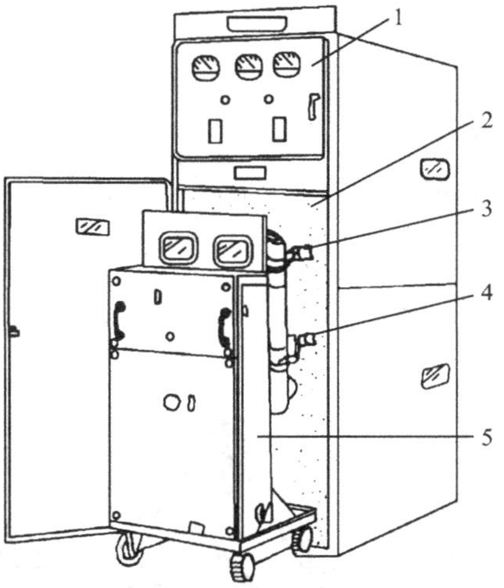


1—仪表屏；2—手车室；3—上触头；4—下触头（兼起隔离开关作用）；5—SN10-10 型断路器手车

图 3-24　GC-10（F）型手车式高压开关柜的结构图

现在新设计生产的环网柜，大多将原来的负荷开关、隔离开关、接地开关的功能，合并为一个“三位置开关”，它兼有通断负荷、隔离电源和接地三种功能，这样可缩小环网柜占用的空间。环网柜适用于 10kV 环形电网中，在城市电网中得到了广泛应用。图 3-25 是 HXGN1-10 型高压环网柜的结构图。三位置开关的接线、外形和触头的三种位置如图 3-26 所示。

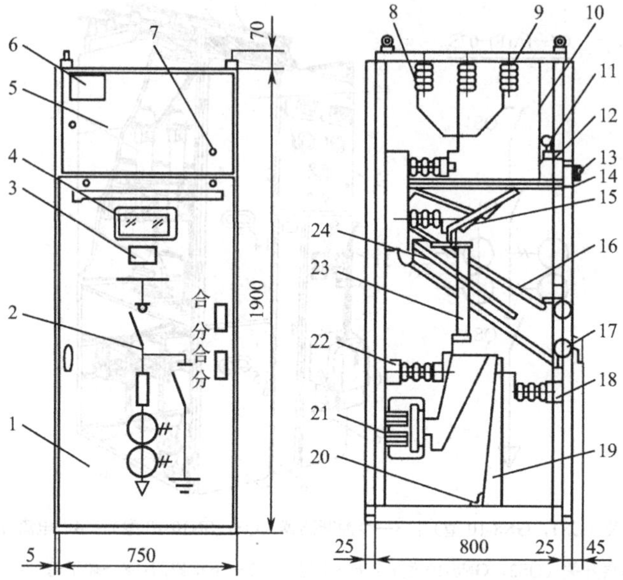


1—下门；2—模拟电路；3—显示器；4—观察窗；5—上门；6—铭牌；7—组合开关；8—母线；9—绝缘子；10、14—隔板；11—照明灯；12—端子板；13—旋钮；15—高压负荷开关；16、24—连杆；17—负荷开关操作机构；18—支架；19—电缆；20—固定电缆用角钢；21—电流互感器；22—支架；23—高压熔断器

图 3-25　HXGN1-10 型高压环网柜的结构图

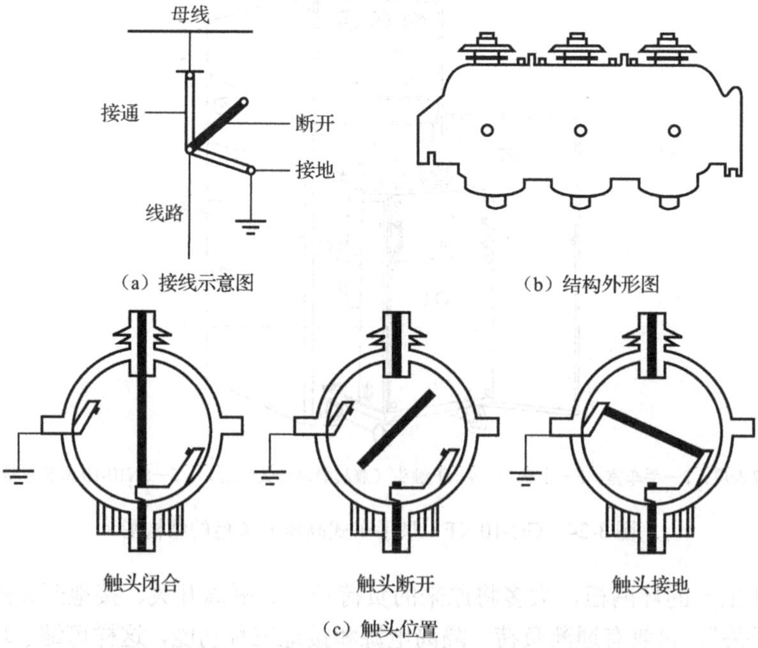


图 3-26　三位置开关的接线、外形和触头位置图

### 3.1.3　低压一次设备认知

#### 1．低压熔断器（FU）

低压熔断器主要实现低压配电系统的短路保护，有的也能实现过负荷保护。可以从熔丝的

熔断情况来判断是短路还是过负荷。如果熔管内漆黑一片并有飞溅的金属小颗粒，则说明是短路造成的；如果熔管内只是熔丝的中间或与螺钉固定部位断开并有流滴金属液的痕迹，或只有较轻的黑痕，则说明是过负荷造成的。熔断器保护的缺点是熔体熔断后必须更换，会引起短时停电，保护特性和可靠性较差，一般情况下，需与其他电器配合使用。

国产低压熔断器全型号的表示和含义如下：

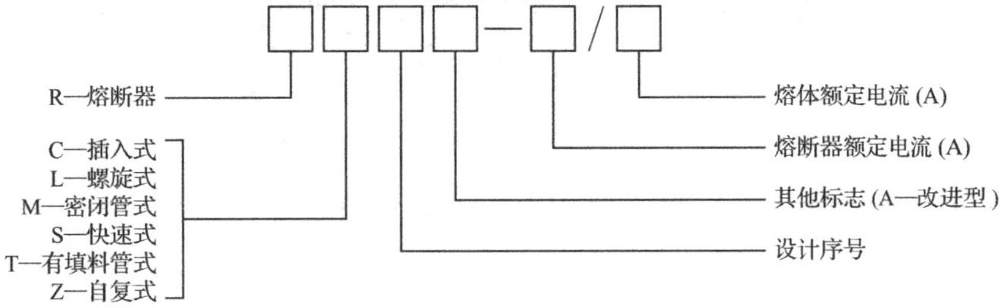


熔断器主要包括熔体（熔丝或熔片）及附件两部分。按照结构的不同，分瓷插式、螺旋式、有填料管式等，如图 3-27 所示。

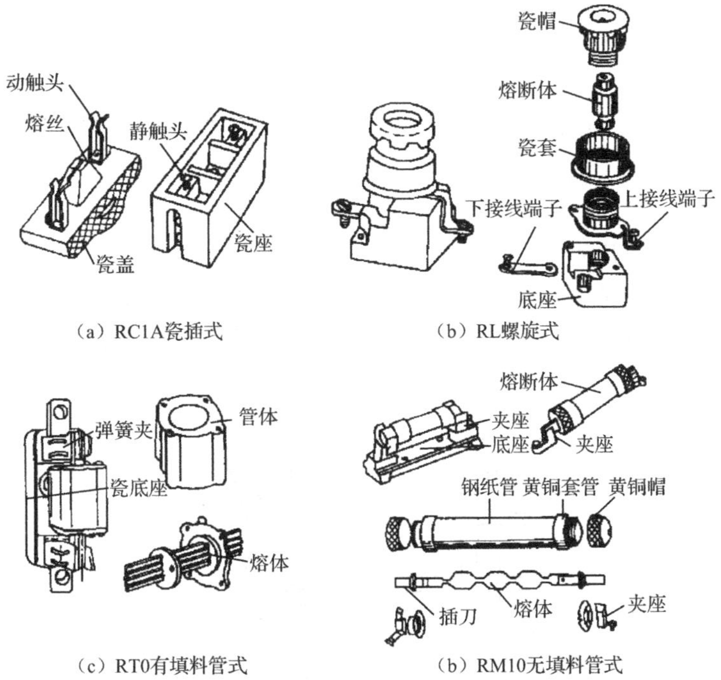


图 3-27　常用熔断器的外形和结构

**2．低压刀开关和负荷开关**

（1）低压刀开关（QK）

低压刀开关的类型很多。按其操作方式分，有单投和双投。按其极数分，有单极、双极和三极。按其灭弧结构分，有不带灭弧罩和带灭弧罩两种。不带灭弧罩的刀开关，一般只能在无负荷或小负荷下操作，做隔离开关使用。带有灭弧罩的刀开关（如图 3-28 所示），则能通断一定的负荷电流。

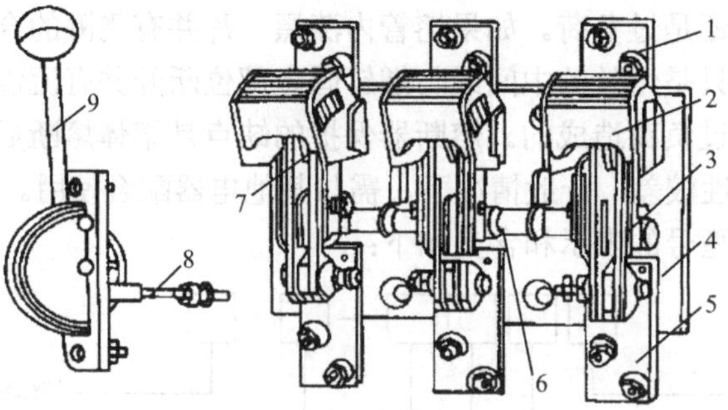


1—上接线端子；2—钢片灭弧罩；3—闸刀；4—底座；5—下接线端子；6—主轴；7—静触头；8—传动连杆；9—操作手柄

图 3-28　HD13 型低压刀开关

低压刀开关全型号的表示和含义如下：

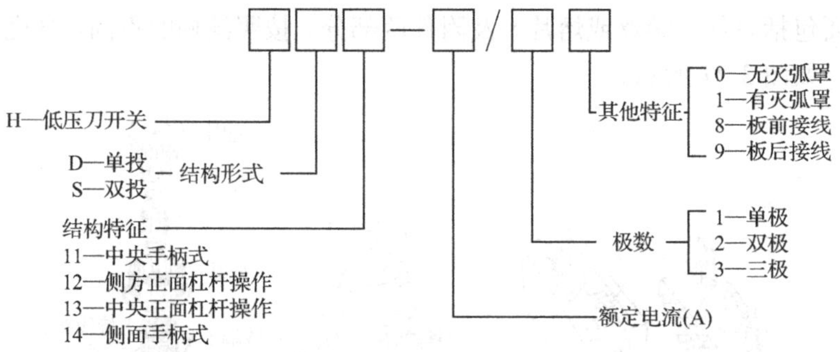


（2）低压熔断器式刀开关（QKF）

低压熔断器式刀开关又称刀熔开关，是一种由低压刀开关与熔断器组合的开关电器。最常见的 HR3 型刀熔开关，就是将 HD 型刀开关的闸刀换以 RT0 型熔断器的具有刀形触头的熔管，如图 3-29 所示。

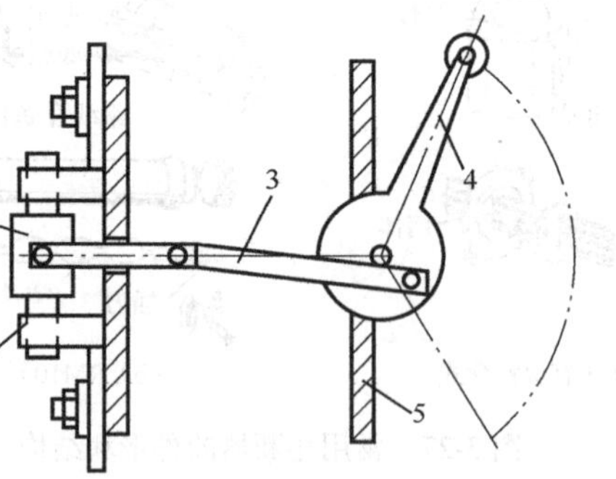


1—RT0 型熔断器的熔体；2—弹性触座；3—连杆；4—操作手柄；5—配电屏面

图 3-29　刀熔开关结构示意图

刀熔开关具有刀开关和熔断器的隔离和短路保护的双重功能。采用这种组合型开关电器，可以简化配电装置的结构，经济实用，因此越来越广泛地在低压配电屏上安装使用。

低压刀熔开关全型号的表示和含义如下：

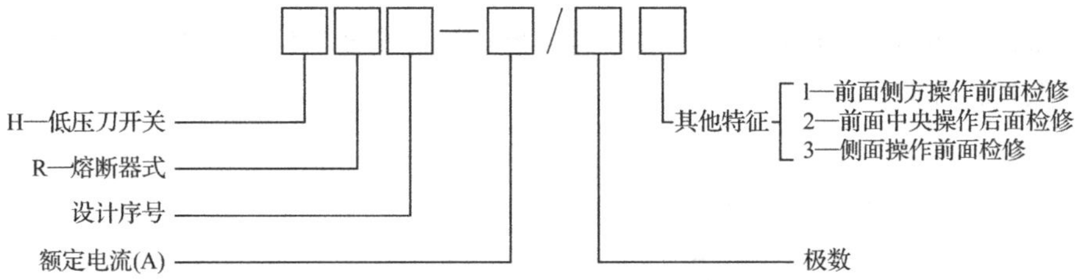


（3）低压负荷开关（QL）

低压负荷开关是由低压刀开关和熔断器串联组合而成的，外装封闭式铁壳或开启式胶盖的开关电器。低压负荷开关具有带灭弧罩刀开关和熔断器的双重功能，既可带负荷操作，又能进行短路保护，但短路熔断后需更换熔体后才能恢复供电。图 3-30 为负荷开关的外形图。

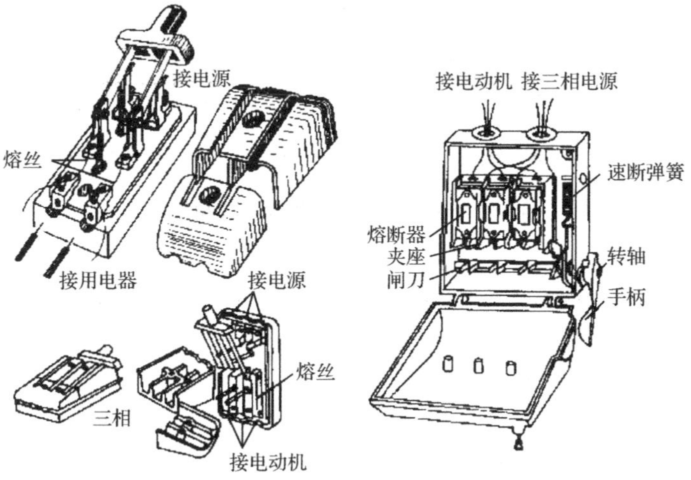


（a）开启式（HK）　（b）封闭式（HH）

图 3-30　负荷开关的外形图

低压负荷开关全型号的表示和含义如下：

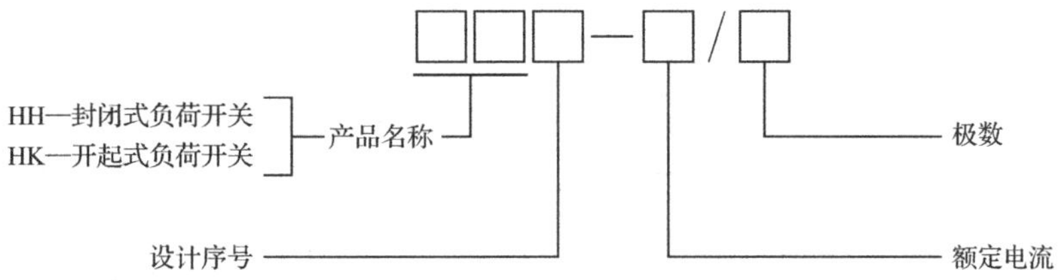


### 3. 低压断路器（QF）

低压断路器又称低压自动开关，它既能带负荷通断电路，又能在短路、过负荷和低电压（失压）下自动跳闸，其原理结构和接线如图 3-31 所示。当线路上出现短路故障时，其过流脱扣器动作，使开关跳闸。如果出现过负荷时，其串联在一次电路上的加热电阻丝加热，使双金属片弯曲，也使开关跳闸。当线路电压严重下降或失压时，其失压脱扣器动作，同样使开关跳闸。如果按下脱扣按钮（图 3-31 中 6 或 7），则可使开关远距离跳闸。

配电断路器按保护性能分，有非选择型和选择型两类。非选择型断路器，一般为瞬时动作，只做短路保护用；也有的为长延时动作，只做过负荷保护。选择型断路器，有两段保护、三段保护。两段保护为瞬时-长延时特性或短延时-长延时特性。三段保护为瞬时-短延时-长延时特性。瞬时和短延时特性适于短路保护，长延时特性适于过负荷保护。图 3-32 所示为低压断路器的上述三种保护特性曲线。

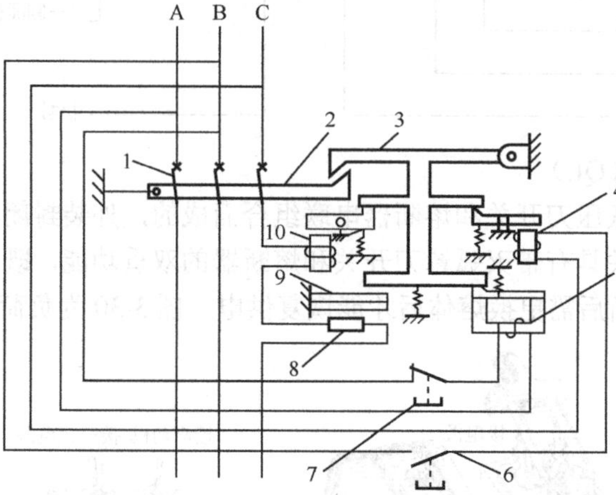


1—主触头；2—跳钩；3—锁扣；4—分励脱扣器；5—失压脱扣器；6、7—脱扣按钮；8—电阻；9—热脱扣器；10—过电流脱扣器

图 3-31　低压断路器的原理结构和接线

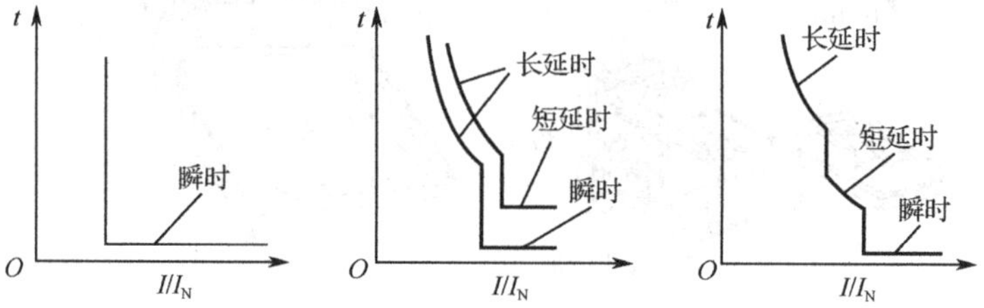


（a）瞬时动作式　（b）两段保护式　（c）三段保护式

图 3-32　低压断路器的保护特性曲线

配电低压断路器按结构型式分，有万能式和塑料外壳式两大类。

国产低压断路器全型号的表示和含义如下：

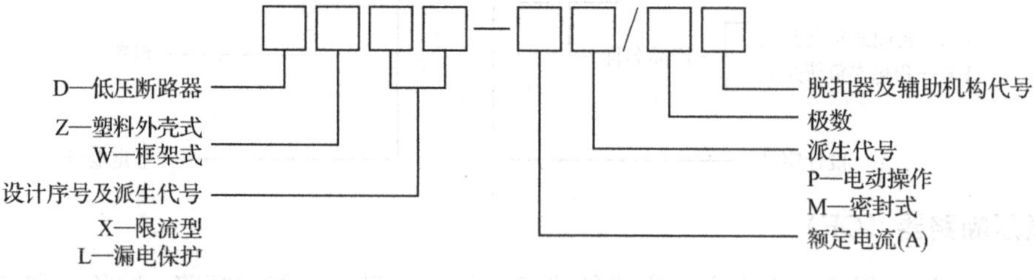


（1）万能式低压断路器

万能式低压断路器又称框架式自动开关。它敞开地装设在金属框架上，其保护方案和操作方式较多，装设地点也较灵活，故名“万能式”或“框架式”。图 3-33 是 DW 型万能式低压断路器的外形结构图。

（2）塑料外壳式低压断路器

塑料外壳式低压断路器又称装置式自动开关，其全部机构和导电部分都装设在一个塑料外壳内，仅在壳盖中央露出操作手柄，供手动操作之用。它通常装设在低压配电装置之中。图 3-34 是 DZ-20 型塑料外壳式低压断路器的剖面图。

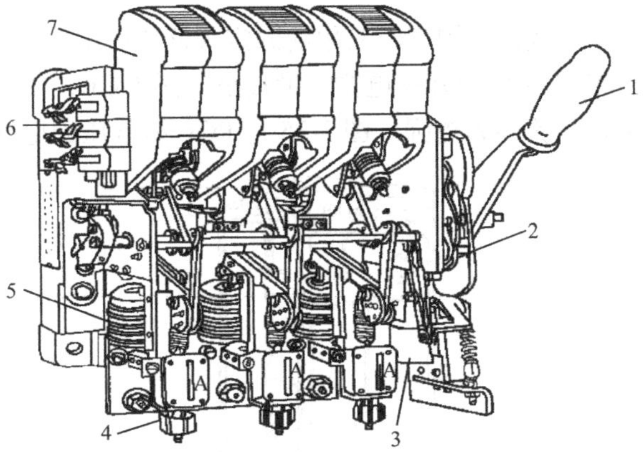


1—操作手柄；2—自由脱扣机构；3—失压脱扣器；4—脱扣器电流调节螺母；
5—过电流脱扣器；6—辅助触头（联锁触头）；7—灭弧罩

图 3-33　DW 型万能式低压断路器外形结构图

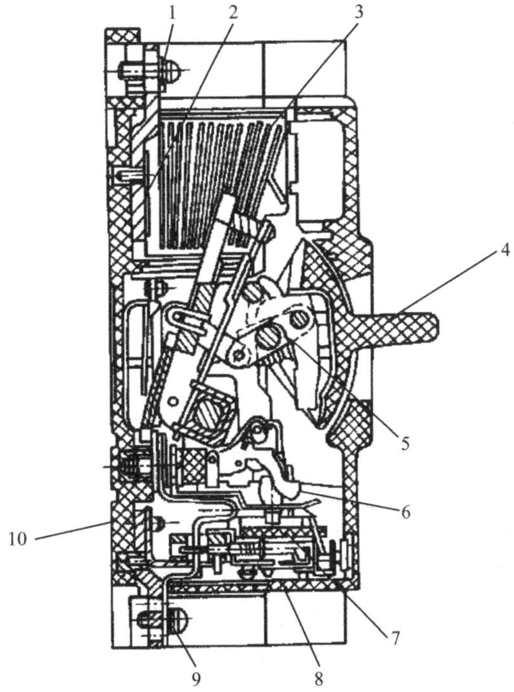


1—引入线接线端；2—主触头；3—灭弧室；4—操作手柄；5—跳钩；6—锁扣；
7—过电流脱扣器；8—塑料壳盖；9—引出线接线端；10—塑料底座

图 3-34　DZ-20 型塑料外壳式低压断路器的剖面图

DZ 型断路器可根据工作要求装设以下脱扣器：电磁脱扣器，只做短路保护；热脱扣器，只做过负荷保护；复式脱扣器，可同时实现过负荷保护和短路保护。

### 4．低压配电屏和配电箱

（1）低压配电屏

低压配电屏（柜）是按一定的线路方案将有关一、二次设备组装而成的一种低压成套配电装置，在低压配电系统中做动力和照明之用。

低压配电屏的结构型式，有固定式、抽屉式和组合式三大类型。不过抽屉式和组合式价格昂贵，一般中小工厂多用固定式。我国广泛应用的固定式低压配电屏主要有 PGL、GGL、GGD 等型。PGL 型是开启式结构，采用的开关电器容量较小，而 GGL、GGD 型为封闭式结构，采用的开关电器技术更先进，断流能力更强。图 3-35 是 PGL 型低压配电屏的外形结构图。

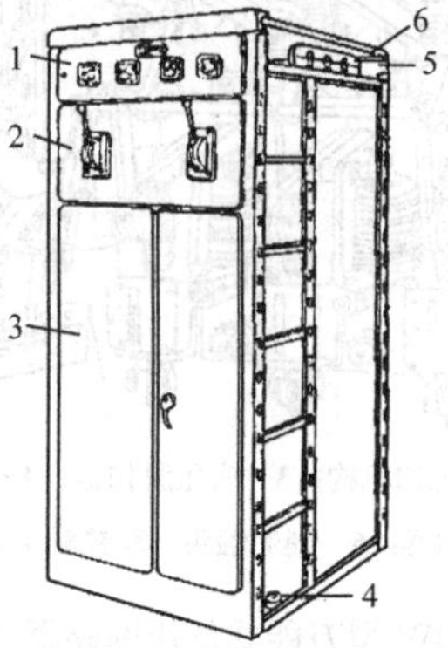


1—仪表板；2—操作板；3—检修门；4—中性母线绝缘子；5—母线绝缘框；6—母线防护罩

图 3-35　PGL 型低压配电屏的外形结构图

现在国产低压配电屏全型号的表示和含义如下：

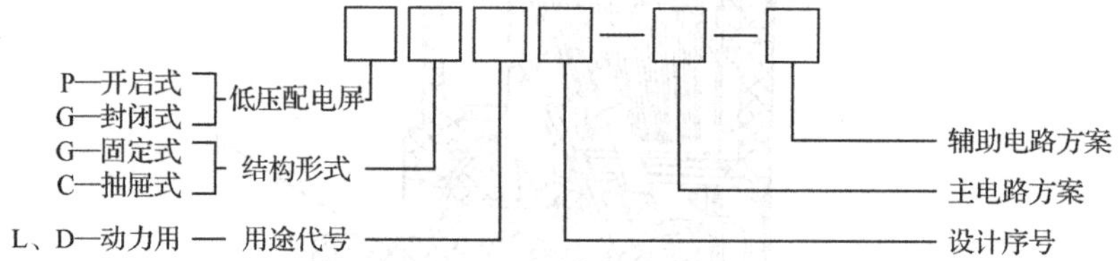


（2）低压配电箱

低压配电箱按用途分，有动力配电箱和照明配电箱两类。动力配电箱主要用于对动力设备配电，但也可向照明设备配电。照明配电箱主要用于照明配电，但也可对一些小容量的单相动力设备和家用电器配电。

低压配电箱的类型很多。按其安装方式分，有靠墙式、挂墙（明装）式和嵌入式。靠墙式是靠墙落地安装的；挂墙式是明装在墙面上的；嵌入式是嵌入墙内安装的。现在应用的 DYX（R）型多用途配电箱，有Ⅰ、Ⅱ、Ⅲ型。Ⅰ型为插座箱，装有三相和单相的各种插座，其箱面布置如图 3-36（a）所示。Ⅱ型为照明配电箱，箱内装有 C45 型等模数化小型断路器，其箱面布置如图 3-36（b）所示。Ⅲ型为动力照明多用配电箱，箱内安装的电气元件更多，应用范围更广，其箱面布置如图 3-36（c）所示。该配电箱的电源开关采用 DZ20 型断路器或带漏电保护的 DZ15L 型漏电断路器。

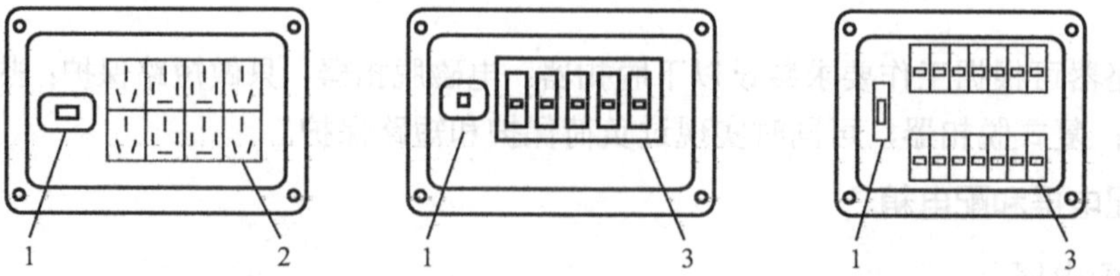


（a）插座箱（Ⅰ型）　（b）照明配电箱（Ⅱ）　（c）动力照明配电箱（Ⅲ型）

1—电源开关（小型断路器或漏电断路器）；2—插座；3—小型开关

图 3-36　DYX（R）型多用途低压配电箱箱面布置示意图

国产低压配电箱全型号的表示和含义如下：

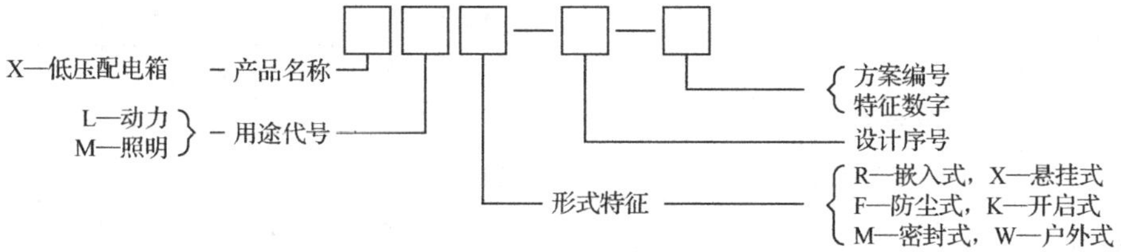


上述 DYX（R）型中的“DY”指“多用途”，“X”指“配电箱”，“R”指“嵌入式”。如果未标“R”，则为“明装式”。

### 3.1.4 一次设备的选择与校验

一次设备必须满足其在一次电路正常条件和短路条件下工作的要求，工作安全可靠，运行维护方便，投资经济合理。

电气设备按在正常条件下工作进行选择，就是要考虑电气装置的环境条件和电气要求。环境条件是指电气装置所处的位置（室内或室外）、环境温度、海拔高度以及有无防尘、防腐、防火、防爆等要求。电气要求是指电气装置对设备的电压、电流、频率（一般为 50Hz）等的要求；对一些断流电器如开关、熔断器等，应考虑其断流能力。

电气设备要满足短路故障条件下工作的要求，还必须按最大可能的短路故障时的动稳定度和热稳定度进行校验。但对熔断器及装有熔断器保护的电压互感器，不必进行短路动、热稳定度的校验；对电力电缆，由于其机械强度足够，也不必进行短路动稳定度的校验，但需进行短路热稳定度的校验。

一次设备的选择校验项目和条件如表 3-1 所示。

**表 3-1 一次设备的选择校验项目和条件**

| 电气设备名称 | 电压/kV | 电流/A | 断流能力 /kA 或 MVA | 短路稳定度校验 | |
|---|---|---|---|---|---|
| | | | | 动稳定度 | 热稳定度 |
| 高压熔断器 | √ | √ | √ | — | — |
| 高压隔离开关 | √ | √ | — | √ | √ |
| 高压负荷开关 | √ | √ | √ | √ | √ |
| 高压断路器 | √ | √ | √ | √ | √ |
| 电流互感器 | √ | √ | — | √ | √ |
| 电压互感器 | √ | — | — | — | — |
| 电容器 | √ | — | — | — | — |
| 母　线 | — | √ | — | √ | √ |
| 电　缆 | √ | √ | — | — | √ |
| 支柱绝缘子 | √ | — | — | √ | — |
| 套管绝缘子 | √ | √ | — | — | — |
| 低压熔断器 | √ | √ | √ | √× | √× |
| 低压刀开关 | √ | √ | √ | √× | √× |
| 低压负荷开关 | √ | √ | √ | √× | √× |
| 低压断路器 | √ | √ | √ | √× | √× |

续表

| 电气设备名称 | 电压/kV | 电流/A | 断流能力/kA 或 MVA | 短路稳定度校验 | |
|---|---|---|---|---|---|
| | | | | 动稳定度 | 热稳定度 |
| 选择校验条件 | 设备的额定电压应不小于装置地点的额定电压或最高电压（若设备额定电压按最高工作电压表示） | 设备的额定电流应不小于通过它的计算电流 | 设备的最大开断电流或功率应不小于它可能开断的最大电流或功率 | 按三相短路冲击电流校验 | 按三相短路稳态电流和短路发热假想时间校验 |

注：表中“√”表示必须校验，“Ⅹ”表示一般可不校验，“—”表示不要校验。

**例 3-1**　试选择某 10kV 高压配电所进线侧的 ZN12-10 型高压户内真空断路器的型号规格。已知该配电所 10kV 母线短路时的 $I_k^{(3)}=4.5\,\text{kA}$，线路的计算电流为 800A，继电保护动作时间为 1.1s，断路器断路时间为 0.1s。

**解**：根据线路计算电流 $I_{30}$=800A，按附表 4 试选 ZN12-10/1250 型真空断路器来进行校验，如表 3-2 所示。校验结果说明所选 ZN12-10/1250 型真空断路器是合格的。

**表 3-2　ZN12-10/1250 型高压户内真空断路器选择结果**

| 序号 | ZN12-10/1250 | | 选择要求 | 装设地点电气条件 | | 结论 |
|---|---|---|---|---|---|---|
| | 项目 | 数据 | | 项目 | 数据 | |
| 1 | $U_N$ | 10kV | ≥ | $U_{N.WL}$ | 10kV | 合格 |
| 2 | $I_N$ | 1250A | ≥ | $I_{30}$ | 800A | 合格 |
| 3 | $I_{oc}$ | 25kA | ≥ | $I_k^{(3)}$ | 4.5kA | 合格 |
| 4 | $I_{max}$ | 63kA | ≥ | $I_{sh}^{(3)}$ | 2.55×4.5kA=11.5kA | 合格 |
| 5 | $I_t^2 \times t$ | $25^2$×4=2500kA²s | ≥ | $I_k^2 \times t_{ima}$ | $4.5^2$×(1.1+0.1)=24.3kA²s | 合格 |

## 3.1.5　供配电设备的运行

### 1. 一般要求

供配电装置和设备应定期进行检查，以便及时发现运行中出现的设备缺陷和故障，如导体接头部分发热、绝缘瓷瓶闪络或破损、油断路器漏油等，并设法采取措施予以消除。

在有人值班的变配电所内，配电装置应每班或每天进行一次外部检查。在无人值班的变配电所内，配电装置应至少每月检查一次。如遇短路引起开关跳闸或其他特殊情况（如雷击时），应对设备进行特别检查。

### 2. 巡视项目

（1）开关电器中所装的绝缘油颜色和油位是否正常，有无漏油现象，油位指示器有无破损。

（2）绝缘瓷瓶是否脏污、破损，有无放电痕迹。

（3）熔断器的熔体是否熔断，熔断器有无破损和放电痕迹。

（4）二次系统的设备如仪表、继电器等的工作是否正常。

（5）接地装置及 PE 线、PEN 线的连接处有无松脱、断线的情况。

（6）整个配电装置的运行状态是否符合当时的运行要求。停电检修部分有没有在其电源侧断开的开关操作手柄处悬挂“禁止合闸，有人工作”之类的标示牌，有没有装设必要的临时接地线。

（7）高低压配电室及电容器室的通风、照明及安全防火装置等是否正常。

（8）配电装置本身和周围有无影响其安全运行的异物（如易燃易爆和腐蚀性物品等）和异常现象。

在巡视中发现的异常情况，应记入专用记录本内，重要情况应及时汇报上级，请示处理。

# 任务 2　变换设备的结构与运行

## 3.2.1　电力变压器的结构与运行

### 1. 电力变压器的型号、结构

电力变压器（T 或 TM）是变电所中最关键的一次设备，其主要功能是将电力系统的电能电压升高或降低，以利于电能的合理输送、分配和使用。工厂变电所都采用降压变压器直接向用电设备供电，容量等级均采用 R10 系列。工厂变电所大多采用普通电力变压器，目前使用最多的有三相油浸式电力变压器和环氧树脂浇注干式变压器。只在易燃易爆场所及安全要求特高的场所采用全封闭变压器，在多雷区采用防雷变压器。电力变压器按绕组（线圈）导体材质分，有铜绕组和铝绕组两大类，低损耗的铜绕组变压器现在得到了广泛的应用。

电力变压器全型号的表示和含义如下：

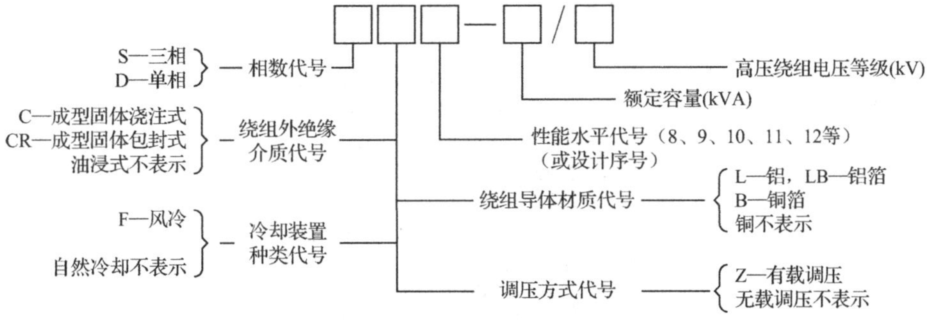


电力变压器的基本结构包括铁芯和绕组两大部分。绕组又分高压和低压或一次和二次绕组等。

图 3-37 是普通三相油浸式电力变压器的结构图。图 3-38 是环氧树脂浇注绝缘的三相干式电力变压器的结构图。一般工厂变电所采用的中、小型变压器多为油浸自冷式，干式变压器常用在宾馆、楼宇等场所，一般安装在地下变电所内和箱式变电所内。

### 2. 电力变压器的连接组别

电力变压器的连接组别，是指变压器一、二次绕组因采取不同的连接方式而形成变压器一、二次对应的线电压之间的不同相位关系。

1）常用配电变压器的连接组别

（6～10）kV 配电变压器（二次电压为 220/380V）有 Yyn0 和 Dyn11 两种常用的连接组别。

变压器 Yyn0 连接组的接线和示意图如图 3-39 所示。其一次线电压与对应的二次线电压之间的相位关系，如同时钟在零点（12 点）时分针与时针的相互关系。图中一、二次绕组标有黑点“•”的端子为对应的“同名端”。

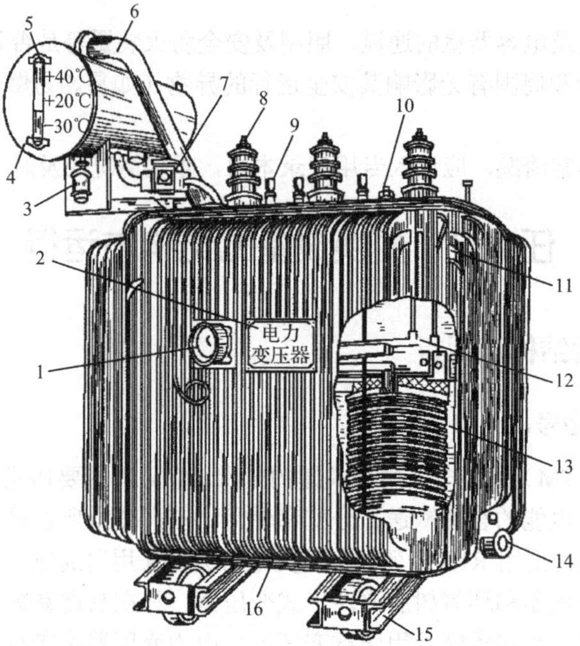


1—信号温度计；2—铭牌；3—吸湿器；4—油枕；5—油标；6—安全气道；7—气体继电器；8—高压套管；9—低压套管；10—分接开关；11—油箱；12—铁芯；13—绕组；14—放油阀；15—小车；16—接地端子

图 3-37　三相油浸式电力变压器

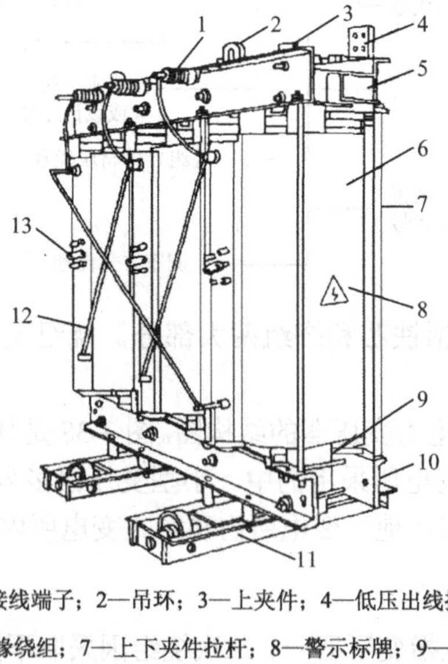

1—高压出线套管和接线端子；2—吊环；3—上夹件；4—低压出线接线端子；5—铭牌；6—环氧树脂浇注绝缘绕组；7—上下夹件拉杆；8—警示标牌；9—铁芯；10—下夹件；11—小车；12—三相高压绕组间的连接导体；13—高压分接头连接片

图 3-38　环氧树脂浇注绝缘的三相干式电力变压器

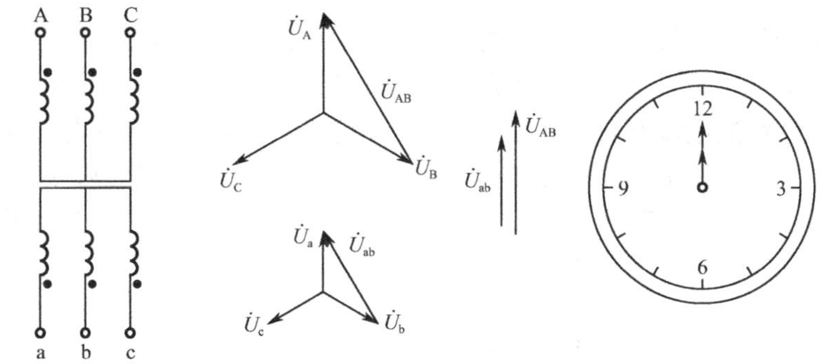


（a）一、二次绕组接线　（b）一、二次电压向量　（c）时钟表示

图 3-39　变压器 Yyn0 连接组

变压器 Dyn11 连接组的接线和示意图如图 3-40 所示。其一次线电压与对应的二次线电压之间的相位关系，如同时钟在 11 点时分针与时针的相互关系。

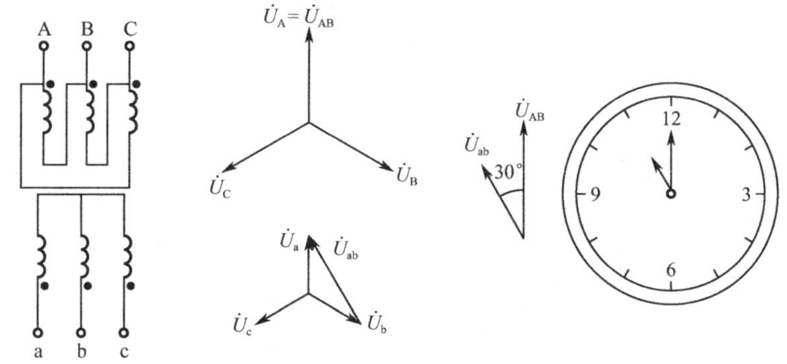


（a）一、二次绕组接线　（b）一、二次电压向量　（c）时钟表示

图 3-40　变压器 Dyn11 连接组

过去配电变压器基本采用 Yyn0 连接。近年来，Dyn11 连接的配电变压器开始得到了推广应用。采用 Dyn11 连接较采用 Yyn0 连接有下列优点：

对 Dyn11 连接的变压器来说，其 3*n* 次（*n* 为正整数）谐波电流在其三角形连接的一次绕组内形成环流，从而不致注入公共的高压电网中去，这较一次绕组接成星形的 Yyn0 连接的变压器更有利于抑制电网中的高次谐波；Dyn11 连接变压器的零序阻抗较 Yyn0 连接变压器的零序阻抗小得多，从而更有利于低压单相接地短路故障保护的动作及故障的切除；当低压侧连接单相不平衡负荷时，由于 Yyn0 连接变压器要求低压中性线电流不超过低压绕组额定电流的 25%，因而严重限制了其连接单相负荷的容量，影响了变压器设备能力的充分发挥。低压为 TN 和 TT 系统时，宜选用 Dyn11 连接变压器。Dyn11 连接变压器低压侧中性线电流允许达到低压绕组额定电流的 75%以上，其承受单相不平衡负荷的能力远比 Yyn0 连接变压器大。这在现代供配电系统中单相负荷急剧增长的情况下，推广应用 Dyn11 连接变压器就显得更有必要。

但是，由于 Yyn0 连接变压器一次绕组的绝缘强度要求比 Dyn11 连接变压器稍低，从而制造成本稍低，因此在 TN 和 TT 系统中由单相不平衡负荷引起的低压中性线电流不超过低压绕组额定电流的 25%，且其一相的电流在满载时不致超过额定值时，仍可选用 Yyn0 连接变压器。

2）防雷变压器的连接组别

防雷变压器通常采用 Yzn11 连接组，如图 3-41（a）所示，其正常时的电压相量图如图 3-41

(b)所示。其结构特点是每一铁芯柱上的二次绕组都分为两个匝数相等的绕组，而且采用曲折形（Z 形）连接。当雷电过电压沿变压器二次侧（低压侧）线路侵入时，由于变压器二次侧同一芯柱上的两个绕组的电流方向正好相反，其磁动势相互抵消，因此过电压不会感应到一次侧（高压侧）线路上去。同样的，假如雷电过电压沿变压器一次侧（高压侧）线路侵入时，由于变压器二次侧（低压侧）同一芯柱上的两个绕组的感应电动势相互抵消，二次侧也不会出现过电压。由此可见，采用 Yzn11 连接的变压器有利于防雷，在多雷地区宜选用这类防雷变压器。

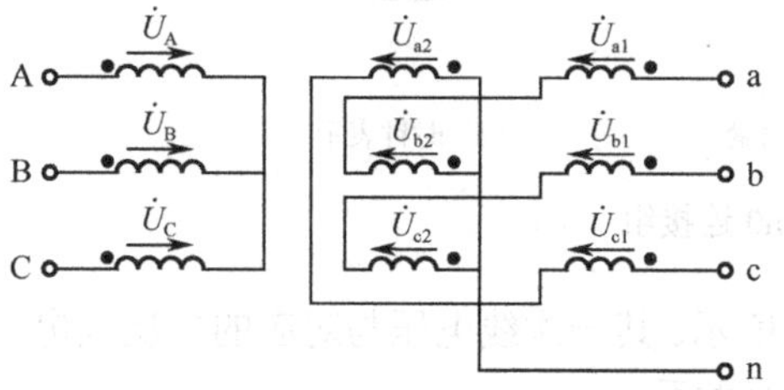

（a）一、二次绕组接线

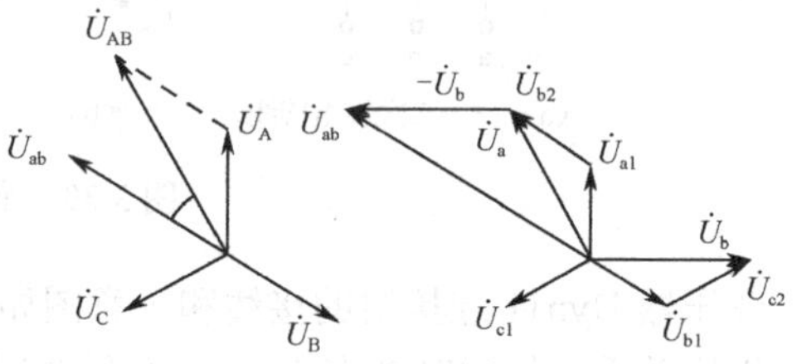
（b）一、二次电压向量

图 3-41　Yzn11 连接的防雷变压器

### 3. 变电所主变压器台数和容量的选择

1）主变压器台数的选择

（1）应满足用电负荷对供电可靠性的要求。对供有大量一、二级负荷的变电所应采用两台变压器。对只有二级负荷而无一级负荷的变电所，也可只采用一台变压器，并在低压侧敷设与其他变电所相连的联络线作为备用电源，或另有自备电源。

（2）对季节性负荷或昼夜负荷变动较大的变电所，也可考虑采用两台变压器。

（3）一般的三级负荷可采用一台变压器。

（4）考虑到负荷的发展，应留有一定的空间和余地。

2）主变压器容量的选择

（1）只装一台主变压器的变电所。

主变压器的容量 $S_{N.T}$ 应满足全部用电设备总计算负荷 $S_{30}$ 的需要，即

$$S_{N.T} \geqslant S_{30} \tag{3-1}$$

（2）装有两台主变压器的变电所。

每台变压器的容量 $S_{N.T}$ 应同时满足以下两个条件：

① 任一台变压器单独运行时，宜满足总计算负荷 $S_{30}$ 的大约 60%～70%的需要，即

$$S_{N.T} \geqslant (0.6\sim0.7)S_{30} \tag{3-2}$$

② 任一台变压器单独运行时，应满足全部一、二级负荷的需要，即

$$S_{N.T} \geqslant S_{30(\mathrm{I}+\mathrm{II})} \tag{3-3}$$

（3）单台主变压器容量上限。车间变电所变压器的单台容量一般不宜大于 1250kVA。这一方面是受以往低压开关电器断流能力和短路稳定度要求的限制；另一方面也是考虑可以使变压器更接近于车间负荷中心，以减少低压配电线路的电能损耗、电压损耗和有色金属消耗量。现在我国已能生产一些断流能力更大和短路稳定度更好的新型低压开关电器，如 DW15、ME 等型低压断路器及其他电器，因此当车间负荷容量较大、负荷集中且运行合理时，也可以选用单台容量为（1250～2500）kVA 的配电变压器，这样可减少主变压器台数及高压开关电器和电缆等。这时可配套选用上述低压断路器。

对装设在二层以上的电力变压器，应考虑其垂直和水平运输对通道及楼板载荷的影响。如果采用干式变压器，其容量不宜大于 630kVA。

对住宅小区变电所内的油浸式变压器单台容量，也不宜大于 630kVA。这是因为油浸式变压器容量大于 630kVA 时，按规定应装设瓦斯保护，而这些住宅小区变电所电源侧的断路器往往不在变压器附近，因此瓦斯保护很难实施。

（4）适当考虑负荷的发展。应适当考虑今后 5～10 年电力负荷的增长，留有一定的余地。干式变压器的过负荷能力较小，更宜留有较大的裕量。

电力变压器的额定容量 $S_{N.T}$，是指在户外安装，年平均气温为 20℃的持续最大输出容量（出力）。如果安装地点的年平均气温每升高 1℃，变压器容量也相应地减小 1%。因此户外电力变压器的实际容量（出力）为

$$S_T = \left(1 - \frac{\theta_{0.av} - 20}{100}\right) S_{N.T} \qquad (3\text{-}4)$$

对于户内变压器，由于散热条件较差，户内变压器的实际容量（出力）较上式所计算的容量（出力）还要减小 8%。

由于变压器的负荷在大多数时间是欠负荷运行的，因此必要时可以适当过负荷，并不会影响其使用寿命。油浸式变压器，户外可正常过负荷 30%，户内可正常过负荷 20%。干式变压器一般不考虑正常过负荷。

电力变压器在事故情况下（例如并列运行的两台变压器因故障切除一台时），允许短时间较大幅度地过负荷运行，而不论故障前的负荷情况如何，但过负荷运行时间不得超过表 3-3 所规定的时间。

**表 3-3 电力变压器事故过负荷允许值**

| | | | | | | |
|---|---|---|---|---|---|---|
| 油浸式变压器 | 过负荷倍数 | 1.3 | 1.6 | 1.75 | 2 | 3 |
| | 过负荷时间/min | 120 | 45 | 20 | 10 | 1.5 |
| 干式变压器 | 过负荷倍数 | 1.1 | 1.2 | 1.3 | 1.5 | 1.6 |
| | 过负荷时间/min | 75 | 60 | 45 | 16 | 5 |

**例 3-2** 某 10/0.4kV 变电所，总计算负荷为 1500kVA，其中一、二级负荷为 880kVA。试初步选择该变电所主变压器的台数和容量。

**解：** 根据变电所有一、二级负荷的情况，确定选两台主变压器。每台容量为

$$S_{N\cdot T} = (0.6\sim0.7)\times1500\text{kVA} = (900\sim1050)\text{kVA}$$

$$S_{N.T} \geqslant S_{30(I+II)} = 880\text{kVA}$$

因此确定每台主变压器容量为 1000kVA。

### 4. 电力变压器并列运行

两台或多台变压器并列运行时，必须满足以下基本条件：

（1）并列变压器的额定一、二次电压必须对应相同。即并列变压器的电压比必须相同，允许差值不超过±5%。如果并列变压器的电压比不同，则并列变压器二次绕组的回路内将出现环流，即二次电压较高的绕组将向二次电压较低的绕组供给电流，导致绕组过热甚至烧毁。

（2）并列变压器的阻抗电压（即短路电压）必须相同。由于并列运行变压器的负荷是按其阻抗电压值成反比分配的，如果阻抗电压相差很大，可能导致阻抗电压小的变压器发生过负荷现象，所以要求并列变压器的阻抗电压必须相等，允许差值不得超过±10%。

（3）并列变压器的连接组别必须相同。即所有并列变压器一、二次电压的相序和相位都必须对应相同，否则不同连接组别的变压器之间存在相位差，并列运行时会产生环流，可能使变压器绕组烧坏。

（4）并列运行的变压器容量应尽量相同或相近。其最大容量与最小容量之比，一般不能超过 3∶1。如果容量相差悬殊，不仅运行很不方便，而且在变压器特性上稍有差异时，变压器间的环流将增加，会造成容量小的变压器因过负荷而烧毁。

**5. 电力变压器的运行维护**

1）一般要求

电力变压器是变电所内最关键的设备，做好变压器的运行维护工作十分重要。

有人值班的变电所，应根据控制盘或开关柜上的仪表信号来监视变压器的运行情况，并每小时抄表一次。如果变压器在过负荷下运行，则至少每半小时抄表一次。安装在变压器上的温度计，应于巡视时检视和记录。

无人值班的变电所，应于每次定期巡视时，记录变压器的电压、电流和上层油温。

变压器应定期进行外部检查。有人值班的变电所，每天至少检查一次，每周进行一次夜间检查。无人值班的变电所，变压器容量大于 315kVA 的，每月至少检查一次；容量在 315kVA 及以下的，可两月检查一次。根据现场的具体情况，特别是在气候骤变时，应适当增加检查次数。

2）巡视项目

（1）检查变压器的音响是否正常。变压器的正常音响应是均匀的嗡嗡声。如果其音响较正常时沉重，说明变压器过负荷；如果其音响尖锐，说明电源电压过高。

（2）检查油温是否超过允许值。油浸变压器的上层油温一般不应超过 85℃，最高不应超过 95℃。油温过高，可能是变压器过负荷引起的，也可能是变压器内部故障引起的。

（3）检查油枕及瓦斯继电器的油位和油色，检查各密封处有无渗油和漏油现象。油面过高，可能是冷却装置运行不正常或变压器内部故障等引起的。油面过低，可能是有渗油漏油现象。变压器油正常时应为透明略带浅黄色。如果油色变深变暗，则说明油质变坏。

（4）检查瓷套管是否清洁，有无破损裂纹和放电痕迹；检查高低压接头的螺栓是否紧固，有无接触不良或发热现象。

（5）检查防爆膜是否完好无损；检查吸湿器是否畅通，硅胶是否吸湿饱和。

（6）检查接地装置是否完好。

（7）检查冷却、通风装置是否正常。

（8）检查变压器周围有无其他影响其安全运行的异物（如易燃易爆和腐蚀性物品等）和异常现象。

在巡视中发现的异常情况，应记入专用的记录本内，重要情况应及时汇报上级，请示处理。

### 3.2.2 电流互感器和电压互感器的结构与运行

电流互感器（TA），又称为仪用变流器。电压互感器（TV），又称为仪用变压器。它们合称仪用互感器，简称互感器。从基本结构和原理来说，互感器就是一种特殊变压器。

互感器的主要功能：

（1）变换功能：把高电压和大电流变换为低电压和小电流，便于连接测量仪表和继电器。

（2）隔离作用：使仪表、继电器等二次设备与主电路绝缘。避免了主电路的高电压直接引入仪表、继电器等二次设备，又可防止仪表、继电器等二次设备的故障影响主电路，提高一、二次电路的安全性和可靠性，并有利于人身安全。

（3）扩大仪表、继电器等二次设备的应用范围。如用一只 5A 的电流表，通过不同变流比的电流互感器就可测量任意大的电流。用一只 100V 的电压表，通过不同电压比的电压互感器就可测量任意高的电压。而且由于采用了互感器，可使二次仪表、继电器等设备的规格统一，有利于设备的批量生产。

### 1. 电流互感器认知

#### 1）电流互感器（TA）的结构原理

电流互感器的结构如图 3-42 所示。它的结构特点：一次绕组匝数很少，导体粗，有的电流互感器（如母线式）还没有一次绕组，而是利用穿过其铁芯的一次电路（如母线）作为一次绕组（相当于匝数为 1）；二次绕组匝数很多，导体较细。接线特点：一次绕组串联在被测的一次电路中，而二次绕组则与仪表、继电器等的电流线圈串联，形成一个闭合回路。由于这些电流线圈的阻抗很小，电流互感器工作时其二次回路接近于短路状态。二次绕组的额定电流一般为5A。

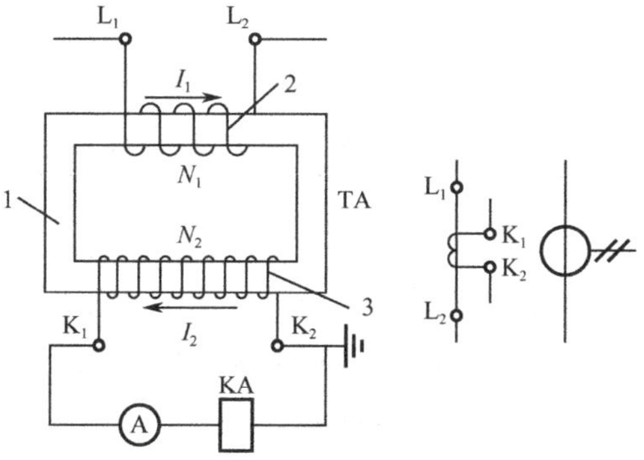


1—铁芯；2—一次绕组；3—二次绕组

图 3-42　电流互感器的结构

电流互感器的一次电流 $I_1$ 与二次电流 $I_2$ 之间有下列关系：

$$I_1 \approx \frac{N_2}{N_1} I_2 \approx K_i I_2 \qquad (3\text{-}5)$$

式中，$N_1$、$N_2$ 分别为电流互感器一、二次绕组匝数；$K_i$ 为电流互感器的变流比，一般表示为其一、二次的额定电流之比，即 $K_i = I_{1N}/I_{2N}$，如 100A/5A。

电流互感器全型号的表示和含义如下：

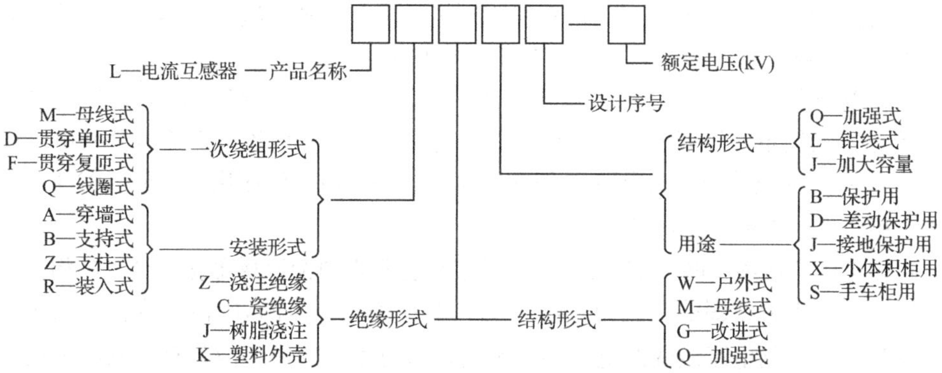

2）电流互感器的类型和型号

电流互感器的类型很多。按其一次绕组的匝数分，有单匝式和多匝式。按一次电压分，有高压和低压两大类。按用途分，有测量用和保护用两大类。按准确度等级分，测量用电流互感器有 0.1、0.2、0.5、1、3、5 等级别；保护用电流互感器有 5P 和 10P 两级。

图 3-43 是户内高压 LQJ-10 型电流互感器的外形图。它有两个铁芯和两个二次绕组，分别为 0.5 级和 3 级，0.5 级用于测量，3 级用于继电保护。

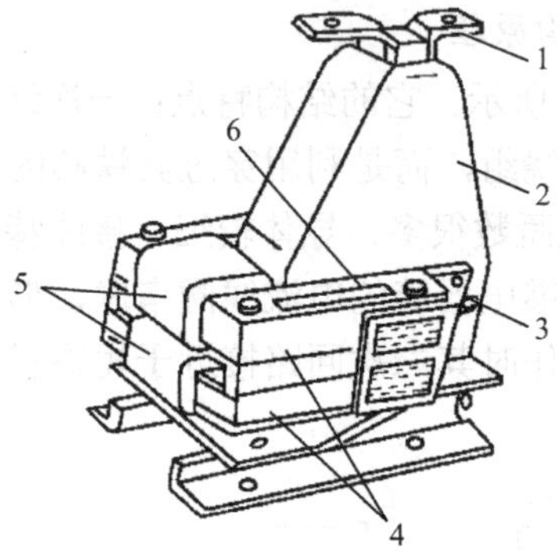


1—一次接线端子；2—一次绕组（环氧树脂浇注）；3—二次接线端子；4—铁芯（两个）；
5—二次绕组（两个）；6—警告牌（上写“二次侧不得开路”等字样）

图 3-43　LQJ-10 型电流互感器

图 3-44 是户内低压 LMZJ1-0.5 型电流互感器的外形图。它不含一次绕组，穿过其铁芯的母线就是其一次绕组（相当于 1 匝）。它用于 500V 及以下配电装置中。

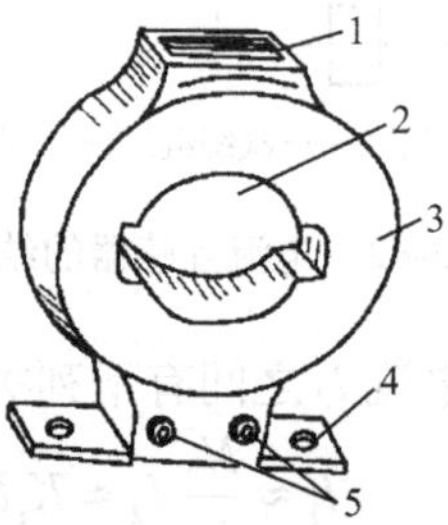


1—铭牌；2—一次母线穿孔；3—铁芯（外绕二次绕组，环氧树脂浇注）；4—安装板；5—二次接线端子

图 3-44　LMZJ1-0.5 型电流互感器

3）电流互感器的接线方案

（1）一相式接线（图 3-45（a））。电流线圈通过的电流反映一次电路相应的电流。通常用于负荷平衡的三相电路，供测量电流或做过负荷保护装置用。

（2）两相 V 形接线（图 3-45（b））。也称为两相不完全星形接线，电流互感器通常接于 A、C 相上，流过二次侧电流线圈的电流，反映一次电路对应相的电流，而流过公共电流线圈的电流为 $\dot{I}_a + \dot{I}_c = -\dot{I}_b$，反映的是一次电路 B 相的电流。这种接线广泛应用于（6～10）kV 高压线路中，测量三相电能、电流及做过负荷保护用。

（3）两相电流差接线（图 3-45（c））。这种接线也常把电流互感器接于 A、C 相上，在三相短路时流过二次侧电流线圈的电流为 $\dot{I} = \dot{I}_a - \dot{I}_c$，其值为相电流的 $\sqrt{3}$ 倍。这种接线在不同短路故障下，反映到二次侧电流线圈的电流各自不同，即对不同的短路故障有不同的灵敏度。这种接线主要用于（6～10）kV 高压电路中做过电流保护。

（4）三相星形接线（图 3-45（d））。这种接线中的三个电流线圈，正好反映各相的电流，广泛用于负荷不平衡的三相四线制和三相三线制系统中，做电能、电流测量和过电流保护之用。

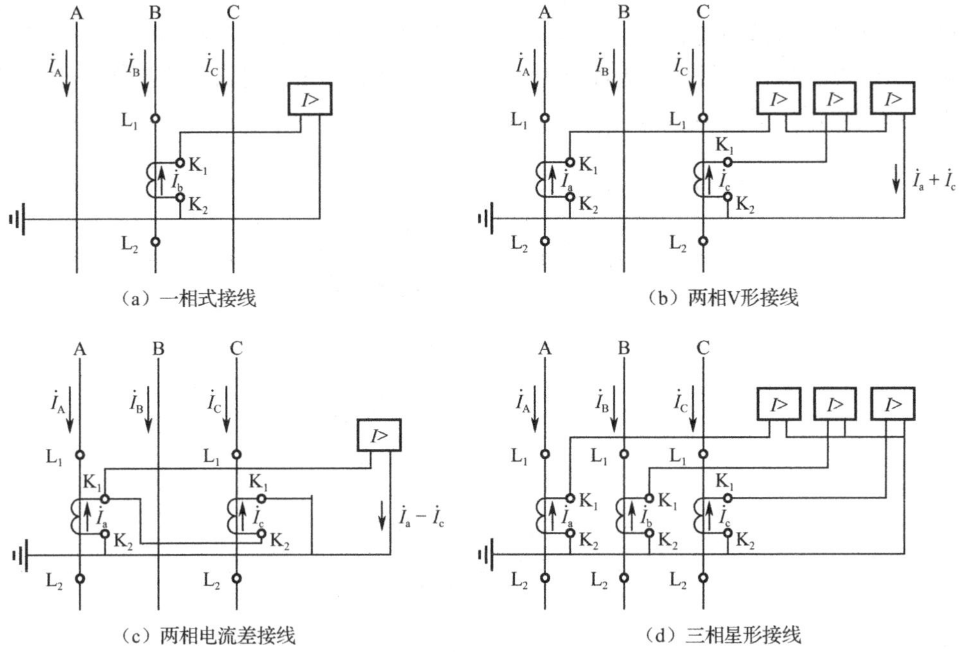


图 3-45　电流互感器的接线方案

4）电流互感器使用注意事项

（1）电流互感器在工作时其二次侧不得开路。

电流互感器正常工作时，由于其二次回路串联的是电流线圈，阻抗很小，因此接近于短路状态。根据磁动势平衡方程式 $\dot{I}_1N_1-\dot{I}_2N_2=\dot{I}_0N_1$（电流方向参看图 3-42）可知，其一次电流 $I_1$ 产生的磁动势 $I_1N_1$，绝大部分被二次电流 $I_2$ 产生的磁动势 $I_2N_2$ 所抵消，所以总的磁动势 $I_0N_1$ 很小，励磁电流（即空载电流）$I_0$ 只有一次电流 $I_1$ 的百分之几。但当二次侧开路时，$I_2=0$，这时迫使 $I_0=I_1$，而 $I_1$ 是一次电路的负荷电流，只决定于一次电路的负荷，与互感器二次负荷变化无关，从而使 $I_0$ 要突然增大到 $I_1$，比正常工作时增大几十倍，使励磁磁动势 $I_0N_1$ 也增大几十倍。这样将产生如下严重后果：①铁芯由于磁通量剧增而过热，并产生剩磁，降低铁芯准确度级。②由于电流互感器的二次绕组匝数远比一次绕组匝数多，所以在二次侧开路时会感应出危险的高压，危及人身和设备的安全。因此电流互感器工作时二次侧不允许开路。在安装时，其二次接线要求牢固可靠，且其二次侧不允许接入熔断器和开关。

（2）电流互感器的二次侧有一端必须接地。

互感器二次侧有一端接地，是为了防止一、二次绕组间绝缘击穿时，一次侧的高电压窜入二次侧，危及人身和设备的安全。

（3）电流互感器在连接时，要注意其端子的极性。

在安装和使用电流互感器时，一定要注意端子的极性，否则二次仪表、继电器中流过的电流就不是预想的电流，甚至可能引起事故。

### 2. 电压互感器认知

1）电压互感器（TV）的结构原理

电压互感器的结构如图 3-46 所示。它的结构特点：一次绕组匝数很多，二次绕组匝数较少，相当于降压变压器。接线特点：一次绕组并联在一次电路中，二次绕组则并联仪表、继电器的电压线圈。由于电压线圈的阻抗一般都很大，所以电压互感器工作时其二次侧接近于空载状态。二次绕组的额定电压一般为 100V。

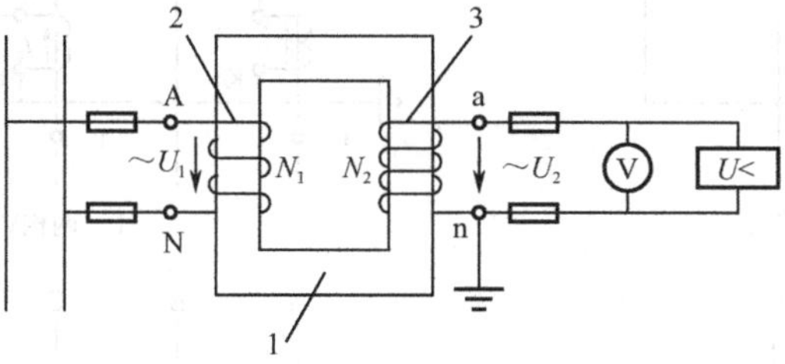


1—铁芯；2—一次绕组；3—二次绕组

图 3-46　电压互感器的结构

电压互感器的一次电压 $U_1$ 与二次电压 $U_2$ 之间有下列关系：

$$U_1 \approx \frac{N_1}{N_2} U_2 \approx K_u U_2 \tag{3-6}$$

式中，$N_1$、$N_2$ 分别为电压互感器一、二次绕组的匝数；$K_u$ 为电压互感器的电压比，一般表示为其额定一、二次电压比，即 $K_u = U_{1N} / U_{2N}$，例如 10000V/100V。

电压互感器全型号的表示和含义如下：

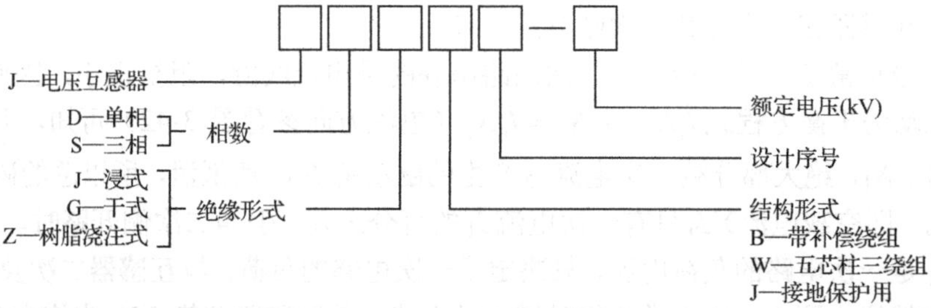


2）电压互感器的类型和型号

电压互感器种类也较多，按相数分有单相和三相两类；按绝缘及其冷却方式分，有干式（含环氧树脂浇注式）和油浸式两类；按用途分有测量和保护两类。图 3-47 是应用广泛的 JDZJ-10 型单相三绕组、环氧树脂浇注绝缘的户内电压互感器外形图。三个 JDZJ-10 型电压互感器可按图 3-48（d）所示 $Y_0/Y_0/\Delta$（开口三角形）连接。供小电流接地系统中做电压、电能测量及绝缘监视之用。

3）电压互感器的接线方案

（1）一个单相电压互感器的接线（图 3-48（a））：仪表、继电器接于一个线电压。

（2）两个单相电压互感器接成 V/V 形（图 3-48（b））：继电器接于三相三线制电路的各个线电压，广泛用于工厂变配电所的 10kV 高压配电装置中。

（3）三个单相电压互感器或一个三相双绕组电压互感器接成 $Y_0/Y_0$ 形（图 3-48（c））：这种接线常用于三相三线制和三相四线制，供电给要求线电压的仪表、继电器，并供电给接相电压的绝缘监察电压表。

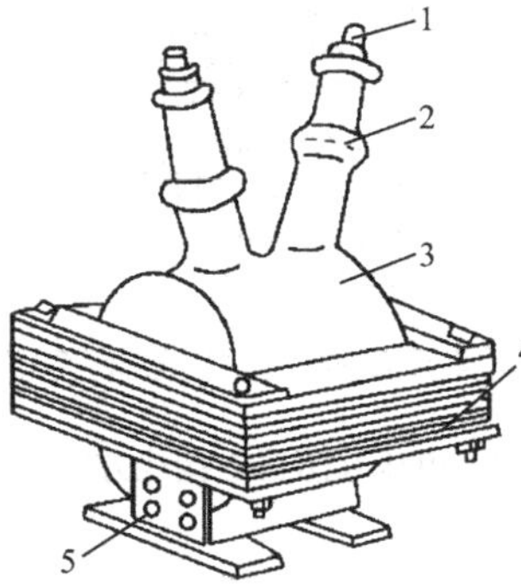


1—一次接线端子；2—高压绝缘套管；3—二次绕组；4—铁芯；5—二次接线端子

图 3-47　JDZJ-10 型电压互感器

（4）三个单相三绕组电压互感器或一个三相五芯柱三绕组电压互感器接成 $Y_0/Y_0/\Delta$（开口三角形）（图 3-48（d））：这种接线常用于三相三线制线路。其接成 $Y_0$ 的二次绕组，供给要求测量线电压的仪表、继电器及接相电压的绝缘监察用电压表；接成Δ（开口三角形）的辅助二次绕组，接电压继电器。一次电压正常时，由于三个相电压对称，因此开口三角形两端的电压接近于零。但当某一相接地时，开口三角形两端将出现近 100V 的零序电压，使电压继电器动作，发出信号。

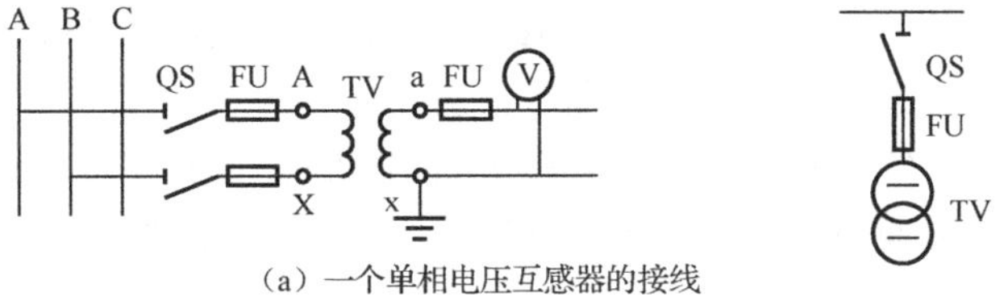


（a）一个单相电压互感器的接线

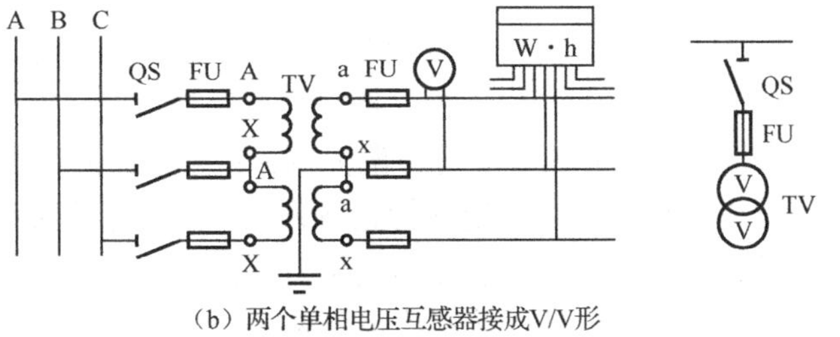


（b）两个单相电压互感器接成V/V形

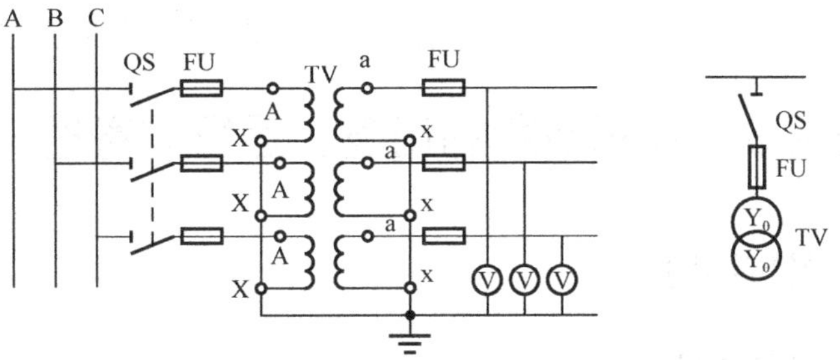


（c）三个单相电压互感器接成$Y_0/Y_0$形

图 3-48　电压互感器的接线方案

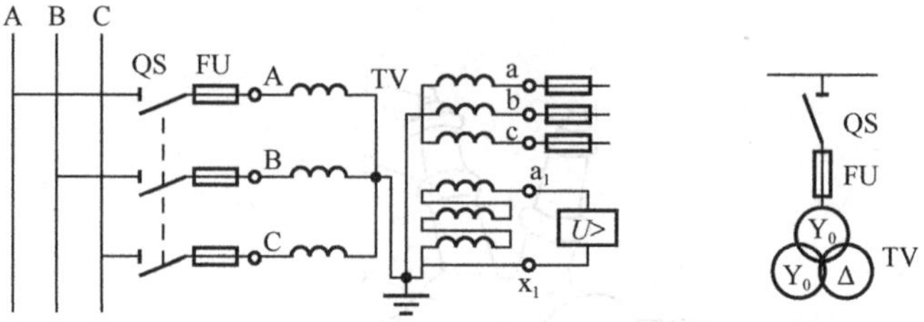


（d）三个单相三绕组电压互感器或一个三相五芯柱式电压互感器接成$Y_0/Y_0/\Delta$形

图 3-48　电压互感器的接线方案（续）

4）电压互感器使用注意事项

（1）电压互感器工作时其二次侧不得短路。

由于电压互感器一、二次绕组都是在并联状态下工作的，如果二次侧短路，将产生很大的短路电流，有可能烧毁互感器，甚至影响一次电路的安全运行。因此电压互感器的一、二次侧都必须装设熔断器进行短路保护。

（2）电压互感器的二次侧有一端必须接地。

电压互感器的二次侧有一端必须接地，以防止一、二次绕组间的绝缘击穿时，一次侧的高压窜入二次侧，危及人身和设备的安全。

（3）电压互感器在连接时应注意其端子的极性。

单相电压互感器的一、二次绕组端子标以 A、N 和 a、n，其中 A 与 a、N 与 n 各为对应的“同极性端”。而三相电压互感器，一次绕组端子分别标 A、B、C、N，二次绕组端子分别标 a、b、c、n，A 与 a、B 与 b、C 与 c、N 与 n 分别为“同极性端”。其中，N 和 n 分别为一、二次三相绕组的中性点。电压互感器接线时必须注意极性，防止因接错线而引起事故。

#### 3. 互感器的运行巡视

（1）电流互感器在运行中，值班人员应定期检查下列项目：互感器各部件接头有无松动现象；有无异味、异常声音；二次侧有无开路现象，接地是否良好；瓷质部分是否清洁完整、有无裂纹和放电现象；互感器油位是否正常，有无渗漏油现象；互感器的绝缘情况。

（2）电压互感器在运行中，值班人员应定期检查下列项目：互感器接头有无发热，有无异声异味，接头螺钉有无松动；电压互感器瓷套是否清洁，有无裂纹破损、放电痕迹；电压互感器外壳接地是否良好；电压互感器高、低压熔断器是否完好。

在巡视中发现的异常情况，应记入专用的记录本内，重要情况应及时汇报上级，请示处理。

## 任务 3　变配电所的布置、运行与管理

### 3.3.1　变配电所的布置与结构

#### 1. 变配电所布置的总体要求

（1）室内布置应合理紧凑，便于值班人员运行、维护和检修，所有带电部分离墙和离地的尺寸以及各室维护操作通道的宽度均应符合有关规程，以确保运行安全。值班室应尽量靠近高低压配电室，且有门直通。

（2）应尽量利用自然采光和通风，电力变压器室和电容器室应避免日晒，控制室和值班室

应尽量朝南。

（3）应合理布置变电所内各室的相对位置，高压配电室与电容器室、低压配电室与电力变压器室应相互邻近，且便于进出线。控制室、值班室及辅助房间的位置应便于值班人员的工作。

（4）变电所内不允许采用可燃材料装修，不允许各种水管、热力管道和可燃气体管道从变电所内通过。高低压配电室和电容器室的门应朝值班室开或朝外开，变压器室的大门应朝马路开，但应避免朝西开门。高压电容器组一般应装设在单独的房间内，低压电容器组在数量较少时可装设在低压配电室内。

（5）高低压配电室和电容器室均应设置防止雨、雪以及蛇、鼠类小动物从采光窗、通风窗、门和电缆沟等进入室内的设施。

（6）室内布置应合理经济，节省有色金属和电气绝缘材料，节约土地和建筑费用，降低工程造价。另外，还应考虑以后发展和扩建的可能。高低压配电室内均应留有适当数量开关柜（屏）的备用位置。

### 2. 变配电所的布置方案

变电所的布置形式有户内式、户外式和混合式三种。户内式变电所将变压器、配电装置安装在室内，工作条件好，运行管理方便；户外式变电所将变压器、配电装置全部安装在室外；混合式则部分安装在室内，部分安装在室外。供配电系统的变电所一般采用户内式。户内式又分为单层布置和双层布置，视投资和土地情况而定。供配电系统的变电所通常由高压配电室、电力变压器室和低压配电室等组成。有的还设有控制室、值班室，需要进行高压侧功率因数补偿时，还应设置高压电容器室。

（1）35kV/10kV 总降压变电所布置方案

图 3-49 是其单层布置的典型方案示意图，图 3-50 是其双层布置的典型方案示意图。

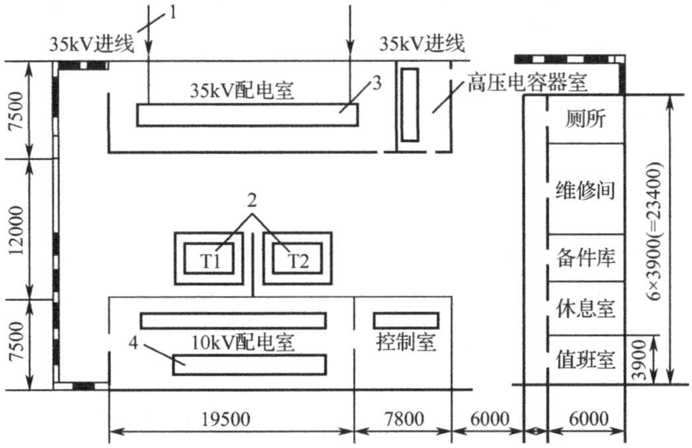


1—35kV 架空进线；2—主变压器（4000kVA）；3—35kV 高压开关柜；4—10kV 高压开关柜

图 3-49　35kV/10kV 总降压变电所单层布置方案示意图

（2）10kV 高压配电所和附设车间变电所的布置方案

图 3-51 是一个 10kV 高压配电所和附设车间变电所的布置方案示意图。

（3）（6～10）kV/0.4kV 车间变电所的布置方案

图 3-52（a）是一个户内式装有两台变压器的独立式变电所布置方案示意图；图 3-52（b）是一个户外式装有两台变压器的独立式变电所布置方案示意图；图 3-52（c）是装有两台变压器的附设式变电所布置方案示意图；图 3-52（d）是装有一台变压器的附设式变电所布置方案示意

图；图 3-52（e）、（f）是露天或半露天式装有两台和一台变压器的变电所布置方案示意图。

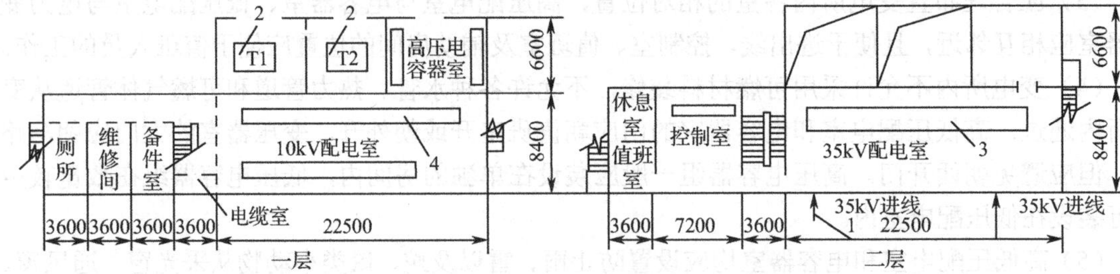


1—35kV 架空进线；2—主变压器（6300kVA）；3—35kV 高压开关柜；4—10kV 高压开关柜

图 3-50　35kV/10kV 总降压变电所双层布置方案示意图

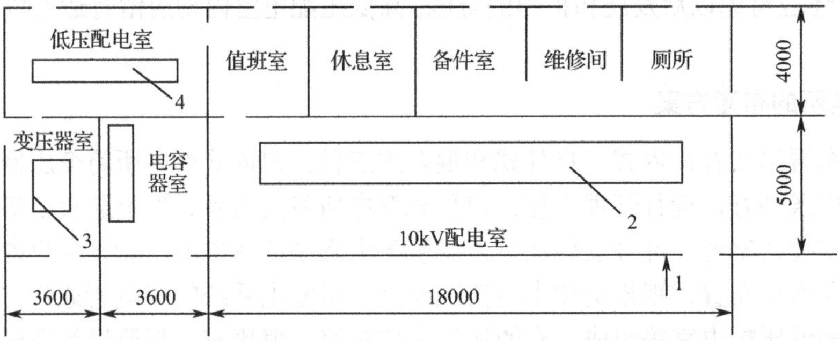


1—10kV 电缆进线；2—10kV 高压开关柜；3—10/0.4kV 主变压器；4—380V 低压配电屏

图 3-51　10kV 高压配电所和附设车间变电所的布置方案示意图

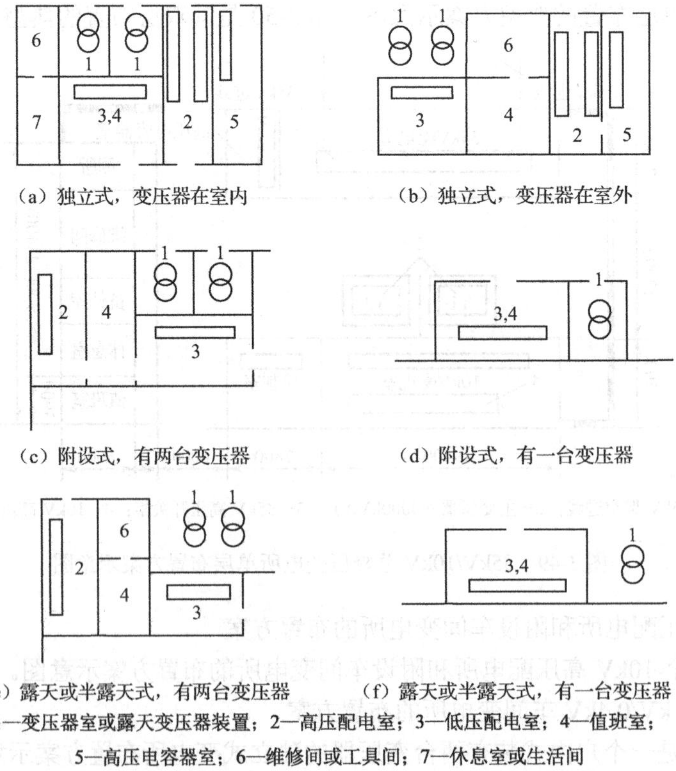

（a）独立式，变压器在室内　（b）独立式，变压器在室外

（c）附设式，有两台变压器　（d）附设式，有一台变压器

（e）露天或半露天式，有两台变压器　（f）露天或半露天式，有一台变压器

1—变压器室或露天变压器装置；2—高压配电室；3—低压配电室；4—值班室；

5—高压电容器室；6—维修间或工具间；7—休息室或生活间

图 3-52　（6～10）kV/0.4kV 变电所的布置方案示意图

### 3. 变配电所的结构

1）变压器室和室外变压器台的结构

（1）变压器室的结构

变压器室的结构形式取决于变压器的形式、容量、放置方式、主接线方案及进出线方式和方向等诸多因素，且应考虑运行维护的安全以及通风、防火等问题。考虑到发展，变压器室宜有更换大一级容量的可能性。

为保证变压器安全运行及防止变压器失火时故障蔓延，GB 50053—2013《10kV 及以下变电所设计规范》规定，可燃油油浸变压器外廓与变压器室墙壁和门的最小净距应符合表 3-4 的规定。

**表 3-4　可燃油油浸变压器外廓与变压器室墙壁和门的最小净距**　（mm）

| 序　号 | 项　目 | 变压器容量（kVA） | |
|---|---|---|---|
| | | 100～1000 | 1250 及以上 |
| 1 | 可燃油油浸变压器外廓与后壁、侧壁净距 | 600 | 800 |
| 2 | 可燃油油浸变压器外廓与门的净距 | 800 | 1000 |
| 3 | 干式变压器带有 IP2X 及以上防护等级金属外壳与后壁、侧壁净距 | 600 | 800 |
| 4 | 干式变压器有金属网状遮栏与后壁、侧壁净距 | 600 | 800 |
| 5 | 干式变压器带有 IP2X 及以上防护等级金属外壳与门净距 | 800 | 1000 |
| 6 | 干式变压器有金属网状遮栏与门净距 | 800 | 1000 |

变压器室的门要向外开。室内只设通风窗，不设采光窗。进风窗设在变压器室前门的下方，出风窗设在变压器室的上方，并应有防止雨、雪和蛇、鼠类小动物从门、窗和电缆沟等进入室内的设施。变压器室一般采用自然通风。夏季的排风温度不宜高于 45℃，进风和排风的温度差别不宜大于 15℃。通风窗应采用非燃烧材料。

变压器室的布置，按变压器推进方向，分为宽面推进和窄面推进两种布置方式。

变压器室的地坪，按通风要求，分为地坪抬高和不抬高两种形式。变压器室的地坪抬高时，通风散热更好，但建筑费用增高。变压器容量在 630kVA 及以下的变压器室地坪，一般不抬高。

（2）室外变压器台的结构

露天或半露天变电所的变压器四周应设不低于 1.7m 高的围栏（或墙）。变压器外廓与围栏（墙）的净距应不小于 0.8m，变压器底部距地面应不小于 0.3m，相邻变压器外廓之间的净距应不小于 1.5m。

当露天或半露天变压器供给一级负荷用电时，相邻的可燃油油浸变压器的防火净距应不小于 5m。如果小于 5m，则应设防火墙，防火墙应高出变压器油枕顶部，且墙两端应大于挡油设施两侧各 0.5m。

2）配电室、电容器室和值班室的结构

（1）高低压配电室的结构

高低压配电室的结构形式，主要决定于高低压配电柜、屏的形式、尺寸和数量，同时要考虑运行维护的方便和安全，留有足够的操作维护通道，并且要照顾今后的发展，留有适当数量的备用开关柜、屏的位置，但占地面积不宜过大，建筑费用不宜过高。

高压配电室内各种通道的最小宽度，按 GB 50053—2013 规定，如表 3-5 所示。

表 3-5 高压配电室内各种通道的最小宽度（据 GB 50053—2013）　(mm)

| 开关柜布置方式 | 柜后维护通道 | 柜前操作通道 | |
|---|---|---|---|
| | | 固定柜式 | 手车柜式 |
| 单列布置 | 800 | 1500 | 单长度+1200 |
| 双列面对面布置 | 800 | 2000 | 双车长度+900 |
| 双列背对背布置 | 1000 | 1500 | 单车长度+1200 |

注：1．固定式开关柜靠墙布置时，柜后与墙净距应大于 50mm，侧面与墙净距应大于 200mm。

2．通道宽度在建筑物的墙面遇有柱类局部突出时，突出部位的通道宽度可减少 200mm。

3．当电源从柜后进线且需在柜后墙上另设隔离开关及其手动操作机构时，柜后通道净宽应不小于 1.5m；当柜背面的防护等级为 IP2X 时，其通道净宽可减为 1.3m。

高压配电室的高度与开关柜的形式及进出线的情况有关。采用架空进出线时，高度为 4.2m 以上；采用电缆进出线时，高压开关室高度为 3.5m。为了布线和检修的需要，高压开关柜下面应设电缆沟，柜前或柜后也应设电缆沟。高压配电室的门应向外开。相邻配电室间有门时，其门应能双向开启。长度大于 7m 的配电室应设两个出口，并应布置在配电室的两端。高压配电室的耐火等级应不低于二级。

低压配电室内成列布置的配电屏，其屏前、屏后的通道最小宽度规定如表 3-6 所示。

表 3-6　低压配电室内各种通道的最小宽度（据 GB 50053—2013）　(mm)

| 配电柜形式 | 配电柜布置形式 | 屏前通道 | 屏后通道 |
|---|---|---|---|
| 固定式 | 单列布置 | 1500 | 1000 |
| | 双列面对面布置 | 2000 | 1000 |
| | 双列背对背布置 | 1500 | 1500 |
| 抽屉式 | 单列布置 | 1800 | 1000 |
| | 双列面对面布置 | 2300 | 1000 |
| | 双列背对背布置 | 1800 | 1000 |

注：1．当建筑物墙面遇有柱类局部突出时，突出部位的通道宽度可减少 200mm。

2．当低压屏背面墙上另设开关和手动操作机构时，屏后通道净宽应不小于 1.5m；当屏背面的防护等级为 IP2X 时，其通道净宽可减为 1.3m。

低压配电室的高度，应与变压器室综合考虑，以便变压器低压出线。当配电室与抬高地坪的变压器室相邻时，配电室的高度应不低于 4m；配电室与不抬高地坪的变压器室相邻时，配电室的高度应不低于 3.5m。为了布线需要，低压配电屏下面也应设电缆沟。

高压配电室的耐火等级应不低于二级；低压配电室的耐火等级应不低于三级。高压配电室宜设不能开启的自然采光窗，窗台距室外地坪不宜低于 1.8m；低压配电室可设能开启的自然采光窗。配电室临街的一面不宜开窗。

高低压配电室的门应向外开。相邻配电室之间有门时，其门应能双向开启。

配电室也应设置防止雨、雪和蛇、鼠类小动物从采光窗、通风窗、门和电缆沟等进入室内的设施。

长度大于 7m 的配电室应设两个出口，并宜布置在配电室的两端。长度大于 60m 时，宜增设一个出口。

（2）高低压电容器室的结构

高低压电容器室采用的电容器柜，通常都是成套型的。按 GB 50053—2013 规定，成套电容器柜单列布置时，柜正面与墙面距离应不小于 1.5m；双列布置时，柜面之间距离应不小于 2.0m。

高压电容器室的耐火等级应不低于二级；低压电容器室的耐火等级应不低于三级。

电容器室应有良好的自然通风。当自然通风不能满足排热要求时，可增设机械排风。电容器室应设温度指示装置。

电容器室的门也应向外开。

电容器室也应设置防止雨、雪和蛇、鼠类小动物从采光窗、通风窗、门和电缆沟等进入室内的设施。

电容器室的顶棚、墙面及地面的建筑要求，与配电室相同。

（3）值班室的结构

值班室的结构形式，要结合变配电所的总体布置和值班工作要求全盘考虑，以利于运行和值班工作。值班室要有良好的自然采光，采光窗宜朝南。在采暖地区，值班室应采暖，采暖的计算温度为 18℃，采暖装置宜采用排管焊接。在蚊子和其他昆虫较多的地区，值班室应装纱窗、纱门。值班室除通往配电室、电容器室的门外，其他的门均应向外开。

**4．组合变电所**

组合式成套变电所又称箱式变电所，其各个单元都由生产厂家成套供应、现场组合安装而成。这种成套变电所不必建造变压器室和高低压配电室等，从而减少土建投资，而且便于深入负荷中心，简化供配电系统。它全部采用无油或少油电器，因此运行相当安全，维护工作量也小。组合式成套变电所分户内式和户外式两大类。户内式主要用于高层建筑和民用建筑群的供电。户外式则用于工矿企业、公共建筑和住宅小区供电。

箱式变电所的特点：技术安全可靠、自动化程度高、工厂预制化、组合方式灵活、投资见效快、占地面积小、外形美观、易与环境协调。

箱式变电所主要包括三个部分：高压开关设备、变压器、配电装置。箱式变电所一般为组合式布置，一般将高压开关设备所在的室称为高压室，变压器所在的室称为变压器室，低压配电装置所在的室称为低压室。其中的每个部分都由生产厂家按一定的接线方案生产和成套供应，再现场组装在一个箱体内。下面以西门子公司生产的 8FA 型箱式变电所为例来介绍组合式变电所的结构和布置。

（1）8FA 型箱式变电所主接线如图 3-53 所示。

（2）8FA 型箱式变电所的总体布置方案如图 3-54 所示。

其布置方案可选择安装在地坪上，也可选择安装在车间内，非常灵活方便。

（3）8FA 型箱式变电所的内部结构由高压设备、带变压器外壳的干式变压器和低压设备组成。其高压设备装在一个涂漆的钢板外壳内，一般采用的是负荷开关—高压熔断器组合，由电缆馈电，接地装置采用接地合闸开关。干式变压器装在一个变压器壳内，该外壳能防止直接或间接触及变压器；外壳的类型有顶部装有风机的强制通风运行方式的变压器外壳和顶部装有顶罩、用于自然通风运行方式的变压器外壳。低压开关设备由各钢板封装的单个低压配电屏组成。

由于全部电器采用无油或少油的电器，因此运行更加安全，维护工作量小，结构紧凑，同时外形可做得美观。

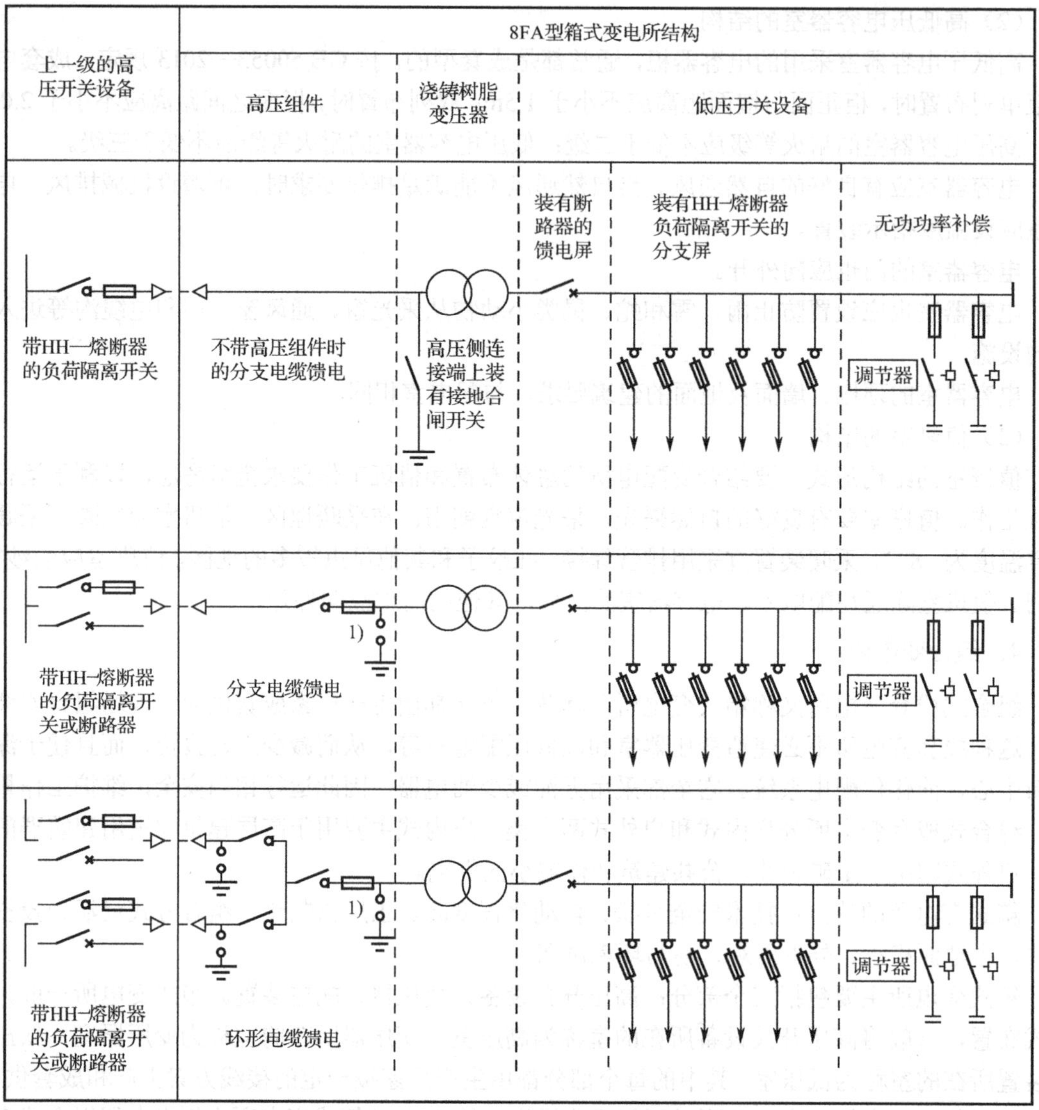


图 3-53　8FA 型箱式变电所的主接线图

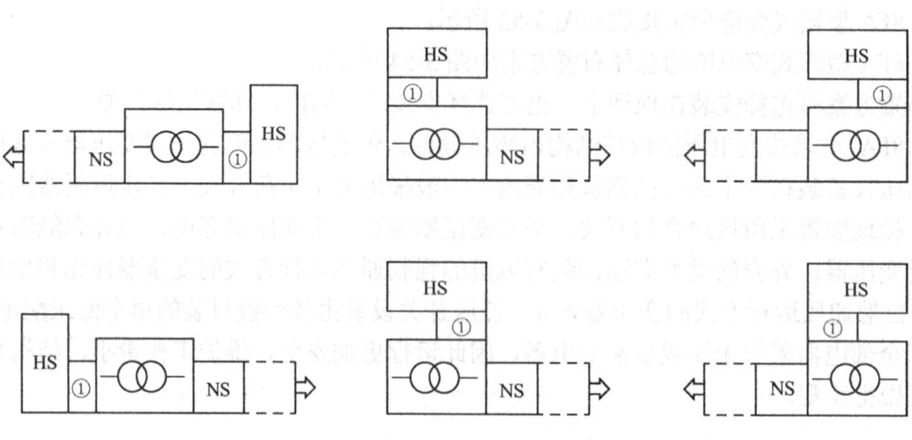


图 3-54　8FA 型箱式变电所的总体布置方案

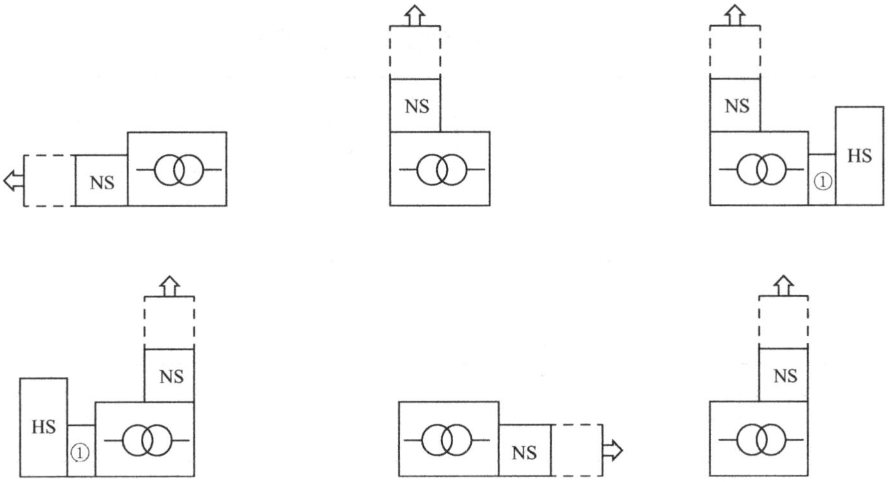


HS—装有降压通道①的高压配电室；NS—可扩充的低压配电室

图 3-54　8FA 型箱式变电所的总体布置方案（续）

### 3.3.2　变配电所的主接线图

在变配电所中，除了供配电设备、各种开关柜、屏外，还要了解所在变电所的主接线图，一般要将主接线图挂墙展示出来，供倒闸操作等做参考。

主接线图即主电路图，是表示供电系统中电能输送和分配路线的电路图，也称一次电路图。而用来控制、指示、监视、测量和保护一次电路及其设备运行的电路图，则称为二次电路图，或二次接线图，通称二次回路图。二次回路一般是通过电流互感器和电压互感器与主电路相联系的。

**1. 变配电所主接线的要求**

（1）安全。应符合有关国家标准和技术规范的要求，能充分保障人身和设备的安全。

（2）可靠。应满足电力负荷特别是其中一、二级负荷对供电可靠性的要求。

（3）灵活。应能适应必要的各种运行方式，便于切换操作和检修，且适应负荷的发展。

（4）经济。在满足上述要求的前提下，尽量使主接线简单，投资少，运行费用低，并节约电能和有色金属消耗量。

**2. 主接线图的绘制形式**

（1）系统式主接线图。这是按照电力输送的顺序依次安排其中的设备和线路相互连接关系而绘制的一种简图，如图 1-12 所示。主接线图上常用电气设备的图形与文字符号如表 3-7 所示。它全面系统地反映出主接线中电力的传输过程，但是它不并反映其中各成套配电装置之间相互排列的位置。这种主接线图多用于变配电所的运行中。

（2）装置式主接线图。这是按照主接线图中高压或低压成套配电装置之间相互连接关系和排列位置而绘制的一种简图，通常按不同电压等级分别绘制。从这种主接线图上可以一目了然地看出某一电压等级的成套配电装置的内部设备连接关系及装置之间相互排列的位置。这种主接线图多在变配电所施工中使用。

**表 3-7　常用电气设备的图形与文字符号**

| 电气设备 | 文字符号 | 图形符号 | 电气设备 | 文字符号 | 图形符号 |
|---|---|---|---|---|---|
| 刀开关 | QK |  | 母线<br>导线、线路 | W<br>WL |   |
| 隔离开关 | QS |  | 三相导线 | |  |
| 负荷开关 | QL |  | 端子 | X |  |
| 断路器 | QF |  | 电缆及终端头 | |  |
| 熔断器 | FU |  | 交流发电机 | G |  |
| 熔断器式开关 | FD |  | 交流电动机 | M |  |
| 阀式避雷器 | F |  | 单相变压器 | T |  |
| 三相变压器 | T |  | 电压互感器 | TV | |
| 三相变压器 | |  | 三绕组变压器 | T | 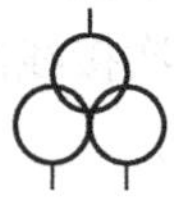 |
| 电流互感器 | TA |  | 三绕组电压互感器 | TV | |
| 电流互感器 | |  | 电抗器<br>电容器 | L<br>C | <br> |

### 3. 变电所常用主接线

变电所常用主接线基本形式有线路—变压器组接线；单母线接线；桥式接线三种类型。

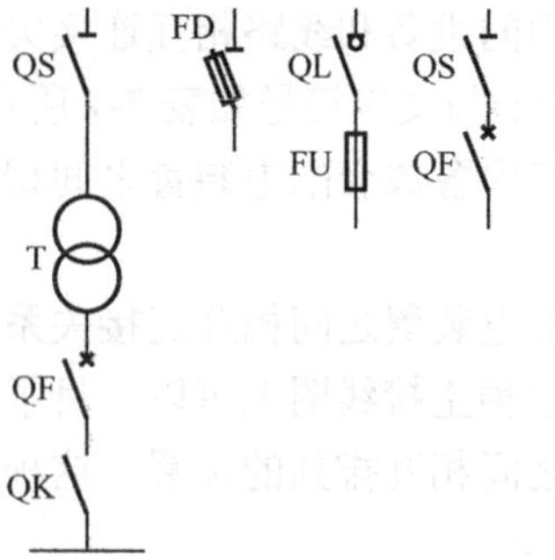


图 3-55　线路—变压器组接线图

1）线路—变压器组单元接线

当只有一路电源供电线路和一台变压器时，可采用线路—变压器组接线，如图 3-55 所示。当电源侧继电保护装置能保护变压器时，变压器高压侧可只装设隔离开关（QS）；当变压器高压侧短路容量不超过高压熔断器断流容量，而又允许采用高压熔断器保护变压器时，变压器高压侧可装设跌开式熔断器（FD）或负荷开关加熔断器（QL-FU）；一般情况下变压器高压侧装设隔离开关和断路器（QS-QF）。当高压侧装的是负荷开关时，变压器容量应不大于 1250kVA，高压侧如装的是隔离开关或跌开式熔断器，变压器容量应不大于 630kVA。

线路—变压器组接线简单，所用电气设备少，配电装置简单，节约建设投资。但该单元中任一设备发生故障时，变电所全部停电，可靠性不高。只适用于小容量三级负荷、小型工厂或非生产性用户。

2）单母线接线

母线又称汇流排，用于汇集和分配电能。单母线接线又分单母线不分段和单母线分段两种。

（1）单母线不分段接线

单母线不分段接线图如图 3-56（a）所示。其特点是接线简单清晰，使用设备少，经济性比较好，发生误操作的可能性小，但可靠性和灵活性差。当电源线路、母线或母线隔离开关发生故障或进行检修时，全部用户供电中断。可用于对供电连续性要求不高的三级负荷用户，或有备用电源的二级负荷用户。

（2）单母线分段接线

单母线分段接线图如图 3-56（b）所示。可采用隔离开关或断路器分段，隔离开关分段因倒闸操作不便，现已不再采用。特点是供电可靠性高，操作灵活。除母线故障或检修外，可对用户连续供电。但母线故障或检修时，仍有 50%左右的用户停电。适用于具有两路电源进线对一、二级负荷供电时，特别是装设了备用电源自动投入装置后，更加提高了单母线用断路器分段接线的供电可靠性。

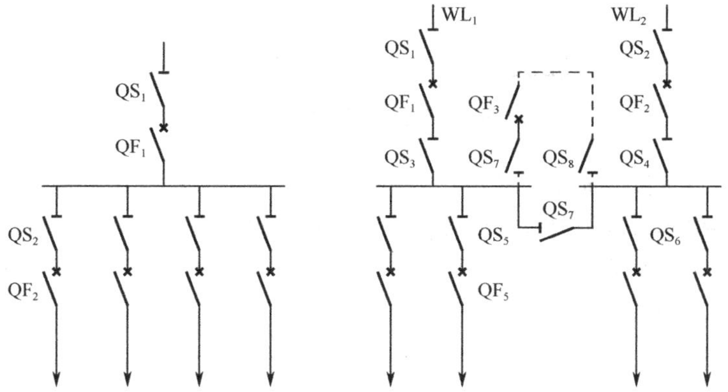

（a）单母线不分段接线 （b）单母线分段接线

图 3-56 单母线接线图

3）桥式接线

桥式接线是指在两路电源进线之间跨接一个断路器，犹如一座桥。

（1）内桥式接线

断路器跨在进线断路器的内侧，靠近变压器，称为内桥式接线，如图 3-57（a）所示。内桥式接线的运行操作：如果电源进线 $WL_2$ 失电或检修时，只要断开 $QF_{12}$ 和 $QS_{122}$、$QS_{121}$，然后合上 $QF_{10}$（其两侧的 QS 应先合上），即可使两台主变压器均由电源进线 $WL_1$ 供电，操作比较简便。如果要停用变压器 $T_2$，则需先断开 $QF_{12}$、$QF_{22}$ 及 $QF_{10}$，然后断开 $QS_{123}$、$QS_{221}$，再合上 $QF_{12}$ 和 $QF_{10}$，使变压器 $T_1$ 仍可由两路电源进线供电，显然操作比较麻烦。因此，内桥式接线多用于电源线路较长，故障和检修机会较多而主变压器不需经常切换的总降压变电所。

（2）外桥式接线

断路器跨在进线断路器的外侧，靠近电源侧，称为外桥式接线，如图 3-57（b）所示。外桥式接线的运行操作：如果要停用主变压器 $T_1$，只要断开 $QF_{11}$ 和 $QF_{21}$ 即可。如果要停用主变压器 $T_2$，只要断开 $QF_{12}$ 和 $QF_{22}$ 即可，操作均较简便。如果要检修电源进线 $WL_1$，则需先断开 $QF_{11}$

和 $QF_{10}$，然后断开 $QS_{111}$，再合上 $QF_{11}$ 和 $QF_{10}$，使两台主变压器均由电源进线 $WL_2$ 供电，显然操作比较麻烦。因此，外桥式接线多用于电源线路较短，故障和检修机会较少而变电所负荷变动较大、适于经济运行因而需经常切换的总降压变电所。

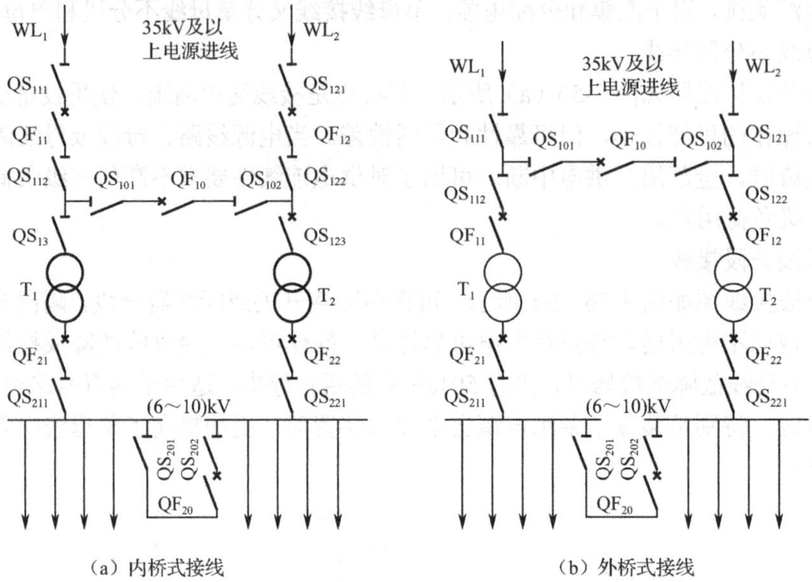


图 3-57　桥式接线的总压降变电所主电路图

桥式接线的特点是接线简单，经济，可靠性高，安全，灵活。线路检修或故障时由另一路电源供电。变压器检修或故障时经倒闸操作恢复供电。适用范围是有Ⅰ、Ⅱ级负荷、线路长、负荷平坦的场合，具体而言，一般工厂 35kV 及以上总降压变电所，有两路电源供电及两台变压器时，一般采用桥式接线。

**4．配电所主接线**

配电所起接受和分配电能的作用，其位置应当尽量靠近负荷中心，经常和车间变电所设在一起。每个配电所的馈电线路一般不少于 4、5 回，配电所一般为单母线制，根据负荷的类型及进出线数目可考虑将母线不分段或分段。图 3-58 所示为双回路进线配电所分段主接线图。配电所的进线可采用负荷开关或隔离开关，以减少继电保护动作时间级差配合上的困难。配电所的引出线可根据用户类型采用熔断器、熔断器加负荷开关、断路器。

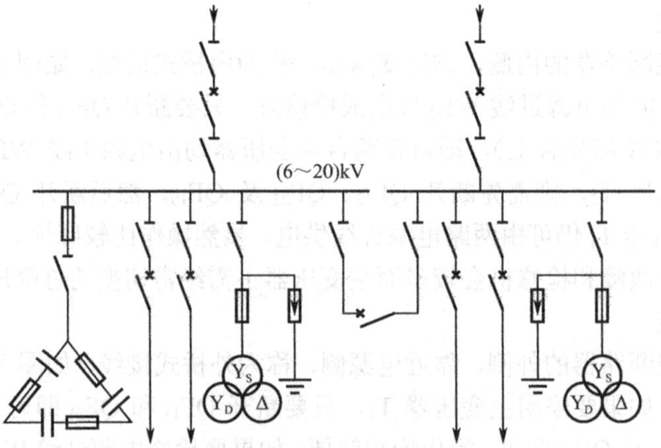


图 3-58　双回路进线配电所分段主接线图

### 5. 变电所主接线图示例

图 3-59 是图 1-12 所示供电系统中高压配电所及其附设 2 号车间变电所的主接线图。这一高压配电所的主接线方案具有一定的代表性。下面依其电源进线、母线和出线的顺序对此配电所做分析介绍。

（1）电源进线

该配电所有两路 10kV 电源进线，一路是架空线路 $WL_1$，另一路是电缆线路 $WL_2$。一般一路电源来自发电厂或电力系统变电站，作为正常工作电源；而另一路电源来自邻近单位的高压联络线，作为备用电源。

《供电营业规则》规定：对 10kV 及以下电压供电的用户，应配置专用的电能计量柜（箱）；对 35kV 及以上电压供电的用户，应有专用的电流互感器二次线圈和专用的电压互感器二次连接线，并且不得与保护、测量回路共用。根据以上规定，在两路进线的主开关（高压断路器）柜之前各装设一台 GG-1A-J 型高压计量柜（No.101 和 No.112），其中的电流互感器和电压互感器只用来连接计费的电能表。

装设进线断路器的高压开关柜（No.102 和 No.111），因为需与计量柜相连，因此采用 GG-1A（F）-11 型。由于进线采用高压断路器控制，所以切换操作十分灵活方便，而且可配以继电保护和自动装置，使供电可靠性大大提高。

考虑到进线断路器在检修时有可能两端来电，因此为保证检修人员的人身安全，断路器两侧都必须装设高压隔离开关。

（2）母线

母线（W 或 WB），又称汇流排，是配电装置中用来汇集和分配电能的导体。

高压配电所的母线，通常采用单母线制。如果是两路或以上电源进线时，则采用高压隔离开关或高压断路器（其两侧装隔离开关）分段的单母线制。母线采用隔离开关分段时，分段隔离开关可安装在墙壁上，也可采用专门的分段柜（亦称联络柜），如 GG-1A（F）-119 型柜。

图 3-59 所示高压配电所采用一路电源工作、一路电源备用的运行方式，因此母线分段开关通常是闭合的，高压并联电容器对整个配电所进行无功补偿。如果工作电源发生故障或进行检修时，在切除该进线后，投入备用电源即可恢复对整个配电所的供电。如果装有备用电源自动投入装置（APD），则供电可靠性可进一步提高，但这时进线断路器的操作机构必须是电磁式或弹簧式的。

为了测量、监视、保护和控制主电路设备的需要，每段母线上都接有电压互感器，进线和出线上都接有电流互感器。图 3-59 上的高压电流互感器均有两个二次绕组，其中一个接测量仪表，另一个接继电保护装置。为了防止雷电过电压侵入配电所击毁其中的电气设备，各段母线上都装设了避雷器。避雷器和电压互感器同装设在一个高压柜内，且共用一组高压隔离开关。

（3）高压配电出线

该配电所共有六路高压出线。其中有两路分别由两段母线经隔离开关—断路器配电给 2 号车间变电所；有一路由左边母线 $WB_1$ 经隔离开关—断路器配电给 1 号车间变电所；有一路由右边母线 $WB_2$ 经隔离开关—断路器配电给 3 号车间变电所；有一路由左边母线 $WB_1$ 经隔离开关—断路器供无功补偿用的高压并联电容器组；还有一路由右边母线经隔离开关—断路器供一组高压电动机用电。由于这里的高压配电线路都由高压母线来供电，因此其出线断路器需在母线侧加装隔离开关，以保证断路器和出线的安全检修。

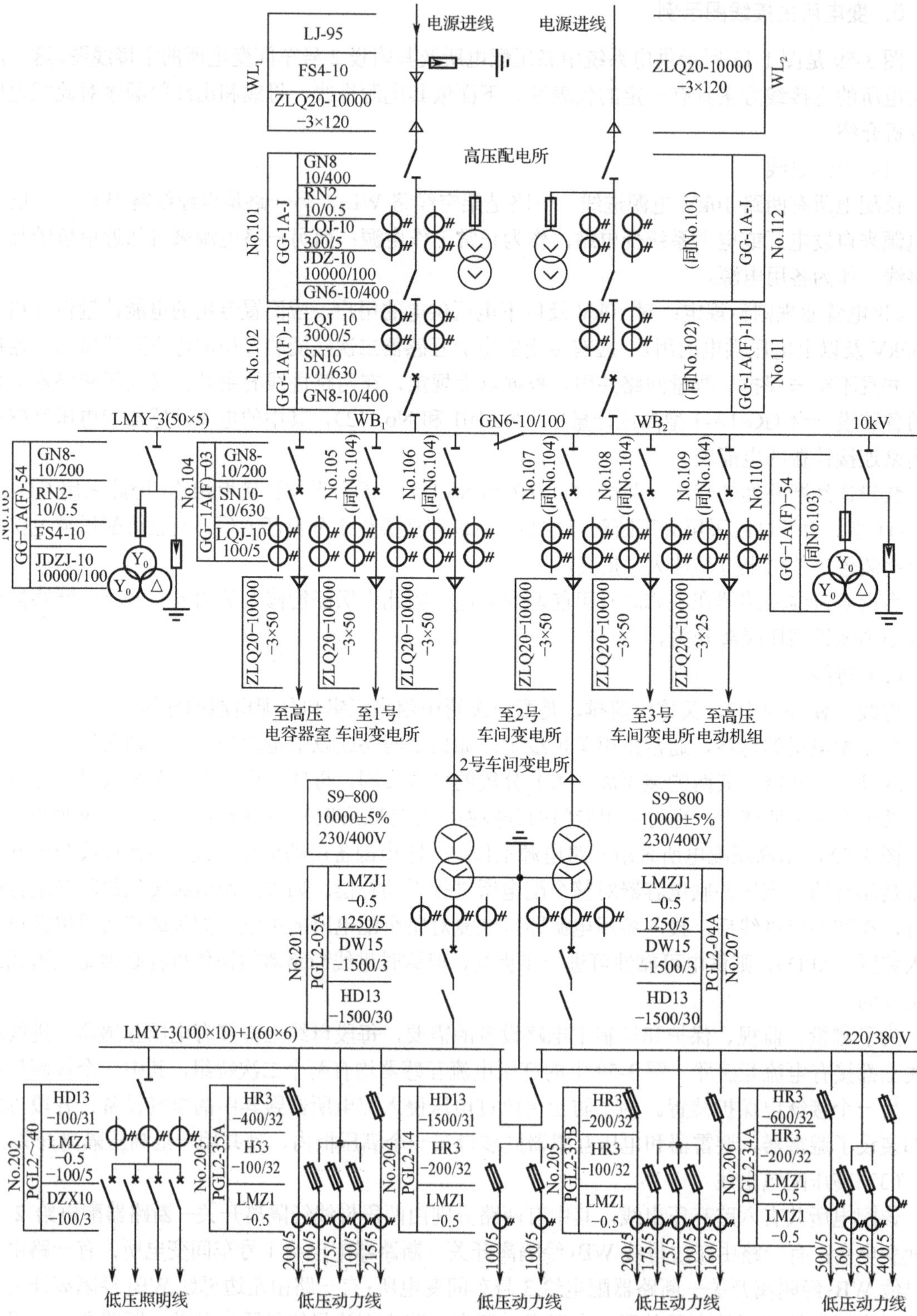

图 3-59　图 1-12 所示高压配电所及其附设 2 号车间变电所的主接线图

图 3-60 是图 3-59 所示 10kV 高压配电所的装置式主接线图。

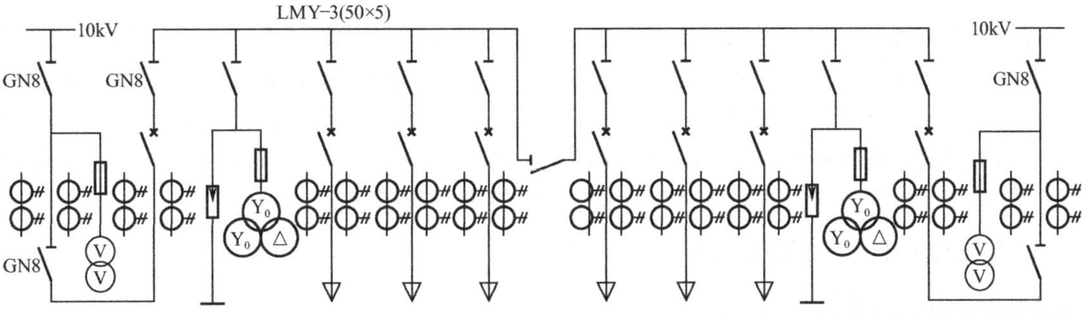


| No.101 | No.102 | No.103 | No.104 | No.105 | No.106 | | No.107 | No.108 | No.109 | No.110 | No.111 | No.112 |
|---|---|---|---|---|---|---|---|---|---|---|---|---|
| 电能计量柜 | 1号进线开关框 | 避雷器及电压互感器 | 出线柜 | 出线柜 | 出线柜 | GN6-10/400 | 出线柜 | 出线柜 | 出线柜 | 避雷器及电压互感器 | 2号进线开关框 | 电能计量柜 |
| GG-1A-J | GG-1A(F)-11 | GG-1A(F)-54 | GG-1A(F)-03 | GG-1A(F)-03 | GG-1A(F)-03 | | GG-1A(F)-03 | GG-1A(F)-03 | GG-1A(F)-03 | GG-1A(F)-54 | GG-1A(F)-11 | GG-1A-J |

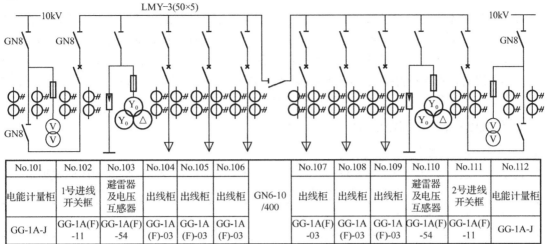

图 3-60　图 3-59 所示 10kV 高压配电所的装置式主接线图

## 3.3.3　变配电所的运行与管理

### 1. 变配电所的值班制度和值班员职责

1）变配电所的值班制度

工厂变配电所的值班制度，主要有轮换值班制和无人值班制。采用无人值班，可以节约人力，减少运行费用。当前，我国大多数工厂变配电所仍以三班轮换的值班制度为主，即全天分为早、中、晚三班，而值班人员则分为若干组，轮流值班，全年都不间断。这种值班制度对于确保变配电所的安全运行有很大好处，但人力耗费较多。一些小型工厂的变配电所和大中型工厂的一些车间变电所，则往往采用无人值班制，仅由工厂的维修电工或工厂总变配电所的值班电工每天定时巡视检查。

有高压设备的变配电所，为保证安全，一般应不少于两人值班。但按《电力安全工作规程》规定：当室内高压设备的隔离室设有遮拦，遮拦的高度在 1.7m 以上，安装牢固并加锁者，且室内高压开关的操作机构用墙或金属板与该开关隔离，或装有远方操作机构者，可单人值班。

2）变配电所值班员的职责

（1）遵守变配电所值班工作制度，坚守工作岗位，不进行与工作无关的活动，确保变配电所的安全运行。

（2）积极钻研本职工作，熟悉变配电所的设备和接线及其运行维护和倒闸操作要求，掌握安全用具和消防器材的使用方法及触电急救法，了解变配电所现在的运行方式、负荷情况及负荷调整、电压调节等措施。

（3）监视所内各种设备的运行情况，定期巡视检查，按照规定抄报各种运行数据，记录运行日志。发现设备缺陷和运行不正常时，及时处理，并做好有关记录，以备查考。

（4）按上级调度命令进行操作，发生事故时进行紧急处理，并做好记录，以备查考。

（5）保管所内各种资料图表、工具仪器和消防器材等，并做好和保持所内设备和环境的清洁卫生。

（6）按规定进行交接班。值班员未办好交接手续时，不得擅离岗位。在处理事故时，一般不得交接班。接班的值班员可在当班的值班员要求和主持下，协助处理事故。如果事故一时难以处理完毕，在征得接班的值班员同意或上级同意后，可进行交接班。

必须指出：不论高压设备带电与否，值班员不得单独移开或越过遮拦进行工作；如有必要移开遮拦时，必须有监护人在场，并符合《电力安全工作规程》规定的设备不停电时的安全距离。在雷雨天巡视露天高压设备时，必须穿绝缘靴，且不得靠近避雷器和避雷针。当高压设备发生接地故障时，室内不得接近故障点 4m 以内，室外不得接近故障点 8m 以内。进入上述范围的人员必须穿绝缘靴，接触设备的外壳和构架时，应带绝缘手套。

## 2. 变配电所的送电和停电操作

### 1）操作的一般要求

为了确保运行安全，防止误操作，按《电力安全工作规程》规定，倒闸操作应根据值班调度员值班负责人的指令，受令人复诵无误后执行。倒闸操作由操作人员填写操作票。变电所倒闸操作票格式如表 3-8 所示。

**表 3-8　变电所倒闸操作票格式**

变电所倒闸操作票

单位________　编号________

| 发令人 | | 受令人 | | 发令时间 | 年　月　日　时　分 |
|---|---|---|---|---|---|
| 操作开始时间<br>年　月　日　时　分 | | | 操作结束时间<br>年　月　日　时　分 | | |
| （　）监护下操作　（　）单人操作　（　）检修人员操作 | | | | | |
| 操作任务：2＃主变由运行到停电检修 | | | | | |
| 顺序 | 操作项目 | | | | |
| | | | | | |
| | | | | | |
| | | | | | |
| | | | | | |
| | | | | | |
| | | | | | |
| | | | | | |
| | | | | | |
| | | | | | |
| | | | | | |
| | | | | | |
| 备注 | | | | | |
| 操作人：　监护人：　值班负责人（值长）： | | | | | |

操作票应填写下列项目：

（1）应拉合的开关设备，验电，装拆接地线，安装或拆除控制回路或电压互感器回路的熔断器，切换保护回路和自动化装置及检验是否确无电压等；

（2）拉合开关设备后检查其位置；

（3）进行停、送电操作时，在拉、合隔离开关（刀闸）或拉出、推入手车式开关前，检查断路器确实在分闸位置；

(4) 在进行切换负荷或解、并列操作前后，检查相关电源运行及负荷分配情况；

(5) 设备检修后合闸送电前，检查送电范围内接地刀闸是否拉开，接地线是否拆除。

操作票应填写设备的双重名称，即其本身名称和编号。

开始操作前，应先在模拟图（或微机防误装置、微机监控装置）上进行核对性模拟预演，无误后再进行操作。操作前应先核对设备名称、编号和位置，操作中应认真执行监护复诵制度（单人操作时也应高声唱票）。操作过程中应按操作票填写的顺序逐项操作。每操作完一步，应检查无误后做一个"√"记号，全部操作完毕后进行复查。

监护操作室，操作人在操作过程中不得有任何未经监护人同意的操作行为。

操作中发生疑问时，应立即停止操作，并向发令人报告。待发令人再行许可后，方可继续进行操作。不准擅自更改操作票。

用绝缘棒拉合隔离开关或经传动机构拉合断路器和隔离开关，均应带绝缘手套。雨天操作室外高压设备时，绝缘棒应有防雨罩，还应穿绝缘靴。接地网的接地电阻不符合要求的，晴天也要穿绝缘靴。雷雨时，一般不进行倒闸操作。

在发生人身触电事故时，为了抢救触电人，可以不经许可，即行断开有关设备的电源，但事后应立即报告调度和上级部门。

下列各项工作可不用操作票：事故应急处理；拉合断路器的单一操作；拉开或拆除全所唯一的一组接地刀闸或接地线。上述操作完成后，应做好记录，事故应急处理应保存原始记录。

2）变配电所的送电操作

变配电所送电时，一般应从电源侧的开关合起，依次合到负荷侧开关。按这种程序操作，可使开关的闭合电流减至最小，比较安全。万一某部分存在故障，也容易发现。但是在高压隔离开关—断路器电路及低压刀开关—断路器（自动开关）电路中，一定要按照先合母线侧隔离开关或刀开关，再合线路侧隔离开关或刀开关，最后合高低压断路器的顺序依次操作。

3）变配电所的停电操作

变配电所停电时，一般应从负荷侧的开关拉起，依次拉到电源侧开关。按这种程序操作，可使开关的开断电流减至最小，也比较安全。但在高压隔离开关—断路器电路及低压刀开关—断路器（自动开关）电路中，停电时，一定要按照先拉高低压断路器，再拉线路侧隔离开关或刀开关，最后拉母线侧隔离开关或刀开关的顺序依次操作。

线路或设备停电以后，为了安全，一般规定要在主开关的操作手柄上悬挂"禁止合闸，有人工作"之类的标示牌。如有线路或设备检修时，应在电源侧（如有可能两侧来电时，则应在其两侧）安装临时接地线。装设接地线时，应先接接地端，后接线路端；而拆除接地线时，则应先拆线路端，后拆接地端。

# 项目小结

变配电所按其在供配电系统中的地位可分为高压配电所和各车间变电所。

变配电所中常用的高压开关设备有高压隔离开关、高压负荷开关、高压断路器。高压隔离开关没有灭弧装置，但具有明显的断开间隙，因此用做隔离电源。高压负荷开关具有简单的灭弧装置，也具有明显的断开间隙，既可用做隔离，还可用于通、断负荷电流。高压断路器具有完善的灭弧装置，能够通、断短路电流，但它没有明显的分断，因此常与隔离开关配合一起使用。

电流互感器和电压互感器为特殊的变压器，用于变换电压、电流，并隔离一、二次回路。电流互感器一次侧绕组匝数少且线径粗，二次侧绕组匝数多且线径细。工作时一次侧串入主电路，二次侧串接仪表和继电器的线圈，使用时要注意其二次侧不能开路。电压互感器一次侧绕组匝数多，二次侧绕组匝数少。工作时一次侧并入主电路，二次侧并接仪表和继电器的线圈。使用时注意不能短路。另外，电流互感器和电压互感器都要注意同名端的问题。

变配电所中常用的低压开关设备有低压刀开关、低压刀熔开关、低压断路器等。低压断路器又称自动空气开关，它既能带负荷通、断电路，又能在短路、过负荷和低电压（失压）时自动跳闸，保护电力线路和电气设备免受破坏。

熔断器分限流式和不限流式两种。限流式熔断器的灭弧能力强，可以在短路电流上升到最大值之前灭弧。

电力变压器是供配电系统中实现电能输送、电压变换，满足不同电压等级负荷要求的核心器件。总降压变电所可选用有载调压变压器。车间变电所一般采用普通电力变压器。变压器在不降低规定使用寿命的条件下具有一定的短期过负荷能力，包括正常过负荷能力和事故过负荷能力两种。选择变压器应根据负荷大小及负荷等级选择变压器的台数和容量。

配电装置是按电气主接线的要求，把开关设备、保护测量电器、母线和必要的辅助设备组合在一起构成的用来接受、分配和控制电能的总体装置。变配电所多采用成套配电装置。一般中小型工厂变配电所中常用到的成套配电装置有高压成套配电装置（也称高压开关柜）和低压成套配电装置。

根据变配电所的位置、供电范围和供电容量的不同，变配电所的变压器室、电容器室和高低压配电室的布置和结构都有不同的方式。

变配电所的电气主接线，是指按照一定的工作顺序和规程要求连接变配电一次设备的一种电路形式。变配电所主接线方案的确定必须综合考虑安全性、可靠性、灵活性、经济性等多方面的要求。

# 思考与练习

## 一、思考题

(1) 开关触头间产生电弧的根本原因是什么？发生电弧有哪些游离方式？其中最初的游离方式是什么？维持电弧主要靠什么游离方式？

(2) 熔断器的主要功能是什么？什么叫“限流”熔断器？什么叫“非限流”熔断器？

(3) 高压断路器有哪些功能？少油断路器中的油与多油断路器中的油各有哪些功能？为什么真空断路器和六氟化硫断路器适用于频繁操作场所，而油断路器不适于频繁操作场所？

(4) 简述变配电所送电和停电操作顺序及基本要求。

(5) 供配电设备运行检查主要内容是什么？

## 二、练习题

1. 填空题

(1) 高压断路器种类繁多，按其采用的灭弧介质分为：________、________、________以及________等。应用最广的是________和________。

(2) 二次回路一般是通过________和________与主电路相联系的。

(3) 低压断路器又称自动空气开关，它能带负荷________电路，又能在________、________和低电压（失压）时自动跳闸。

(4) 变配电所送电时，一般应从________的开关合起，依次合到________开关。停电时，一般应从________的开关拉起，依次拉到________开关。

2. 判断题

(1) 变压器是工厂供电系统中最重要的一次设备。（    ）

（2）电流互感器原边匝数少线径粗，副边匝数多线径细。（　　）

（3）高压环网柜一般用于 35kV 环网供电系统中。（　　）

（4）自复式熔断器通常与低压断路器配合使用，甚至组合为一种电器。（　　）

3. 选择题

（1）变电站电气设备的所有隔离开关及断路器均处在断开位置，在有可能来电端挂好地线。这种工作状态称为（　　）。

A. 运行状态　　B. 热备用状态　　C. 冷备用状态　　D. 检修状态

（2）抽屉式断路器一般应有（　　）。

A. 连接、隔离、分断三个位置　　B. 连接、试验、隔离三个位置

C. 连接、试验、分断三个位置　　D. 连接、分断、隔离三个位置

（3）供电系统应简单可靠，同一电压供电系统的配电级数不宜多于（　　）。

A. 一级　　B. 两级　　C. 三级　　D. 四级

4. 计算题

某 10kV 线路计算电流 250A，三相短路电流为 9kA，冲击短路电流为 23kA，假想时间为 1.4s，试选择少油断路器，并校验动稳定度和热稳定度。

5. 应用题

在图 3-61 中，当需要对变电所 2 号变压器进行停电检修，请填写“2＃主变压器停电操作票”。

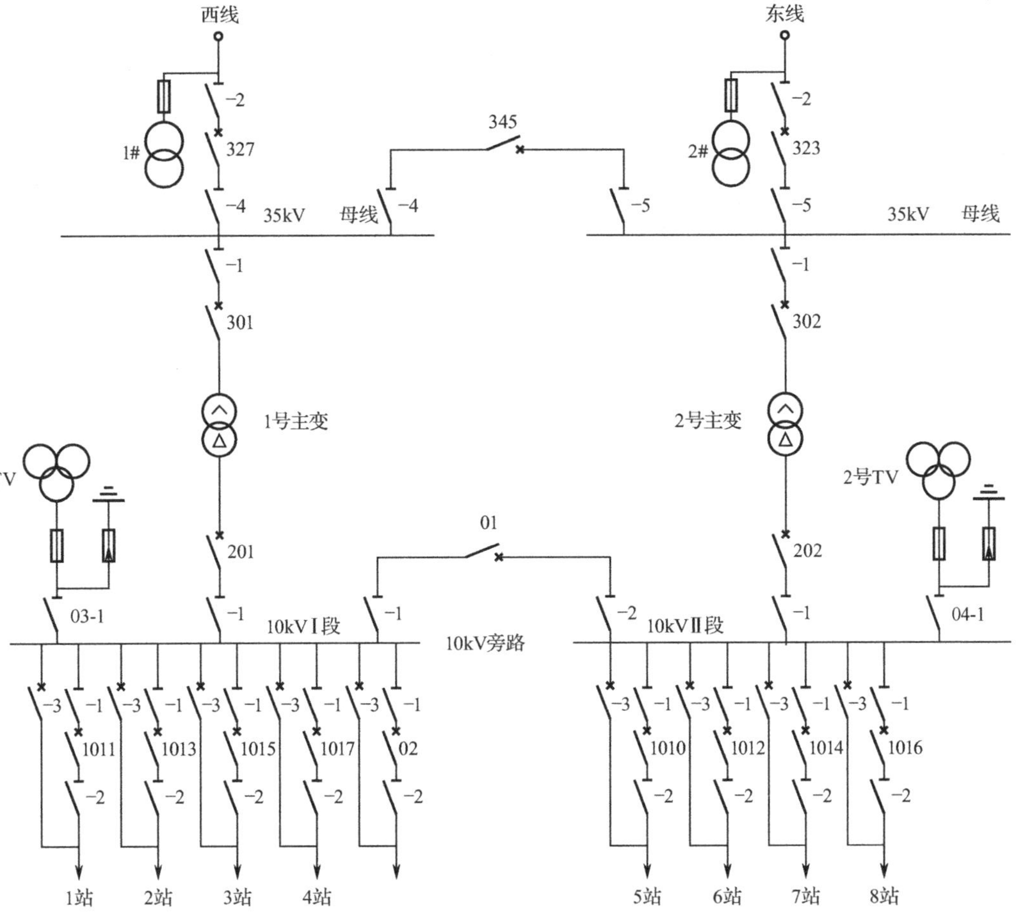


图 3-61　变电所供电系统图

## 2＃主变压器停电操作票

单位________ 编号________

<table>
<tr><td>发令人</td><td></td><td>受令人</td><td></td><td>发令时间</td><td colspan="2">年　月　日　时　分</td></tr>
<tr><td colspan="4">操作开始时间<br>年　月　日　时　分</td><td colspan="3">操作结束时间<br>年　月　日　时　分</td></tr>
<tr><td colspan="7">（　）监护下操作　（　）单人操作　（　）检修人员操作</td></tr>
<tr><td colspan="7">操作任务：2＃主变由运行到停电检修</td></tr>
<tr><td>顺序</td><td colspan="5">操作项目</td><td></td></tr>
<tr><td>1</td><td colspan="5"></td><td></td></tr>
<tr><td>2</td><td colspan="5"></td><td></td></tr>
<tr><td>3</td><td colspan="5"></td><td></td></tr>
<tr><td>4</td><td colspan="5"></td><td></td></tr>
<tr><td>5</td><td colspan="5"></td><td></td></tr>
<tr><td>6</td><td colspan="5"></td><td></td></tr>
<tr><td>7</td><td colspan="5"></td><td></td></tr>
<tr><td>8</td><td colspan="5"></td><td></td></tr>
<tr><td>9</td><td colspan="5"></td><td></td></tr>
<tr><td>10</td><td colspan="5"></td><td></td></tr>
<tr><td>11</td><td colspan="5"></td><td></td></tr>
<tr><td colspan="7">备注</td></tr>
<tr><td colspan="7">操作人：　　　监护人：　　　值班负责人（值长）：</td></tr>
</table>

# 项目四　供配电系统电力线路的结构与运行

## 学习目标

（1）掌握电力线路的接线方式、结构与敷设；
（2）掌握导线和电缆截面的选择计算方法；
（3）了解电力线路的运行维护。

## 项目任务

### 1．项目描述

电力线路是电力系统的重要组成部分，担负着输送和分配电能的重要任务。组成供电系统的变压器、断路器、负荷开关、熔断器等是需要由导线电缆连在一起的。导线的型号、规格多种多样，我们必须了解怎么选择主接线中的导线电缆，这也是从事变配电所电力线路运行、维护和设计必备的基础知识。

### 2．工作任务

（1）会对电力线路发热条件和电压损耗条件计算；
（2）会对不同性质电路进行分析及选择计算；
（3）理解不同电力线路的结构与运行。

### 3．项目实施方案

为了能有效地完成本项目任务，根据项目要求，通过资讯、计划决策、实施与检查、评估等系统化的工作过程完成项目任务。本项目总体实施方案如图 4-1 所示。

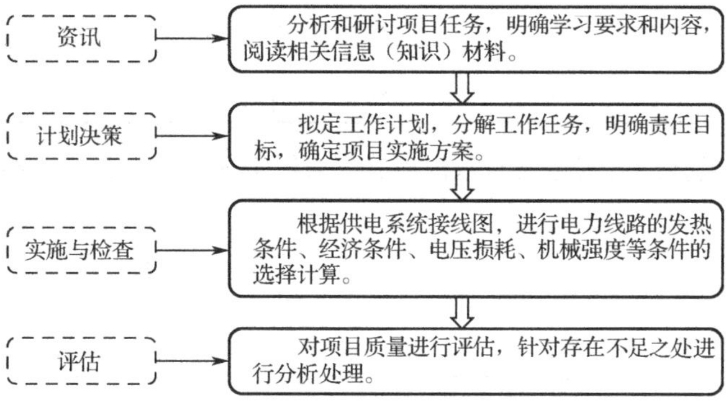


图 4-1　供配电系统电力线路的结构与运行

## 任务 1　电力线路的接线方式

电力线路是电力系统的重要组成部分，担负着输送和分配电能的重要任务。电力线路有高压线路（即 1kV 以上线路）和低压线路（即 1kV 及以下线路）。电力线路按其结构形式分，有架空线路、电缆线路和车间（室内）线路等。

### 1．高压电力线路的接线方式

高压线路有放射式、树干式和环形等基本接线方式。

高压电力线路的接线方式，可按单电源供电、双电源供电和环形供电等几种形式来讨论。

（1）单电源供电的接线方式主要有放射式和树干式两种。这两种接线方式的对比分析，如表 4-1 所示。

**表 4-1　放射式接线和树干式接线对比**

| 名　　称 | 放射式接线 | 树干式接线 |
| --- | --- | --- |
| 接线图 | 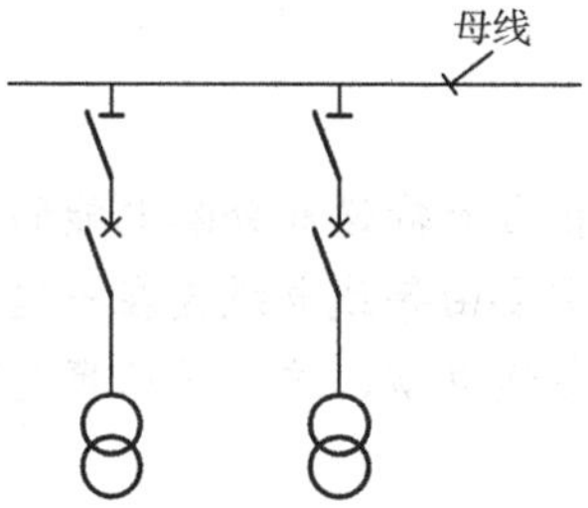 | 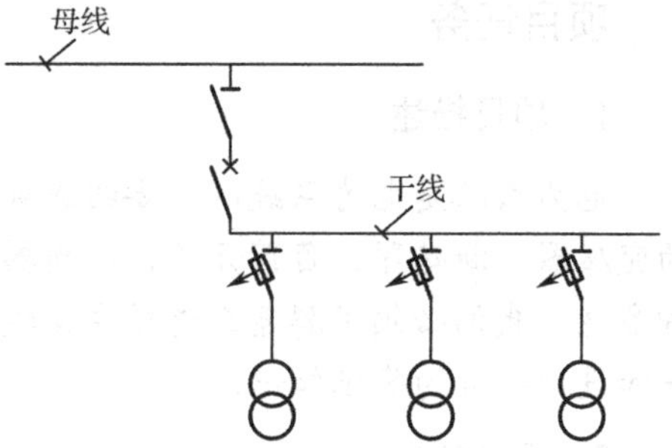 |
| 特点 | 每个用户由独立线路供电 | 多个用户由一条干线供电 |
| 优点 | 可靠性高，线路故障时只影响一个用户；操作、控制灵活 | 高压开关设备少，耗用导线也较少，投资省；易于适应发展，增加用户时不必另增线路 |
| 缺点 | 高压开关设备多，耗用导线也多，投资大；不易适应发展，增加用户时，要增加较多线路和设备 | 可靠性较低，干线故障时全部用户停电；操作、控制不够灵活 |
| 适用范围 | 离供电点较近的大容量用户；供电可靠性要求高的重要用户 | 离供电点较远的小容量用户；不太重要的用户 |
| 提高可靠性的措施 | 改为双放射式接线，每个用户由两条独立线路供电；或增设公共备用干线 | 改为双树干式接线，重要用户由两路干线供电；或改为环形供电 |

（2）双电源供电的接线方式主要有双放射式、双树干式和公共备用干线式接线等，如图 4-2 所示。

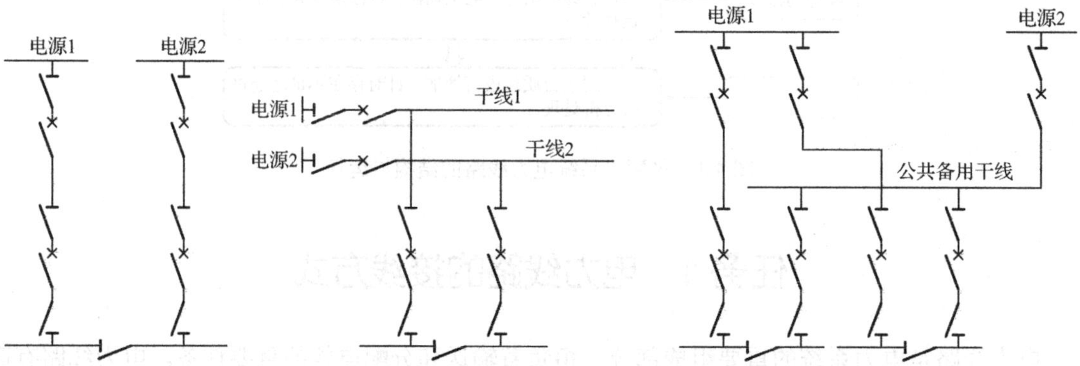


（a）双放射式　　（b）双树干式　　（c）公共备用干线式

图 4-2　双电源供电的接线方式

（3）环形供电的接线方式。

如图 4-3 所示，将两段母线 $WB_1$ 和 $WB_2$ 上引出的两条链式干线的末端（例如 B 点和 D 点），用线路 $WL_5$ 联络起来。正常情况下 $QS_4$ 或 $QS_8$ 是断开的，两条线路开环运行。当任何一段线路故障或检修时，只需经较短时间的停电切换，即可恢复供电。目前，城市的（6～10）kV 供电系统广泛采用 10kV 环网柜，实现“手拉手”环形供电。

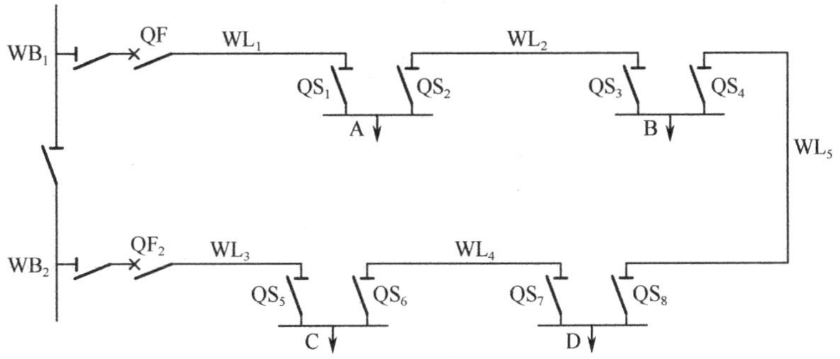


图 4-3　环形供电的接线方式

## 2. 低压电力线路的接线方式

低压电力线路基本的接线方式有放射式、树干式（链式）、环形接线三种，除环形外各自的接线特点和适用范围如表 4-2 所示。

**表 4-2　低压电力线路常用的接线方式**

| 名　称 | 放 射 式 | 树 干 式 | 链式（树干式的变形） |
|---|---|---|---|
| 接线图 | 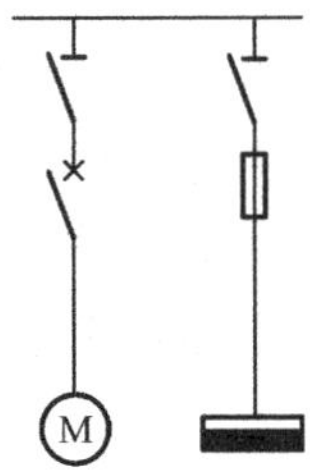 | 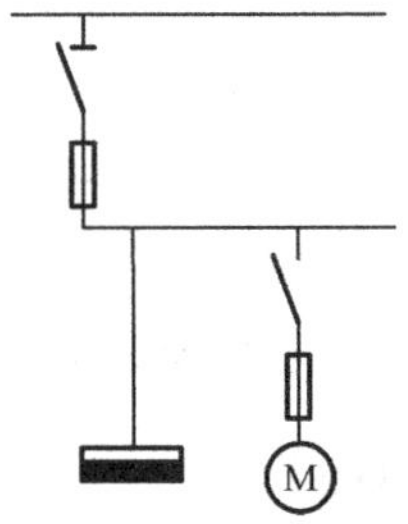 | 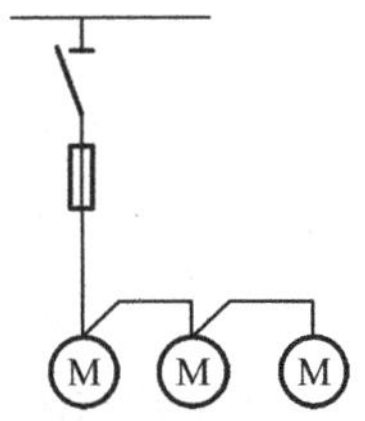 |
| 特点 | 每个负荷由单独线路供电 | 多个负荷由一条干线供电 | 后面设备的电源引自前面设备的端子 |
| 优点 | 线路故障时影响范围小，因此可靠性较高；控制灵，易于实现集中控制 | 线路少，因此有色金属消耗量少，投资省；易于适应发展 | 线路上无分支点，适合穿管敷设或电缆线路；节省有色金属消耗量 |
| 缺点 | 线路多，有色金属消耗量大；不易适应发展 | 干线故障时影响范围大，因此供电可靠性较低 | 线路检修或故障时，相连设备全部停电，因此供电可靠性较低 |
| 适用范围 | 供大容量设备，或供要求集中控制的设备，或供要求可靠性高的重要设备 | 适于明敷线路，也适于供可靠性要求不高和较小容量的设备 | 适于暗敷线路，也适于供可靠性要求不高的小容量设备；链式相连的设备不宜多于 5 台，总容量不宜超过 10kW，最大一台的容量不宜超过 7kW |

一些车间变电所的低压侧，可通过低压联络线相互连接成为环形，如图 4-4 所示。环形接线的供电可靠性较高。任一段线路发生故障或检修时，都不致造成供电中断，或者只短时停电，一旦切换电源的操作完成，就能恢复供电。环形接线，可使电能损耗和电压损耗减少。但是环

形线路的保护装置及其整定配合比较复杂；如果配合不当，容易发生误动作，反而扩大故障停电范围。实际上，低压环形线路也多采用“开口”运行方式。

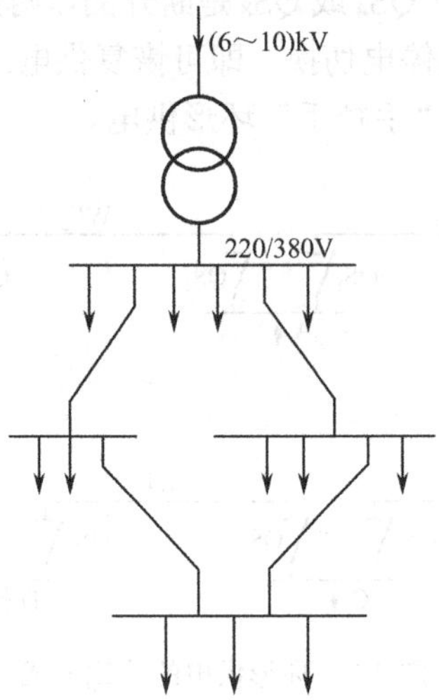


图 4-4　低压环形接线

在低压配电系统中，也往往采用几种接线方式的组合，依具体情况而定。不过在环境正常的车间或建筑内，当大部分用电设备不很大又无特殊要求时，宜采用树干式配电。实践证明，低压树干式配电在一般情况下能够满足生产要求。

# 任务 2　电力线路的结构与运行

工厂常用的电力线路是架空线路和电缆线路。由于架空线路投资少、安装容易、维护和检修方便、易于发现和排除故障等优点，所以架空线路过去在工厂中应用比较普遍。但是架空线路直接受大气影响，易受雷击、冰雪、风暴和污秽空气的危害，且要占用一定的地面和空间，有碍交通和观瞻，因此现代化工厂有逐渐减少架空线路、改用电缆线路的趋向。

## 4.2.1　架空线路的结构、敷设与运行

### 1．架空线路的结构

架空线路由导线、电杆、横担、绝缘子和金具等组成，如图 4-5 所示。为了防雷，有的架空线路上方还装设有避雷线（又称架空地线）。为了加强电杆的稳固性，有的电杆还安装有拉线。

（1）导线

导线必须具有良好的导电性和一定的机械强度和耐腐蚀性。导线有裸导线和绝缘导线两种。架空线路一般采用裸导线，因为裸导线的散热比绝缘导线好，同样截面可以传输更大的电流，且造价比较低，所以得到了广泛的应用。

导线通常制成裸绞线，导线材质有铜、铝和钢。铜的导电性最好（电导率为 53MS/m），机械强度高，但铜是贵重金属，应尽量少用。铝的机械强度较差，但其导电性较好（电导率为 32MS/m）、质量轻、价格低，所以架空导线较多采用铝绞线（LJ）。钢的机械强度很高，价格低，但其导电性差（电导率为 7.52MS/m），在大气中容易锈蚀，因此钢导线在架空线路上一般只做避雷线使用，且使用镀锌钢绞线。为了加强铝绞线的机械强度，采用多股绞线的钢作为线芯，

把铝线绞在线芯的外面，称为钢芯铝绞线（LGJ）。在机械强度要求较高和 35kV 及以上的架空线路上，多采用机械强度高的钢芯铝绞线（LGJ）。由于交流电流在导线中通过时有集肤效应，交流电流实际上只从铝线部分通过，从而弥补了钢线导电性差的缺点。钢芯铝绞线型号中表示的截面积，就是其铝线部分的截面积。

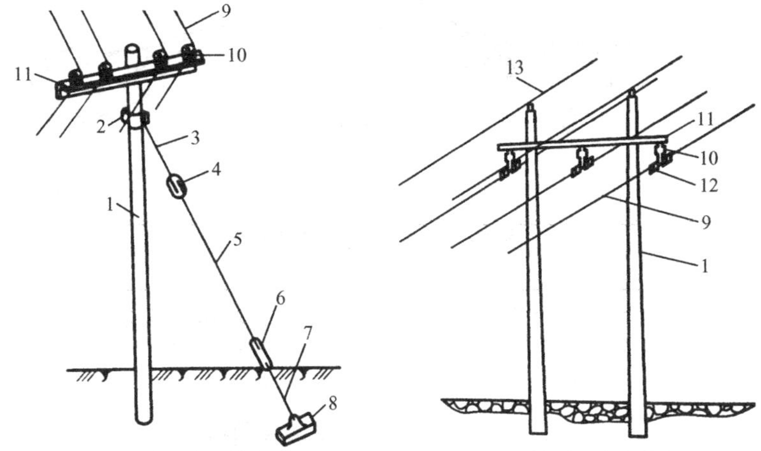


（a）低压架空线路　（b）高压架空线路

1—电杆；2—拉线的抱箍；3—上把；4—拉线绝缘子；5—腰把；6—花篮螺钉；7—底把；8—拉线底盘；9—导线；10—绝缘子；11—横担；12—线夹；13—避雷线

图 4-5 架空线路的结构

（2）电杆、横担和拉线

电杆用来支持和架设导线。对电杆的要求，主要是要有足够的机械强度，并保证导线对地有足够的距离。按其采用的材料分，有木杆、水泥杆和金属塔。金属杆分为钢管杆、型钢杆和铁塔。金属杆机械强度大，维修量小，使用年限长，但造价贵，主要应用于高压架空线路中。对工厂来说，水泥杆应用最为普遍，因为采用水泥杆可以节约大量的木材和钢材，而且它经久耐用，维护简单，也比较经济。

横担用来固定绝缘子以支承导线，并保持各相导线之间的距离。目前常用的横担有铁横担和瓷横担。铁横担由角钢制成。10kV 线路多采用 63×6 的角钢，380V 线路多采用 50×5 的角钢。铁横担的机械强度高，应用广泛。瓷横担兼有横担和绝缘子的作用，能节约钢材、提高线路绝缘水平和节省投资，但机械强度较低，一般仅用于较小截面导线的架空线路。

拉线是为了平衡电杆各方面的受力，防止电杆倾倒用的，如转角杆、耐张杆、终端杆等，往往都装有拉线。拉线一般采用镀锌钢绞线，依靠花篮螺钉来调节拉力，如图 4-5 所示。

（3）线路绝缘子和金具

绝缘子又称瓷瓶，用来将导线固定在电杆上，并使导线与电杆绝缘。因此对绝缘子既要求具有一定的电气绝缘强度，又要求具有足够的机械强度。线路绝缘子分低压绝缘子和高压绝缘子两类。图 4-6 是线路绝缘子的外形结构。

线路金具是用来连接导线、安装横担和绝缘子的金属附件，包括安装针式绝缘子的直脚（图 4-7（a））和弯脚（图 4-7（b）），安装蝴蝶式绝缘子的穿心螺钉（图 4-7（c）），将横担或拉线固定在电杆上的 U 形抱箍（图 4-7（d）），调节松紧的花篮螺钉（图 4-7（e））等。

**2. 架空线路的敷设**

（1）确定架空线线路。要选择好线路路径及确定杆位，路径要短，转角尽量少，尽可能减少与其他设施的交叉，尽量避开河洼和雨水冲刷地带、不良地质地区及易燃、易爆等危险场所，不应引起机耕、交通和人行困难。

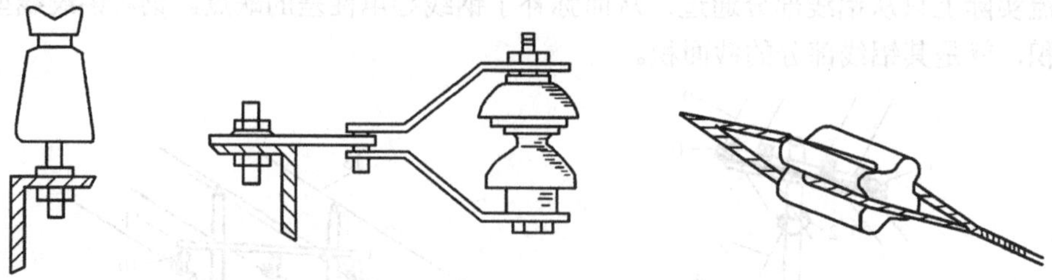
（a）针式绝缘子　（b）蝴蝶式绝缘子　（c）拉线绝缘子

图 4-6　常见的几种绝缘子

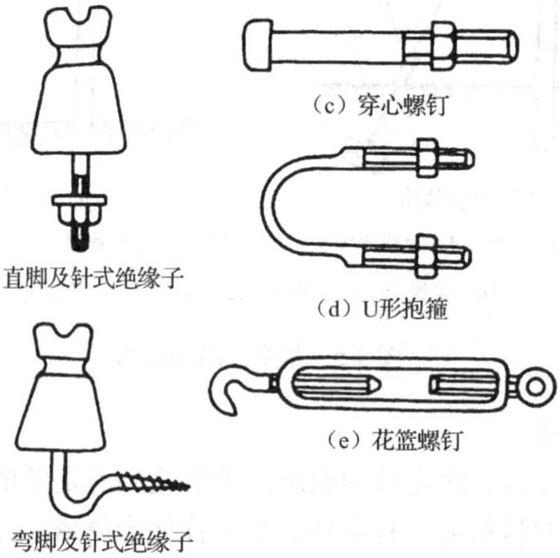
（a）直脚及针式绝缘子　（b）弯脚及针式绝缘子　（c）穿心螺钉　（d）U形抱箍　（e）花篮螺钉

图 4-7　架空线路用金具

（2）确定导线在电杆上的排列方式。三相四线制低压架空线路的导线，一般都采用水平排列，如图 4-8（a）所示。由于中性线（PEN 线）截面一般较小，机械强度较差，所以中性线一般架设在靠近电杆的位置。三相三线制架空线路的导线，可三角形排列，如图 4-8（b）、（c）所示；也可水平排列，如图 4-8（f）所示。多回路导线同杆架设时，可三角形与水平混合排列，如图 4-8（d）所示，也可全部垂直排列，如图 4-8（e）所示。电压不同的线路同杆架设时，电压较高的线路应架设在上边，电压较低的线路则架设在下边。

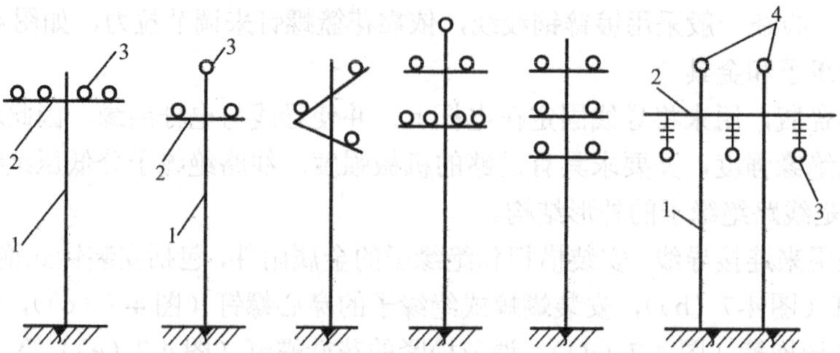

（a）　（b）　（c）　（d）　（e）　（f）

1—电杆；2—横担；3—导线；4—避雷线

图 4-8　导线在电杆上的排列方式

（3）确定档距、弧垂和杆高。同一线路上相邻两电杆之间的水平距离称为档距（跨距）。弧垂则是导线的最低点与档距两端电杆上的导线悬挂点之间的垂直距离。弧垂不能过大，也不能过小。弧垂过大则在导线摆动时容易引起相间短路；弧垂过小，则可能使导线因天冷收缩绷断，如图 4-9 所示。对于各种架空线路的敷设，应严格遵守执行有关规程。

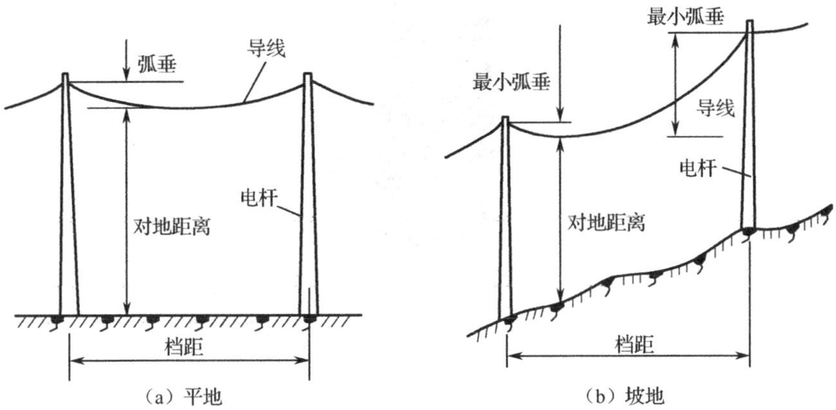


图 4-9　架空线路的档距和弧垂

### 3. 架空线路的运行

（1）一般要求

对厂区架空线路，一般要求每月进行一次巡视检查。如遇大风大雨及发生故障等特殊情况时，得临时增加巡视次数。

（2）巡视项目

检查杆塔是否倾斜，铁构件有无弯曲松动、歪斜或锈蚀；绝缘子有无裂纹、损坏；导线有无断股、接头接触不良，线间及对地面距离、弧垂等是否符合要求，导线上有无树枝、风筝、蔓藤、鸟巢等；防雷及接地装置是否良好；拉线有无锈蚀，扳桩是否倾倒；沿线有无易爆和腐蚀性液体或气体；以及其他危及线路安全运行的异常情况。

## 4.2.2　电缆线路的结构、敷设和运行

### 1. 电缆线路的结构

电缆是一种特殊结构的导线，它主要由导体、绝缘层和保护层三部分组成。保护层又分内护层和外护层。内护层用来保护绝缘层，而外护层用来防止内护层受到机械损伤和腐蚀。外护层通常为钢丝或钢带构成的钢铠，外覆麻被、沥青或塑料护套。

供电系统中常用的电力电缆，按其缆芯材质分，有铜芯电缆和铝芯电缆两大类。按其采用的绝缘介质分，有油浸纸绝缘电缆（图 4-10）和塑料绝缘电缆（图 4-11）两大类。

油浸纸绝缘电缆结构简单，制造加工方便，易于安装维护。但它工作时其中的浸渍油会流动，电缆低的一端可能因油压过大而使端头胀裂漏油，而高的一端则可能因油流失而使绝缘干枯，致使其耐压强度下降，甚至击穿损坏。因此对其两端的安装高度差有限制。塑料绝缘电缆具有结构简单、制造方便、敷设安装方便、用在不受敷设高度差限制场合，但塑料容易老化变形。橡胶绝缘电缆弹性好，性能稳定，一般用做低压电缆。

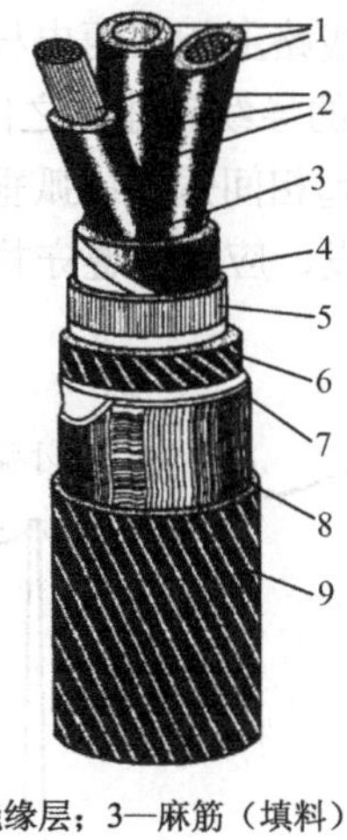


1—缆芯（铜芯或铝芯）；2—油浸纸绝缘层；3—麻筋（填料）；4—油浸纸（统包绝缘）；5—铅包；
6—涂沥青的纸带（内护层）；7—浸沥青的麻被（内护层）；8—钢铠（外护层）；9—麻被（外护层）

图 4-10　油浸纸绝缘电力电缆

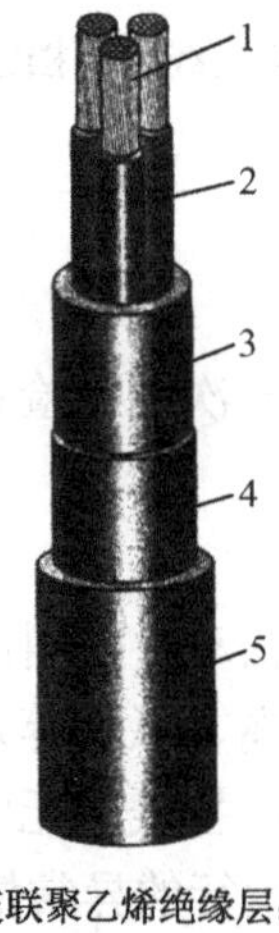


1—缆芯（铜芯或铝芯）；2—交联聚乙烯绝缘层；3—聚氯乙烯护套（内护层）；
4—钢铠或铝铠（外护层）；5—聚氯乙烯外套（外护层）

图 4-11　塑料绝缘电力电缆

电力电缆全型号的表示和含义如下：

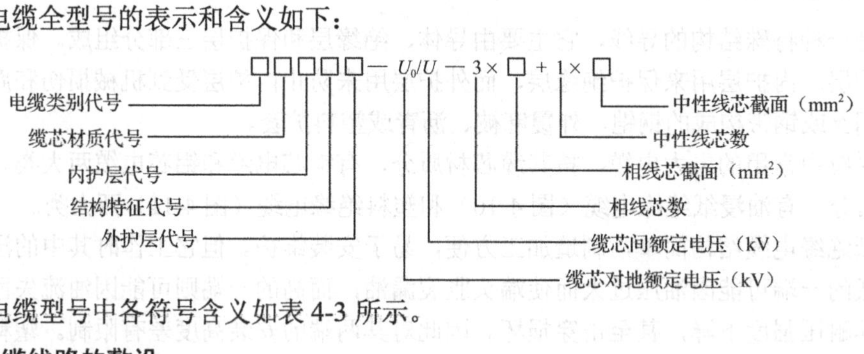


电力电缆型号中各符号含义如表 4-3 所示。

**2. 电缆线路的敷设**

（1）电缆敷设路径的选择

选择电缆敷设路径时，应使电缆较短，避免电缆遭受机械性外力、过热和腐蚀等的危害，便于敷设和维护。

**表 4-3　电力电缆型号中各符号的含义**

| 项目 | 型号 | 含　义 | 旧型号 | 项目 | 型号 | 含　义 | 旧型号 |
|---|---|---|---|---|---|---|---|
| 类别 | Z | 油浸纸绝缘 | Z | 外护层 | （21） | 钢带铠装纤维外被 | 2，12 |
| | V | 聚氯乙烯绝缘 | V | | 22 | 钢带铠装聚氯乙烯套 | 22，29 |
| | YJ | 交联聚乙烯绝缘 | YJ | | 23 | 钢带铠装聚乙烯套 | |
| | X | 橡皮绝缘 | X | | 30 | 裸细钢丝铠装 | 30，130 |
| 缆芯材质 | L | 铝芯 | L | | （31） | 细圆钢丝铠装纤维外被 | 3，13 |
| | T | 铜芯（一般不注） | T | | 32 | 细圆钢丝铠装聚氯乙烯套 | 23，39 |
| 内护层 | Q | 铅包 | Q | | 33 | 细圆钢丝铠装聚乙烯套 | |
| | L | 铝包 | L | | （40） | 裸粗圆钢丝铠装 | 50，150 |
| | V | 聚氯乙烯护套 | V | | 41 | 粗圆钢丝铠装纤维外被 | 5，15 |
| 特征 | P | 滴干式 | P | | （42） | 粗圆钢丝铠装聚氯乙烯套 | 59，25 |
| | D | 不滴流式 | D | | | | |
| | F | 分相铅包式 | F | | （43） | 粗圆钢丝铠装聚乙烯套 | |
| 外护层 | 02 | 聚氯乙烯套 | — | | | | |
| | 03 | 聚乙烯套 | 1，11 | | 441 | 双粗圆钢丝铠装纤维外被 | |

（2）电缆的敷设方式

工厂中常见的电缆敷设方式有直接埋地敷设（图 4-12）、利用电缆沟（图 4-13）和电缆桥架（图 4-14）等几种。

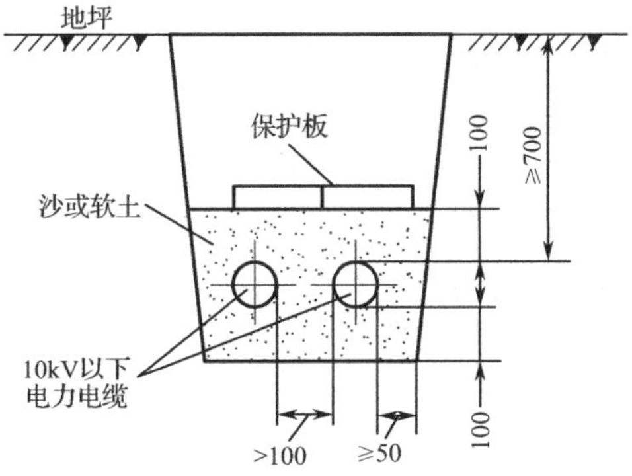


图 4-12　电缆直接埋地敷设

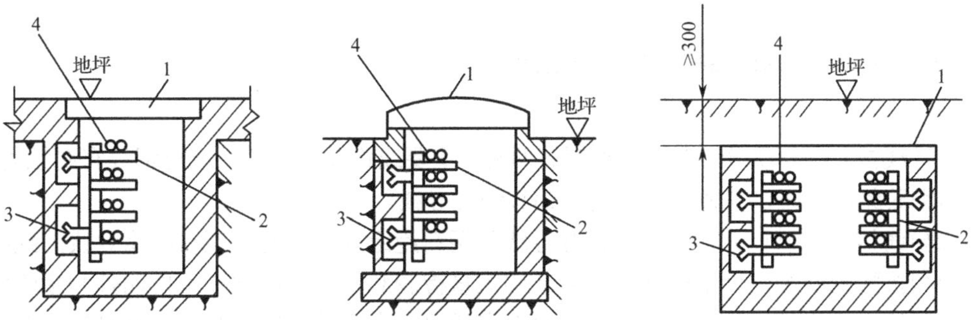


（a）户内　（b）户外　（c）厂区

1—盖板；2—电缆支架；3—预埋铁件；4—电缆

图 4-13　电缆在电缆沟内敷设

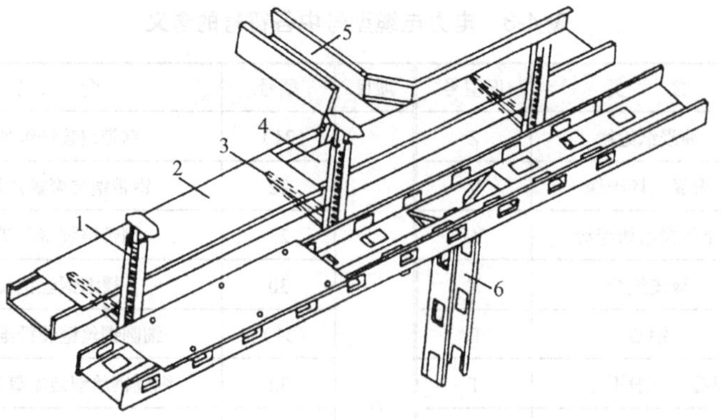


1—支架；2—盖板；3—支臂；4—线槽；5—水平分支线槽；6—垂直分支线槽

图 4-14　电缆桥架

直接埋地是敷设电缆最常用的方法，投资少，施工简单，维护不便。电缆沟敷设时电缆沿沟壁支架敷设，占地少，走向灵活，维护方便，但投资较大。采用电缆桥架敷设的线路，整齐美观、便于维护，槽内可以使用价廉的无铠装全塑电缆。

**3．电缆线路的运行**

（1）一般要求

要全面了解电缆的形式、敷设方式、结构布置、线路走向及电缆头位置等。对电缆线路，一般要求每季进行一次巡视检查，并应经常监视其负荷大小和发热情况。如遇大雨、洪水、地震等特殊情况及发生故障时，得临时增加巡视次数。

（2）巡视项目

电缆头及瓷套管有无破损和放电痕迹；对填充电缆胶（油）的电缆头，检查有无漏油溢胶现象；对明敷电缆，检查电缆外皮有无锈蚀、损伤，沿线支架或挂钩有无脱落，线路上及附近有无堆放易燃易爆及强腐蚀性物品；对暗敷和埋地电缆，检查沿线的盖板和其他保护设施是否完好，有无挖掘痕迹，线路标桩是否完整无缺；对电缆沟敷设电缆，检查电缆沟内有无积水或渗水现象，是否堆放杂物及易燃易爆等危险品；线路上各种接地是否良好，有无松脱、断股和腐蚀现象；其他危及电缆安全运行的异常情况。

### 4.2.3　车间内电力线路

车间配电线路，包括室内和室外配电线路，大多采用绝缘导线，但配电干线则多采用裸导线（母线），少数采用电缆。

**1．车间内电力线路的结构、敷设和运行**

1）绝缘导线

绝缘导线按芯线材质分，有铜芯和铝芯两种。重要线路及振动场所或对铝线有腐蚀的场所，均应采用铜芯绝缘导线，其他场所可选用铝芯绝缘导线。

绝缘导线按绝缘材料分，有橡皮绝缘导线和塑料绝缘导线两种。塑料绝缘导线的绝缘性能好，耐油和抗酸碱腐蚀，价格较低，且可节约大量橡胶和棉纱，因此在室内明敷和穿管敷设中应优先选用塑料绝缘导线。但是塑料绝缘材料在低温时会变硬变脆，高温时又易软化老化，因此室外敷设宜优先选用橡皮绝缘导线。

绝缘导线全型号的表示和含义如下：

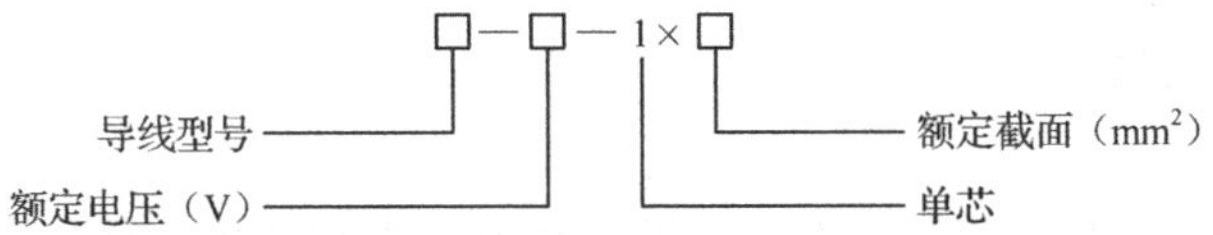


（1）橡皮绝缘导线型号含义：BX（BLX）—铜（铝）芯橡皮绝缘棉纱或其他纤维编织导线；BXR—铜芯橡皮绝缘棉纱或其他纤维编织软导线；BXS—铜芯橡皮绝缘双股软导线。

（2）聚氯乙烯绝缘导线型号含义：BV（BLV）—铜（铝）芯聚氯乙烯绝缘导线；BVV（BLVV）—铜（铝）芯聚氯乙烯绝缘聚氯乙烯护套圆型导线；BVVB（BLVVB）—铜（铝）芯聚氯乙烯绝缘聚氯乙烯护套平型导线；BVR—铜芯聚氯乙烯绝缘软导线。

2）裸母线

室内常用的裸母线为 TMY 型硬铜母线和 LMY 型硬铝母线。在干燥、无腐蚀性气体的高大厂房内，当工作电流较大时，可采用 TMY 型硬铜母线和 LMY 型硬铝母线做载流干线。按规定，裸导线 A、B、C 三相涂漆的颜色分别对应为黄、绿、红三色。

3）车间电力线路敷设的安全要求

（1）离地面 3.5m 以下的电力线路应采用绝缘导线，离地面 3.5m 以上允许采用裸导线。

（2）离地面 2m 以下的导线必须加机械保护，如穿钢管或穿硬塑料管保护。

（3）根据机械强度的要求，绝缘导线的芯线截面应不小于附表 9 所列数值。

（4）为了确保安全用电，车间内部的电气管线和配电装置与其他管线设备间的最小距离应符合要求。

（5）车间照明线路每一单相回路的电流不应超过 15A。除花灯和壁灯等线路外，一个回路灯头和插座总数不超过 25 个。当照明灯具的负载超过 30A 时，应用 380/220V 的三相四线制供电。

（6）对于工作照明回路，在一般环境的厂房内穿管配线时，一根管内导线的总根数不得超过 6 根，而有爆炸、火灾危险的厂房内不得超过 4 根。

4）车间电力线路常用的敷设方式

车间电力线路常见的几种敷设方式如图 4-15 所示。

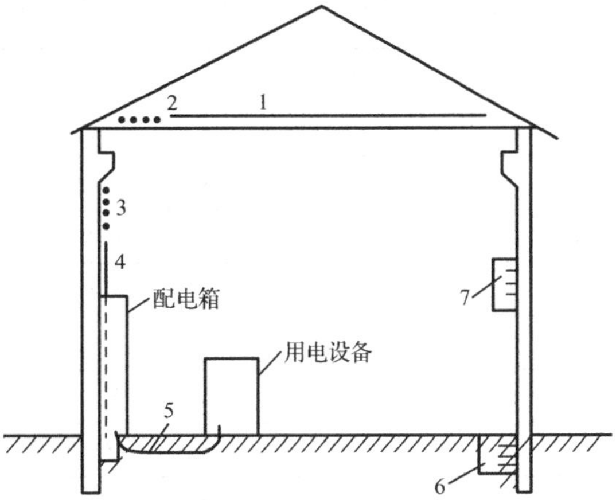


1—沿屋架横向明敷；2—跨屋架纵向明敷；3—沿墙或沿柱明敷；
4—穿管明敷；5—地下穿管暗敷；6—地沟内敷设；7—插接式母线

图 4-15　车间电力线路敷设方式示意图

5）车间电力线路的运行

（1）一般要求

要全面了解线路的布线情况、导线型号规格及配电箱和开关、保护装置的位置等，并了解车间负荷的要求、大小及车间变电所的有关情况。对车间配电线路，一般要求每周进行一次巡视检查。

（2）巡视项目

① 检查导线的发热情况。例如裸母线在正常运行时的最高允许温度一般为 70℃。如果温度过高将使母线接头处的氧化加剧，使接触电阻增大，可能导致接触不良甚至断线。通常在母线接头处涂以变色漆或示温蜡，以检查其发热情况。

② 检查线路的负荷情况。运行维护人员要经常监视线路的负荷，除从配电屏上的电流表指示了解负荷外，还可利用钳形电流表来测量线路的负荷电流。线路的负荷电流不得超过导线（或电缆）的允许载流量，否则导线要过热，对绝缘导线，过热可引发火灾。

③ 检查配电箱、分线盒、开关、熔断器、母线槽及接地保护装置等的运行情况，着重检查其接线有无松脱、螺栓是否固定、瓷瓶有无放电等现象。

④ 检查线路上及线路周围有无影响线路安全的异常情况。绝对禁止在带电的绝缘导线上悬挂物体，禁止在线路近旁堆放易燃易爆及强腐蚀性的危险品。

⑤ 对敷设在潮湿、有腐蚀性物质场所的线路，要做定期的绝缘检查，绝缘电阻一般不得小于 0.5MΩ。

### 2. 车间动力电气平面布线图

车间动力电气平面布线图是用规定的图形符号和文字符号，按照车间动力电气设备的安装位置及电气线路的敷设方式、部位和路径绘制的一种电气平面布置和布线的简图。

在平面图中，导线和设备通常采用文字和图形符号表示，导线和设备间的垂直距离和空间位置一般标注安装标高。表 4-4 为部分电力设备的文字符号。表 4-5 是部分电力设备的标注方法。表 4-6 为部分安装方式的标注代号。

**表 4-4　部分电力设备的文字符号（据 00DX001 标准图集）**

| 设备名称 | 文字符号 | 设备名称 | 文字符号 |
|---|---|---|---|
| 交流（低压）配电屏 | AA | 柴油发电机 | GD |
| 控制箱（柜） | AC | 电流表 | PA |
| 并联电容器屏 | ACC | 有功电能表 | PJ |
| 直流配电屏、直流电源柜 | AD | 无功电能表 | PJR |
| 高压开关柜 | AH | 电压表 | PV |
| 照明配电箱 | AL | 电力变压器 | T，TM |
| 动力配电箱 | AP | 空气调节器 | EV |
| 电度表箱 | AW | 插头 | XP |
| 插座箱 | AX | 插座 | XS |
| 蓄电池 | GB | 端子板 | XT |

**表 4-5　部分电力设备的标注方法**

| 设备名称 | 标注方法 | 说明 |
| --- | --- | --- |
| 用电设备 | $\frac{a}{b}$ | a—设备编号；<br>b—设备功率（kW） |
| 配电设备 | 一般：<br>$a\frac{b}{c}$<br>a-b-c<br>标注引入线时：<br>$a\frac{b-c}{d(e\times f)-g}$ | a—设备编号；<br>b—设备型号；<br>c—设备功率（kW）；<br>d—导线型号；<br>e—导线根数；<br>f—导线截面（$mm^2$）；<br>g—导线敷设方式及部位 |
| 开关及熔断器 | 一般：<br>$a\frac{b}{c/i}$<br>a-b-c/i<br>标注引入线时：<br>$a\frac{b-c/i}{d(e\times f)-g}$ | a—设备编号；<br>b—设备型号；<br>c—额定电流（A）；<br>i—整定电流（A）；<br>d—导线型号；<br>e—导线根数；<br>f—导线截面（$mm^2$）；<br>g—导线敷设方式 |

**表 4-6　线路敷设方式及导线敷设部位的标注代号**

| 序号 | 名称 | 代号 | 序号 | 名称 | 代号 |
| --- | --- | --- | --- | --- | --- |
| 1 | 线路敷设方式的标注 | | 2 | 导线敷设部位的标注 | |
| 1.1 | 穿焊接钢管敷设 | SC | 2.1 | 沿或跨梁（屋架）敷设 | AB |
| 1.2 | 穿电线管敷设 | MT | 2.2 | 暗敷在梁内 | BC |
| 1.3 | 穿硬塑料管敷设 | PC | 2.3 | 沿或跨柱敷设 | AC |
| 1.4 | 穿阻燃半硬聚氯乙烯管敷设 | FPC | 2.4 | 暗敷在柱内 | CLC |
| 1.5 | 电缆桥架敷设 | CT | 2.5 | 沿墙面敷设 | WS |
| 1.6 | 金属线槽敷设 | MR | 2.6 | 暗敷在墙内 | WC |
| 1.7 | 塑料线槽敷设 | PR | 2.7 | 沿天棚或顶板面敷设 | CE |
| 1.8 | 钢索敷设 | M | 2.8 | 暗敷在屋面或顶板内 | CC |
| 1.9 | 穿聚氯乙烯塑料波纹电线管敷设 | KPC | 2.9 | 吊顶内敷设 | SCE |
| 1.10 | 穿金属软管敷设 | CP | 2.10 | 地板或地面下 | F |
| 1.11 | 直接埋设 | DB | | | |
| 1.12 | 电缆沟敷设 | TC | | | |
| 1.13 | 混凝土排管敷设 | CE | | | |

图 4-16 是某机械加工车间（一角）的动力电气平面布线图。可看出 5#动力配电箱对 6#照明配电箱和 35#～42#机床进行配电。5#动力箱型号为 XL-21，其引入的电源线型号为 BLV-500-（3×25+1×16）SC40-F，即用的铝芯塑料绝缘导线，额定电压为 500V，三相四线制导线截面为

（3×25+1×16）$mm^2$，穿管径 40mm 的钢管沿地板暗敷。由于各配电支线的型号规格和敷设方式都相同，因此统一在图上加注说明。

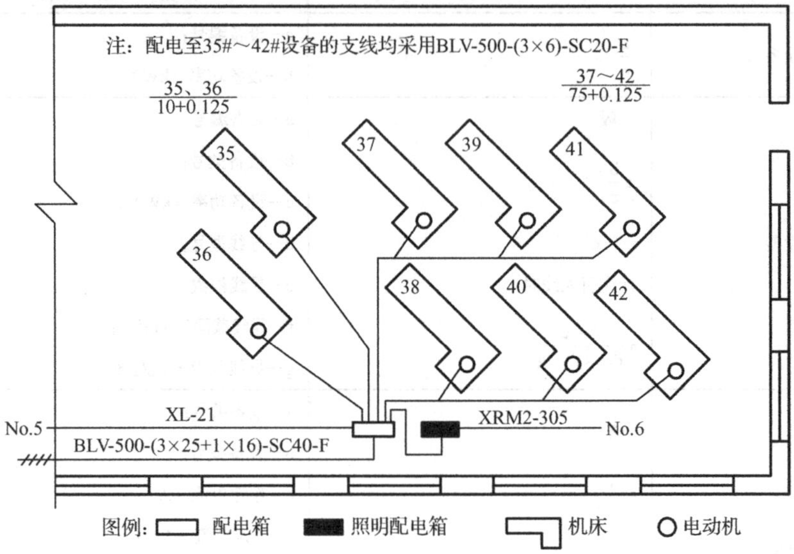


图 4-16　某机械加工车间（一角）动力电气平面布线图

# 任务 3　导线和电缆截面的选择计算

## 1．概述

导线、电缆截面的选择必须满足安全、可靠的要求：

（1）发热条件。导线和电缆在通过正常最大负荷电流即计算电流时产生的发热温度不应超过其正常运行时的最高允许温度。

（2）电压损耗条件。导线和电缆在通过正常最大负荷电流即计算电流时产生的电压损耗，不应超过其正常运行时允许的电压损耗。对于工厂内较短的高压线路，可不进行电压损耗校验。

（3）经济电流密度。35kV 及以上的高压线路及 35kV 以下的长距离、大电流线路（如较长的电源进线），其导线和电缆截面宜按经济电流密度选择，以使线路的年运行费用支出最小。按经济电流密度选择的导线（含电缆）截面，称为“经济截面”。工厂内的 10kV 及以下线路，通常不按经济电流密度选择。

（4）机械强度。导线（含裸线和绝缘导线）截面应不小于其最小允许截面，如附表 9 所列。对于电缆，不必校验其机械强度，但需校验其短路热稳定度。母线则应校验其短路的动稳定度和热稳定度。

对于绝缘导线和电缆，还应满足工作电压的要求。

根据经验，一般 10kV 及以下的高压线路和低压动力线路，通常先按发热条件来选择导线和电缆截面，再校验其电压损耗和机械强度。低压照明线路，因其对电压水平要求较高，通常先按允许电压损耗进行选择，再校验其发热条件和机械强度。对长距离大电流线路和 35kV 及以上的高压线路，则可先按经济电流密度确定经济截面，再校验其他条件。

### 2. 按发热条件选择导线和电缆的截面

1）三相系统相线截面的选择

电流通过导线要产生电能损耗，使导线发热。裸导线温度过高，会使其接头处氧化加剧，接触电阻增大，接头处温度更升高，氧化更加剧，最终可发展到烧断。绝缘导线和电缆温度过高时，可使其绝缘加速老化甚至烧毁，或引发火灾事故。因此，导线的正常发热温度一般不得超过最高允许温度。

按发热条件选择三相系统中的相线截面积时，应使其允许载流量 $I_{al}$ 不小于通过相线的计算电流 $I_{30}$，即

$$I_{al} \geqslant I_{30} \tag{4-1}$$

导线的允许载流量，是在规定的环境温度下，导线能够连续承受而不致使其稳定温度超过允许值的最大电流。如果导线敷设地点的环境温度与导线允许载流量所采取的环境温度不同，则导线的允许载流量应乘以以下温度校正系数：

$$K_{\theta} = \sqrt{\frac{\theta_{al} - \theta_0'}{\theta_{al} - \theta_0}} \tag{4-2}$$

式中，$\theta_{al}$ 为导线额定负荷时的最高允许温度；$\theta_0$ 为导线的允许载流量所采用的环境温度；$\theta_0'$ 为导线敷设地点实际的环境温度。

2）中性线和保护线截面的选择

（1）中性线（N 线）截面的选择

三相四线制中的 N 线，要通过不平衡电流或零序电流，因此 N 线的允许载流量应不小于三相系统中的最大不平衡电流，同时应考虑谐波电流的影响。

一般负荷比较平衡的三相四线制的中性线截面积 $A_0$ 应不小于相线截面积 $A_{\varphi}$ 的 50%，即

$$A_0 \geqslant 0.5\,A_{\varphi} \tag{4-3}$$

在三相四线制线路分支的两相三线线路和单相线路中，由于其中性线电流与相线电流相等，因此其中性线截面积 $A_0$ 应与相线截面积 $A_{\varphi}$ 相同，即

$$A_0 = A_{\varphi} \tag{4-4}$$

对于三次谐波电流相当突出的三相四线制线路，由于各相三次谐波电流都要通过中性线，使得中性线电流可能接近甚至超过相电流，因此中性线截面积 $A_0$ 不宜小于相线截面积 $A_{\varphi}$，即

$$A_0 \geqslant A_{\varphi} \tag{4-5}$$

（2）保护线（PE 线）截面的选择

保护线要考虑三相系统发生单相短路故障时单相短路电流通过时的短路热稳定度。保护线截面一般不小于相线截面的一半，具体选择如下：

① 当 $A_{\varphi} \leqslant 16\text{mm}^2$ 时：　$A_{PE} \geqslant A_{\varphi}$。　（4-6）

② 当 $16\text{mm}^2 < A_{\varphi} \leqslant 35\text{mm}^2$ 时：$A_{PE} \geqslant 16\text{mm}^2$。　（4-7）

③ 当 $A_{\varphi} > 35\text{mm}^2$ 时：$A_{PE} \geqslant 0.5A_{\varphi}$。　（4-8）

（3）保护中性线（PEN 线）截面的选择

保护中性线兼有保护线和中性线的双重功能，因此保护中性线截面选择应同时满足保护线和中性线的要求，取其中的最大截面。

**例 4-1**　有一条采用 BV-500 型铜芯塑料线穿硬塑料管（PC）暗敷的 220/380 V TN-S 线路，

其计算电流为140A，当地最热月平均气温为+30℃。试按发热条件选择此线路的导线截面积。

**解**：（1）相线截面积的选择。查附表8得30℃时5根BV-500型铜芯塑料线穿PC管，导线截面积为95mm²时的$I_{al}$=168A>$I_{30}$=140A。因此，按发热条件，相线截面积选为95mm²，穿线的配管内径选为75mm。

（2）N线截面积的选择。按$A_0 \geq 0.5A_{\varphi}$选择，N线截面积选为35mm²。

（3）PE线截面积的选择。按$A_{PE} \geq 0.5A_{\varphi}$选择，PE线截面积也选为35mm²。

选择结果可表示为

BV-500-（3×95+1×35+PE35）-PC75

### 3．按经济电流密度选择导线截面和电缆的截面

根据经济条件选择导线（或电缆）截面，应从两方面考虑：截面选大了，电能损耗会小，但线路初投资及维修管理费用就要高；截面选小了，线路初投资及维修管理费用小了，但电能损耗会增加。综合考虑这两方面的因素，得出的较为经济的截面，称为经济截面，用符号$A_{ec}$表示。

经济截面计算公式如下：

$$A_{ec}=\frac{I_{30}}{j_{ec}} \tag{4-9}$$

式中，$I_{30}$为线路的计算电流；$j_{ec}$为经济电流密度。

各国根据具体国情特别是其有色金属资源的情况，规定了导线和电缆的经济电流密度。我国现行的经济电流密度规定如表4-7所示。

**表4-7　导线和电缆的经济电流密度**　（单位：A/mm²）

| 线路类别 | 导线材质 | 年最大负荷利用时间（h） | | |
|---|---|---|---|---|
| | | 3000h以下 | 3000～5000h | 5000h以上 |
| 架空线路 | 铜 | 3.00 | 2.25 | 1.75 |
| | 铝 | 1.65 | 1.15 | 0.90 |
| 电缆线路 | 铜 | 2.50 | 2.25 | 2.00 |
| | 铝 | 1.92 | 1.73 | 1.54 |

**例4-2**　有一条采用LJ型铝绞线架设长3km的35kV架空线路供电给某厂，其计算负荷为5000kW，$\cos\varphi$=0.8，$T_{max}$=4500h。试选择该钢芯铝绞线的额定截面。

**解**：（1）选择经济截面：$I_{30}=\dfrac{P_{30}}{\sqrt{3}U_N\cos\varphi}=\dfrac{5000}{\sqrt{3}\times 35\times 0.8}=103.1\text{A}$

$$A_{ec}=\frac{103.1}{1.15}=89.7\text{mm}^2$$

初选标准截面95mm²，即选LJ-95型钢芯铝线。

（2）校验发热条件：查附表7中LJ-95的允许载流量（户外25℃时），$I_{al}$=325A>$I_{30}$=103.1A，因此满足发热条件。

（3）校验机械强度：查附表9得35kV架空铝绞线最小截面$A_{min}$=35mm²，因此LJ-95完全满足机械强度要求。

### 4．线路电压损耗的计算

由于线路存在着阻抗，所以线路通过负荷电流时要产生电压损耗。一般线路的允许电压损

耗不超过 5%（对线路额定电压）。如果线路的电压损耗超过了允许值，则应适当加大导线截面，使之满足允许电压损耗的要求。

1）集中负荷的三相线路电压损耗的计算

如图 4-17 所示为带两个集中负荷的三相线路。线路图中以 $P_1$、$Q_1$、$P_2$、$Q_2$ 分别表示各段线路的有功功率和无功功率，以 $p_1$、$q_1$、$p_2$、$q_2$ 分别表示各个负荷的有功功率和无功功率，$l_1$、$r_1$、$x_1$、$l_2$、$r_2$、$x_2$ 分别表示各段线路的长度、每相电阻和电抗，$L_1$、$R_1$、$X_1$、$L_2$、$R_2$、$X_2$ 分别表示线路首端至各负荷点的长度、每相电阻和电抗。

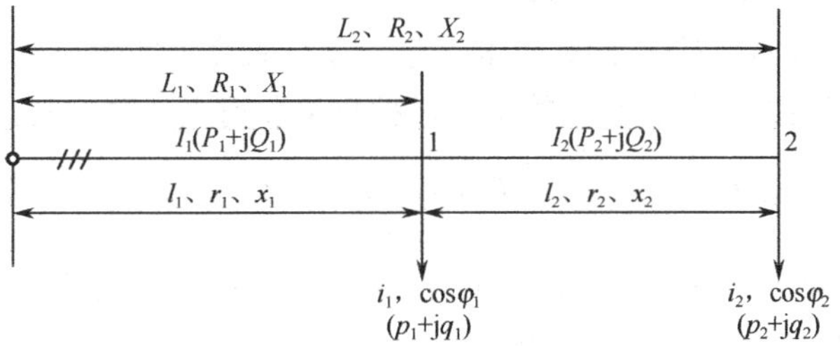


图 4-17　带有两个集中负荷的三相线路单线电路图

线路总的电压损耗计算公式：

$$\Delta U=\frac{p_1R_1+q_1X_1+p_2R_2+q_2X_2}{U_N}=\frac{\sum(pR+qX)}{U_N}=\frac{\sum(Pr+Qx)}{U_N} \tag{4-10}$$

对于“无感”线路，即线路感抗可略去不计或线路负荷的 $\cos\varphi\approx1$，其电压损耗为

$$\Delta U=\frac{\sum(pR)}{U_N}=\frac{\sum(Pr)}{U_N} \tag{4-11}$$

对于“均一无感”线路，即全线的导线型号规格一致，且可不计感抗或负荷的 $\cos\varphi\approx1$ 的线路，则其电压损耗为

$$\Delta U=\frac{\sum(pL)}{\gamma AU_N}=\frac{\sum(Pl)}{\gamma AU_N}=\frac{\sum M}{\gamma AU_N} \tag{4-12}$$

式中，$\gamma$ 为导线的电导率；$A$ 为导线的截面；$\sum M$ 为线路的所有功率矩之和；$U_N$ 为线路的额定电压。

线路电压损耗的百分值为

$$\Delta U\%=\frac{\Delta U}{U_N}\times100 \tag{4-13}$$

“均一无感”的三相线路电压损耗百分值为

$$\Delta U\%=\frac{100\sum M}{\gamma AU_N^2}=\frac{\sum M}{CA} \tag{4-14}$$

式中，$C$ 为计算系数，如表 4-8 所示。

表 4-8　计算系数 C 值

| 线路类别 | 线路额定电压（V） | C 的计算式 | 计算系数 C（kW·m·mm$^{-2}$） | |
|---|---|---|---|---|
| | | | 铜导线 | 铝导线 |
| 三相四线或三相三线 | 220/380 | $\gamma U_N^2/100$ | 76.5 | 46.2 |
| 两相三线 | | $\gamma U_N^2/225$ | 34 | 20.5 |

续表

| 线路类别 | 线路额定电压（V） | C 的计算式 | 计算系数 C（kW·m·mm$^{-2}$） | |
|---|---|---|---|---|
| | | | 铜导线 | 铝导线 |
| 单相及直流 | 220 | $\gamma U_N^2/200$ | 12.8 | 7.74 |
| | 110 | | 3.21 | 1.94 |

注：表中 C 值是导线工作温度为 50℃、功率矩 M 的单位为 kW·m、导线截面 A 的单位为 mm$^2$ 时的数值。

2）均匀分布负荷的三相线路电压损耗计算

设线路有一段均匀分布负荷，如图 4-18 所示。单位长度上的负荷电流为 $i_0$，在计算其电压损耗时，可将分布负荷集中于分布线段的中点，按集中负荷来计算。其计算公式如下：

$$\Delta U=\sqrt{3}i_0R_0L_2\left(L_1+\frac{L_2}{2}\right)=\sqrt{3}IR_0\left(L_1+\frac{L_2}{2}\right) \tag{4-15}$$

式中，$I=i_0L_2$ 为与均匀分布负荷等效的集中负荷；$R_0$ 为导线单位长度的电阻值，单位为 Ω/km；$L_2$ 为均匀分布负荷线路的长度，单位为 km。

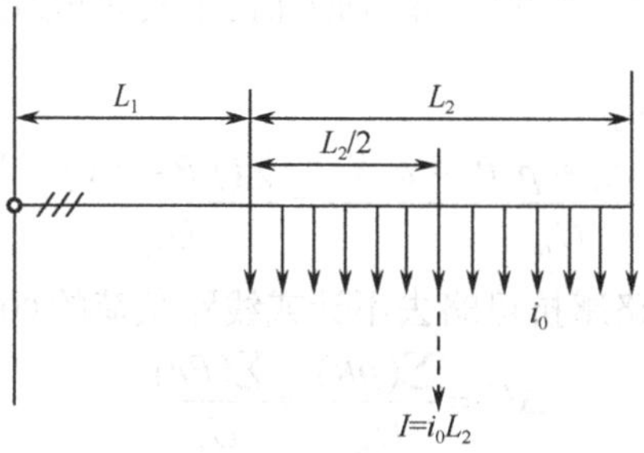


图 4-18　一段均匀分布负荷线路的电压损耗计算

**例 4-3**　试校验例 4-2 所选 LJ-95 型铝绞线是否满足允许电压损耗 5%的要求，已知该线路导线为三角形排列，线距为 0.6m。

**解**：已知 $P_{30}$=5000kW，$\cos\varphi$=0.8，$\tan\varphi$=0.75，$Q_{30}=P_{30}\tan\varphi$=3750kvar。

查附表 10 得：$R_0$=0.36Ω/km，$X_0$=0.31Ω/km。

得到线路的电压损耗为

$$\Delta U=\frac{\sum(pR+qX)}{U_N}=\frac{5000\times0.36\times3+3750\times0.31\times3}{35}=254\text{V}$$

$$\Delta U\%=\frac{\Delta U}{U_N}\times100=\frac{254}{35000}\times100=0.73<5$$

因此，所选 LJ-95 型铝绞线满足电压损耗的要求。

**例 4-4**　某 220/380V 的 TN-C 线路，如图 4-19（a）所示。线路拟采用 BV-500 型铜芯塑料绝缘线明敷，环境温度为 30℃，允许电压损耗为 5%。试选择该线路的导线截面。

**解**：（1）线路的等效变换。将图 4-19（a）所示带均匀分布负荷的线路，等效变换为图 4-19（b）所示集中负荷的线路。

原集中负荷 $p_1=20\text{kW},\cos\varphi_1=0.8$，则 $\tan\varphi_1=0.75$，$q_1=20\times0.75=15\text{kvar}$。

原分布负荷变换为集中负荷：$p_2=0.5\times70=35\text{kW}$，$\cos\varphi_2=0.707$，则 $\tan\varphi_2=1$，$q_2=35\times1=35\text{kvar}$。

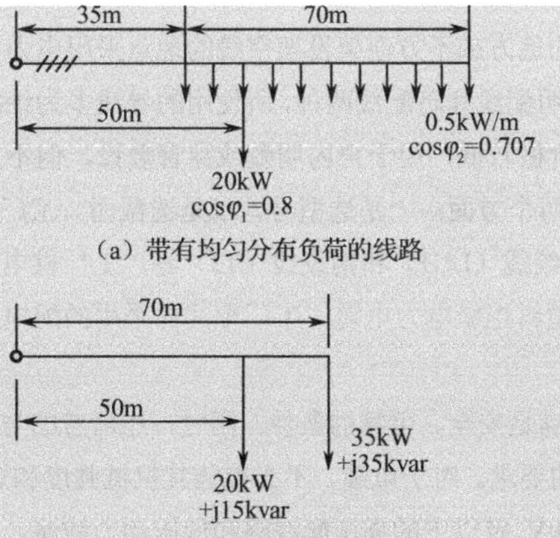


（a）带有均匀分布负荷的线路

（b）等效为集中负荷的线路

图 4-19　例 4-4 的线路

（2）按发热条件选择导线截面。线路中的最大负荷（计算负荷）为

$$P_{30}=p_1+p_2=20+35=55\text{kW}$$

$$Q_{30}=q_1+q_2=15+35=50\text{kvar}$$

$$S_{30}=\sqrt{P_{30}^2+Q_{30}^2}=\sqrt{55^2+50^2}=74.3\text{kVA}$$

$$I_{30}=\frac{S_{30}}{\sqrt{3}U_{\text{N}}}=\frac{74.3}{\sqrt{3}\times 0.38}=123\text{A}$$

查附表 8，得 BV-500 型导线 $A$=25mm$^2$ 在 30℃明敷时的 $I_{\text{al}}=126\text{A}>I=123\text{A}$。因此可选 3 根 BV-500-3×25 导线做相线，另选 1 根 BX-500-1×16 导线做 PEN 线。

（3）校验机械强度。查附表 9，按明敷在户外绝缘支持件上，且支持件间距为最大时，铜芯线的最小截面为 6mm$^2$，因此以上所选 BV-500-3×25+1×16 导线完全满足机械强度要求。

（4）校验电压损耗。查附表 10 可知，BV-500-1×25 型导线的电阻（工作温度按 65℃计）$R_0=0.88\Omega/\text{km}$，电抗（线距按 150mm 计）$X_0=0.277\Omega/\text{km}$。因此线路的电压损耗为

$$\Delta U=[(p_1L_1+p_2L_2)R_0+(q_1L_1+q_2L_2)X_0]/U_{\text{N}}$$

$$=\frac{(20\times 0.05+35\times 0.07)\times 0.88+(15\times 0.05+35\times 0.07)\times 0.277}{0.38}=10.3\text{V}$$

$$\Delta U\%=\frac{\Delta U}{U_{\text{N}}}\times 100=\frac{10.3}{380}\times 100=2.72<5$$

因此所选 BX-500-1×25 型铜芯橡皮绝缘线也满足允许电压损耗要求。

# 项目小结

高、低压电力线路的基本接线方式有三种类型：放射式、树干式及环形。放射式接线简捷，操作维护方便，保护简单，但开关设备用得多，投资高，线路故障时，停电范围大；树干式接线方式高压开关设备用得少，配电干线少，可以节约有色金属，但供电可靠性差，干线故障或检修将引起干线上的全部用户停电；环形供电方式接线运行灵活，供电可靠性高。

工厂户外的电力线路多采用架空线路。这种供电线路投资费用低，施工容易，故障易查找，便于检修，但可靠性差，受外界环境的影响大，需要足够的线路走廊，有碍观瞻。

电力电缆受外界因素影响小，供电可靠性高，不占路面，发生事故不易影响人身安全，但成本高，查找故

障困难。一般在建筑或人口稠密的地方或不方便架设架空线的地点采用电力电缆。

车间配电线路的敷设方式有明配线和暗配线两种，所使用的导线多为绝缘线和电缆，也可用母排或裸导线。塑料绝缘导线绝缘性能良好，且价格较低，用于户内明敷或穿管敷设，但不宜在户外使用。

导线、电缆选择的内容包括两个方面：一是选型号，二是选截面。工厂户外架空线路一般采用裸导线，其常用型号有铝绞线（LJ）、钢芯铝绞线（LGJ）和铜绞线（TJ）等。工厂供电系统中常用电力电缆型号主要有油浸纸绝缘铝包或铅包电力电缆和塑料绝缘电力电缆。工厂车间内采用的配电线路有塑料绝缘和橡皮绝缘导线两大类。

导线、电缆截面的选择必须满足安全、可靠的条件。同时，还需考虑与保护装置相配合的问题。对于绝缘导线和电缆，还应满足工作电压的要求。对于电缆，不必校验其机械强度和短路动稳定度。对于母线，短路动、热稳定度都需考虑。对（6～10）kV 及以下的高压配线路和低压动力线路，先按发热条件选择导线截面，再校验电压损耗和机械强度。对 35kV 及以上的高压输电线路和（6～10）kV 长距离、大电流线路，则先按经济电流密度选择导线截面，再校验发热条件、电压损耗和机械强度。对低压照明线路，先按电压损耗选择导线截面，再校验发热条件和机械强度。

## 思考与练习

### 一、思考题

（1）试比较放射式接线和树干式接线的优缺点及适用范围。

（2）试比较架空线路和电缆线路的优缺点及适用范围。

（3）导线和电缆截面积的选择必须满足那些条件？

（4）电力线路（包括架空线路和电缆线路）的日常巡视主要应注意哪些问题？

（5）什么是动力电气平面布线图？

### 二、练习题

1. 填空题

（1）架空线路由________、________和________等元件组成。在________及以上的架空线路上，还应装设避雷线，以保护全部线路。在________的线路在靠近变电所（1～2）km 的范围内应装设避雷线，作为变电所的防雷措施。

（2）工厂的高压线路有__________、和__________等基本接线方式。交流三相系统中导线的相序分别用________、________、________分别表示 A、B、C 三相。PE 线要采用________线。N 线、PEN 线要采用________线。

（3）根据设计经验，在选择导线和电缆截面时，一般 10kV 及以下的高压线路和低压动力线路，优先按________选择；低压照明线路，优先按________进行选择；35kV 及以上的高压线路及 35kV 以下长距离大电流线路，可先按________选择。

2. 判断题

（1）架空线路中的导线，一般不采用裸导线。（　　）

（2）10kV 以下的配电线路，除了雷电活动强烈的地区，一般不需要装设避雷线。（　　）

（3）一般情况低压线路每季度巡视一次。（　　）

3. 选择题

（1）合理选择导线和电缆截面在技术上和经济上都是必要的，导线截面选择过小则会出现（　　）。

A. 有色金属的消耗量增加

B. 初始投资显著增加

C. 电能损耗降低

D. 运行费用电压电能损耗大，难以保证供电质量

（2）架空线路的排列相序应符合（　　）规定。

A. 面向负荷从左至右为 N、A、B、C

B. 面向负荷从左至右为 A、N、B、C

C. 面向负荷从左至右为 A、B、N、C

D. 面向负荷从左至右为 A、B、C、N

（3）五芯电缆用于（　　）的电路。

A. 高压三相系统　　B. 工作电流较大

C. 低压 TN-C 系统　　D. 低压 TN-S 系统

4. 计算题

（1）有一条采用 BLX-500 型铝芯橡皮线明敷的 220/380V 的 TN-S 线路，计算电流为 57A，敷设地点的环境温度为+35℃。试按发热条件选择此线路的导线截面。

（2）某 35kV 变电所经 20km 的 LJ 型铝绞线架空线路向用户供电，计算负荷为 3000kW，$\cos\varphi$=0.8，年最大负荷利用小时为 5400h，试选择其经济截面。

（3）有一 380V 的 TN-C 线路，供电给 12 台 7.5kW，$\cos\varphi$=0.85，$\eta$=0.87 的 Y 型电动机，各电动机之间均匀间距 2m，全长 40m，环境温度为 30℃。请按发热条件选择此明敷的 BV-500 型导线截面，并校验其机械强度，计算其电压损耗（建议 $K_{\Sigma}$=0.75）。

# 项目五　供配电系统的保护

## 学习目标

（1）掌握继电保护装置的要求、种类；

（2）了解熔断器保护和低压断路器保护的方法；

（3）了解高压线路和变压器的常用保护；

（4）了解电气设备的防雷与接地。

## 项目任务

### 1．项目描述

供配电系统在正常运行中，难免会出现一些问题。当供电系统或用电设备出现不正常工作状态时，应有相应装置及时发出信号通知值班人员，消除不正常状态。当供电系统发生故障时，必须有相应保护装置尽快将故障设备切除脱离电源，以防事故扩大。本项目内容是保证供电系统安全可靠运行的基本技术。

### 2．工作任务

根据项目，通过查询有关信息和学习相关知识，完成以下工作任务：

（1）熟悉各种保护装置和设备；

（2）会进行熔断器保护和低压断路器保护；

（3）会对保护装置的动作电流、动作时限进行选择计算。

### 3．项目实施方案

本项目总体实施方案如图本项目总体实施方案如图 5-1 所示。

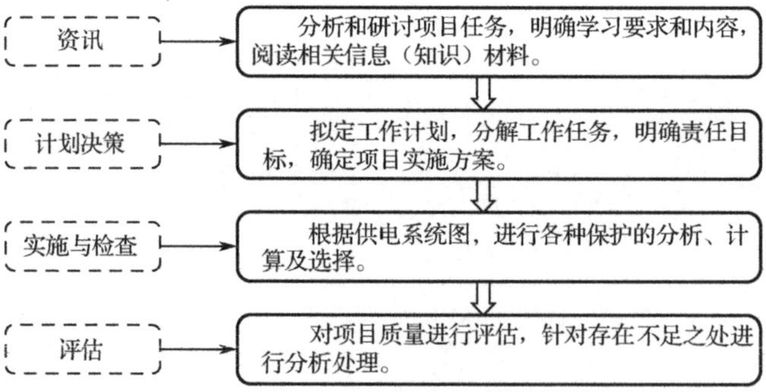


图 5-1　供配电系统的保护

# 任务 1　过电流保护认知

## 5.1.1　过电流保护装置的类型和任务

为保证供配电系统的安全运行，避免过负荷和短路（过电流）对系统的影响，因此在供配电系统中装有各种过电流保护装置。

（1）熔断器保护：适用于高低压供配电系统。装置简单经济，在供配电系统中应用广泛。但其断流能力较小，选择性差，熔体熔断后更换不方便，不能迅速恢复供电，在要求供电可靠性较高的场所不宜采用熔断器保护。

（2）低压断路器保护：又称低压自动开关保护。低压断路器相当于刀开关、熔断器、热继电器和欠压继电器的组合。正常情况下用于完成不频繁接通和分断电路。当电路中发生短路、过载及欠压等故障时，能自动切断故障电路，保护用电设备的安全。低压断路器具有操作安全、安装简单、使用方便、工作性能可靠、分断能力较高、保护电路时，动作后不需要更换元件等优点。适用于要求供电可靠性较高和操作灵活方便的低压供配电系统中。

（3）继电保护：适用于要求供电可靠性高的高压供配电系统中。继电保护装置就是在供配电系统中用来对一次系统进行监视、测量、控制和保护，由继电器来组成的一套专门的自动装置。在供电系统中运行正常时，它应能完整地、安全地监视各种设备的运行状况，为值班人员提供可靠的运行依据；如供配电系统中发生故障时，它应能自动地、迅速地、有选择性地切除故障部分，保证非故障部分继续运行；当供配电系统中出现异常运行工作状况时，它应能及时地、准确地发出信号或警报，通知值班人员尽快做出处理。

继电保护装置应有主保护、后备保护，必要时可增设辅助保护。为满足系统稳定和设备的要求，能以最快速度有选择地切除被保护设备和线路故障的保护，就称为主保护；当主保护或断路器拒动时，用来切除故障的保护，就称为后备保护。当主保护或断路器拒动时，由相邻设备或线路的保护来实现的后备称为远后备保护；由本级电气设备或线路的另一套保护实现后备的保护，就叫近后备保护；为补充主保护和后备保护的性能或当主保护和后备保护退出运行而增设的简单保护，称为辅助保护。

### 5.1.2　对保护装置的基本要求

（1）选择性。当供配电系统发生故障时，离故障点最近的保护装置应先动作，切除故障，而供配电系统的其他部分则仍然正常运行。满足这一要求的动作称为“选择性动作”。如果供配电系统发生故障时，靠近故障点的保护装置不动作（拒动），而离故障点远的前一级保护装置动作（越级动作），就称为“失去选择性”。如图 5-2 所示，k 点故障，$QF_2$ 应动作，切除事故，而 $QF_1$ 不应动作，以免事故扩大，只有当 $QF_2$ 拒绝动作，$QF_1$ 才能启动，切除事故。

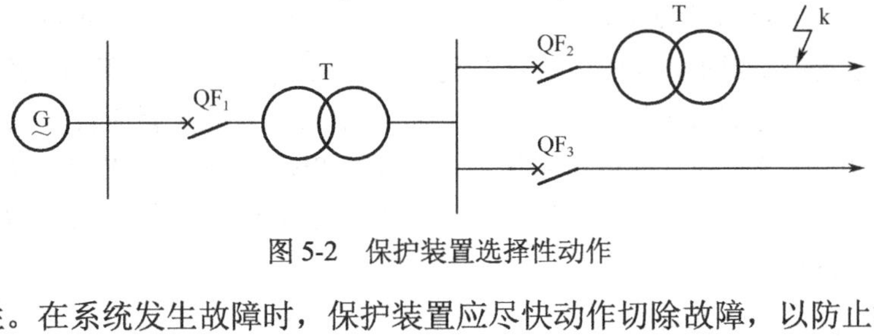


图 5-2　保护装置选择性动作

（2）速动性。在系统发生故障时，保护装置应尽快动作切除故障，以防止故障扩大，减轻其危害程度，并提高电力系统运行的稳定性。

（3）可靠性。保护装置在应该动作时，就应该动作，不应该拒动；而不应该动作时，就不应该误动。保护装置的可靠程度，与保护装置的元件质量、接线、安装、整定和运行维护等多种因素有关。

（4）灵敏度。灵敏度或灵敏系数是表征保护装置对其保护区内故障和不正常工作状态反应能力的一个参数。如果保护装置对其保护区内极轻微的故障都能及时地反应动作，就说明保护

装置的灵敏度高。过电流保护的灵敏系数表示为

$$S_p = \frac{I_{k.min}}{I_{op.1}} \tag{5-1}$$

式中，$I_{k.min}$ 为系统最小运行方式（指电力系统处于短路回路阻抗为最大、短路电流为最小的状态的一种运行方式）时保护区末端的最小短路电流；$I_{op.1}$ 为继电保护装置动作电流换算到一次电路的动作电流。

供配电系统对常用继电保护装置的灵敏度都有一个最小值的规定，如表 5-1 所示。

**表 5-1　继电保护装置灵敏度**

| 被保护的电气设备 | 继电保护装置类型 | 最低灵敏度 $S_p$ |
|---|---|---|
| 变压器、线路等所有电气设备 | 过电流保护 | 5（如满足此要求使保护复杂，灵敏度可降为 1.25） |
| | 电流速断保护 | 2.0 |
| | 后备保护 | 1.2 |
| 变压器 | 纵联差动保护 | 2.0 |
| （3～10）kV 电缆线路 | 中性点不直接接地电力网中的零序电流保护 | 1.25 |
| （3～10）kV 架空线路 | | 1.50 |

以上对保护装置的四项基本要求，对一个具体的保护装置来说，不一定同等重要，往往有所侧重。例如对电力变压器，由于它是供电系统中最关键的设备，因此对其保护装置的灵敏度要求较高；而对一般电力线路的保护装置，灵敏度要求可低一些，但对其选择性要求较高。又例如，在无法兼顾保护选择性和速动性的情况下，为了快速切除故障，以保证某些关键设备，或者为了尽快恢复系统的正常运行，有时甚至牺牲选择性来保证速动性。

# 任务 2　熔断器保护和低压断路器保护

## 5.2.1　熔断器保护

在供配电系统中，对容量较小且不太重要的负荷，广泛使用高压熔断器作为输配电线路及电力变压器的过载及短路保护。低压熔断器广泛应用于在低压 500V 以下的电路中，作为电力线路、电机等其他电器的过载及短路保护。熔断器在供电系统中的配置应符合选择性的原则，配置的数量应尽量少。必须注意：在低压系统中，不许在 PE（保护线）或 PEN（零线）上装设熔断器，以免熔断器熔断而使零线断开，如这时保护接零的设备外壳带电，那对人是十分危险的。

### 1．熔断器的选择

选择熔断器时应满足下列条件：

（1）熔断器的额定电压应不低于线路的额定电压。

（2）熔断器的额定电流应不小于它所装熔体的额定电流。

（3）熔断器的类型应符合安装条件（户内或户外）及被保护设备对保护的技术要求。

（4）熔断器必须进行断流能力的校验。由于限流式熔断器能在短路电流达到冲击值之前完全熔断并熄灭电流，切除短路故障，而非限流式不能，因此校验公式为

$$\left.\begin{aligned}&\text{限流式：} I_{oc} \geqslant I''^{(3)}\\&\text{非限流式：} I_{oc} \geqslant I_{sh}^{(3)}\end{aligned}\right\}\qquad(5\text{-}2)$$

式中，$I_{oc}$为熔断器的最大分断电流；$I''^{(3)}$为熔断器安装地点的三相次暂态短路电流有效值；$I_{sh}^{(3)}$为熔断器安装地点的三相短路冲击电流有效值。

**2．熔断器熔体电流的选择**

1）保护电力线路的熔断器熔体电流的选择

（1）熔体额定电流$I_{N.FE}$应不小于线路的计算电流$I_{30}$。

（2）熔体额定电流$I_{N.FE}$还应躲过线路的尖峰电流$I_{pk}$，以使熔体在线路上出现正常的尖峰电流时也不致熔断。

（3）熔断器保护还应与被保护的线路相配合，使之不致发生因过负荷和短路引起绝缘导线或电缆过热起燃而熔体不熔断的事故。公式表示如下：

$$\left.\begin{aligned}&I_{N.FE} \geqslant I_{30}\\&I_{N.FE} \geqslant KI_{pk}\\&I_{N.FE} \leqslant K_{OL}I_{al}\end{aligned}\right\}\qquad(5\text{-}3)$$

式中，$K$为小于1的计算系数；$I_{al}$为绝缘导线和电缆的允许载流量；$K_{OL}$为绝缘导线和电缆的允许短时过负荷倍数。

**注意：**对保护单台电动机的线路熔断器，启动时间在3s以下（轻载启动），$K$=0.25～0.35；启动时间在3～8s（重载启动），$K$=0.35～0.5；启动时间超过8s或频繁启动、反接制动，$K$=0.5～0.8。对保护多台电动机的线路熔断器来说，取$K$=0.5～1；如果线路尖峰电流与计算电流的比值接近1，则可取$K$=1。

如果熔断器只做短路保护，对电缆和穿管绝缘导线，取$K_{OL}$=2.5；对明敷绝缘导线，取$K_{OL}$=1.5。如果熔断器不只做短路保护，还做过负荷保护时，则应取$K_{OL}$=1；当$I_{N.FE} \leqslant 25$A时，则取$K_{OL}$=0.85。对有爆炸性气体和粉尘的区域内的线路，应取$K_{OL}$=0.8。

2）保护电力变压器的熔断器熔体电流的选择

保护电力变压器的熔断器熔体电流，根据经验，应满足下式要求：

$$I_{N.FE} = (1.5\sim2.0)I_{1N.T}\qquad(5\text{-}4)$$

式中，$I_{1N.T}$为变压器的额定一次电流。

3）保护电压互感器的熔断器熔体电流的选择

由于电压互感器二次侧的负荷很小，因此保护电压互感器的RN2型熔断器熔体额定电流一般为0.5A。

**3．前后熔断器之间的选择性配合**

如图5-3（a）所示线路中，设支线$WL_2$的首端k点发生三相短路，则三相短路电流$I_k$要通过$FU_2$和$FU_1$。但保护选择性要求，应该是$FU_2$的熔体首先熔断，切断故障线路$WL_2$，而$FU_1$不再熔断，使干线$WL_1$恢复正常运行。但是熔体实际熔断时间与其产品的标准特性曲线查得的熔断时间可能有±30%～±50%的偏差，从最不利的情况考虑，k点短路时，$FU_1$的实际熔断时间$t_1'$比标准特性曲线查得的时间$t_1$小50%（为负偏差），即$t_1'=0.5t_1$；而$FU_2$的实际熔断时间$t_2'$又比标准特性曲线查得的时间$t_2$大50%（为正偏差），即$t_2'=1.5t_2$。这时由图5-3所示熔断器保护特性曲线可以看出，要保证前后两熔断器$FU_1$和$FU_2$的保护选择性，必须满足的条件是$t_1'>t_2'$，即$0.5t_1>1.5t_2$，即要求：

$$t_1 > 3t_2 \tag{5-5}$$

如果不能满足上述公式要求时，则应将前一熔断器的熔体额定电流提高1～2级，再进行校验。

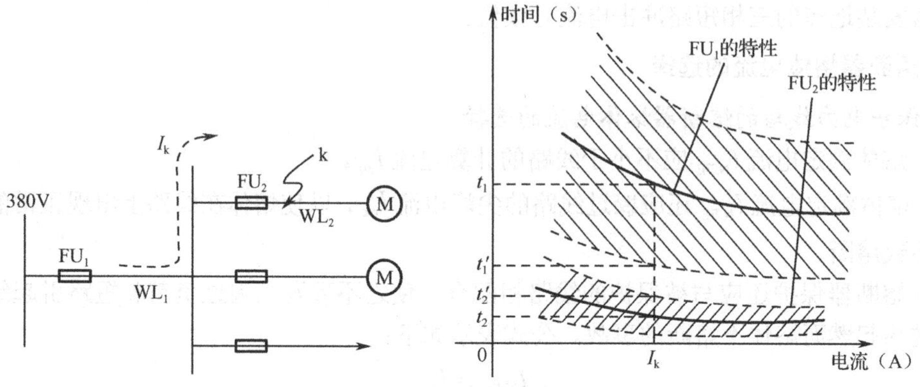


（a）熔断器在低压配电线路中的配置

（b）熔断器按保护特性曲线进行选择性校验（斜线区表示特性曲线的偏差范围）

图5-3　熔断器保护

**例5-1**　有一台Y型电动机，其额定电压为380V，额定容量为15kW，额定电流为29A，启动电流倍数为7。现拟采用BV型导线穿焊接钢管敷设。该电动机采用RT0型熔断器做短路保护，短路电流$I_k^{(3)}$最大可达10kA。当地环境温度为30℃。试选择熔断器及其熔体的额定电流，并选择导线截面和钢管直径。

**解**：（1）选择熔断器及熔体的额定电流

$$I_{N.FE} \geqslant I_{30} = 29A \quad 且\ I_{N.FE} \geqslant KI_{pk} = 0.3 \times 29 \times 7 = 60.9A$$

因此由附表11，可选RT0-100型熔断器，即$I_{N.FU} = 100$ A，而熔体选$I_{N.FE} = 80$ A。

（2）校验熔断器的断流能力

查附表11，得RT0-100型熔断器$I_{oc} = 50kA > I''^{(3)} = I_k^{(3)} = 10kA$，其断流能力满足要求。

（3）选择导线截面和钢管直径

按发热条件选择，查附表8，当$A$=6mm$^2$的BV型铜芯塑料线三根穿钢管时$I_{al(30℃)} = 35A > I_{30} = 29A$，满足发热条件。相应地选择穿线钢管SC15mm。

校验导线机械强度，查附表9可知，穿管铜芯线的最小截面为1mm$^2$。现$A$=6mm$^2$，故满足机械强度要求。

（4）校验导线与熔断器保护的配合

假设熔断器只做短路保护用，因此导线与熔断器保护的配合条件为$I_{N.FE} \leqslant 2.5I_{al}$。现$I_{N.FE} = 80A < 2.5 \times 37A = 92.5A$，故满足熔断器保护与导线的配合要求。

### 5.2.2　低压断路器保护

在低压供配电系统中，低压断路器常用做线路短路、过负荷和失压保护。低压断路器在低压配电系统中的配置，常用的有单独接低压断路器、低压断路器与熔断器配合或低压断路器—刀开关的配合使用。低压断路器与接触器的配合，常用于频繁操作的低压电路中，低压断路器做电源开关和短路保护。

### 1．低压断路器的选择

选择低压断路器时应满足下列条件：

（1）低压断路器的额定电压应不低于保护线路的额定电压。

（2）低压断路器的额定电流应不小于它所装设的脱扣器的额定电流。

（3）低压断路器的类型应符合安装条件、保护性能及操作方式的要求。

（4）低压断路器还必须进行断流能力的校验：

$$\left.\begin{array}{l}\text{对动作时间在0.02s以上的DW型断路器：} I_{oc} \geqslant I_k^{(3)} \\ \text{对动作时间在0.02s及以下的DZ型断路器：} I_{oc} \geqslant I_{sh}^{(3)}\end{array}\right\} \tag{5-6}$$

式中，$I_{oc}$为熔断器的最大分断电流；$I_k^{(3)}$为熔断器安装地点的三相次暂态短路电流有效值；$I_{sh}^{(3)}$为熔断器安装地点的三相短路冲击电流有效值。

### 2．低压断路器脱扣器的选择和整定

1）低压断路器过电流脱扣器额定电流的选择

$$I_{N.OR} \geqslant I_{30} \tag{5-7}$$

2）低压断路器过电流脱扣器动作电流的整定

（1）瞬时过电流脱扣器动作电流的整定

$$I_{op(0)} \geqslant K_{rel} I_{pk} \tag{5-8}$$

式中，$K_{rel}$为可靠系数。对动作时间在 0.02s 以上的 DW 断路器，可取 1.35；对动作时间在 0.02s 及以下的 DZ 型断路器，宜取 2～2.5。

（2）短延时过流脱扣器动作电流和动作时间的整定

$$I_{op(s)} \geqslant K_{rel} I_{pk} \tag{5-9}$$

式中，$K_{rel}$为可靠系数，一般取 1.2。动作时间通常分 0.2s、0.4s 和 0.6s 三级。

（3）长延时过流脱扣器动作电流和动作时间的整定

$$I_{op(l)} \geqslant K_{rel} I_{30} \tag{5-10}$$

式中，$K_{rel}$为可靠系数，一般取 1.1。动作时间可达 1～2h。

3）过流脱扣器与被保护线路的配合要求

为了不致发生因过负荷或短路引起绝缘导线或电缆过热起燃而低压断路器不跳闸的事故，低压断路器过流脱扣器的动作电流$I_{op}$还应满足条件：

$$I_{op} \leqslant K_{OL} I_{al} \tag{5-11}$$

式中，$I_{al}$为绝缘导线和电缆的允许载流量；$K_{OL}$为绝缘导线和电缆的允许过负荷倍数：对瞬时和短延时的过流脱扣器，一般取 4.5；对长延时取 1；对有爆炸性气体和粉尘区域的线路，应取 0.8。

### 3．低压断路器的选择性配合

（1）要保证前后两低压断路器之间能选择性动作，前一级低压断路器宜采用带短延时的过流脱扣器，后一级低压断路器则采用瞬时过流脱扣器，而且动作电流也是前一级大于后一级，前一级的动作电流至少不小于后一级动作电流的 1.2 倍，即

$$I_{op.1} \geqslant 1.2 I_{op.2} \tag{5-12}$$

（2）低压断路器与熔断器之间的选择性配合

前一级低压断路器可按保护特性曲线考虑-30%～-20%的负偏差，而后一级熔断器可按保护

特性曲线考虑+30%～+50%的正偏差。在这种情况下，如果两条曲线不重叠也不交叉，且前一级的曲线总在后一级的曲线之上，则前后两级保护可实现选择性动作，而且两条曲线之间留有的裕量越大，则两者动作的选择性越有保证。

**例 5-2**　有一条 380V 动力线路，$I_{30}=150\text{ A}$，$I_{pk}=500\text{ A}$；此线路首端的 $I_k^{(3)}=18\text{kA}$。当地环境温度为+30℃。试选择此线路上装设的 DW15 型低压断路器及其过流脱扣器的规格和线路上的 BV 型导线的截面、穿线的硬塑料管直径。

**解**：（1）选择低压断路器及其过流脱扣器的规格

查附表 5 可知，DW15-200 型低压断路器的过流脱扣器额定电流 $I_{N.OR}$=200A>$I_{30}$=150A，故初步选 DW15-200 型半导体式断路器。

设瞬时脱扣电流整定为 4 倍，即 $I_{op(0)}$=4×200A=800A。而 $K_{rel}I_{pk}$=1.35×500A=675A，满足脱扣电流躲过尖峰电流 $I_{op(0)}$=800A≥$K_{rel}I_{pk}$=675A 的要求。

校验断流能力：再查附表 5 可知，所选 DW15-200 型断路器的 $I_{oc}=20\text{kA}>I_k^{(3)}=18\text{kA}$，满足要求。

（2）选择导线截面和穿线管直径

查附表 8 可知，当 $A$=70mm$^2$ 的 BV 型铜芯塑料线三根线穿管在 30℃时，其 $I_{al}=156\text{A}\geq I_{30}=150\text{A}$，故按发热条件可选 $A$=70mm$^2$，管径选为 50mm。

校验机械强度：由附表 9 可知，最小截面为 1mm$^2$。现在 $A$=70mm$^2$，故满足机械强度要求。

（3）校验导线与低压断路器保护的配合

由于瞬时过流脱扣器整定为 $I_{op(0)}=800\text{A}$，而 $4.5I_{al}=4.5\times156\text{A}=702\text{A}$，不满足 $I_{op(0)}\leq4.5I_{al}$ 的要求。因此将导线截面增大为 95mm$^2$，这时其 $I_{al}=190\text{A}$，$I_{op(0)}=800\text{A}<4.5I_{al}=4.5\times190\text{A}=855\text{A}$，满足导线与保护装置配合的要求。相应的穿线塑料管直径改选为 65mm。

# 任务 3　高压线路的继电保护

## 5.3.1　常用的保护继电器类型与结构

继电器是一种在输入的物理量达到规定值时，其电气输出电路自动通断的电器，是组成继电保护装置的基本元件。

保护继电器按其反应的物理量分，有电流、电压、瓦斯（气体）继电器等。

保护继电器按其反应的物理量数量变化分，有过量继电器和欠量继电器，如过电流继电器、欠电压继电器等。

保护继电器按其工作原理分，有电磁式、感应式等继电器。

保护继电器按其在保护装置中的用途分，有启动继电器、时间继电器、信号继电器、中间继电器等。

保护继电器按其与一次电路的联系方式分，有一次式和二次式继电器。一次式继电器的线圈是与一次电路直接相连的，如低压断路器的过流脱扣器和失压脱扣器，实际上就是一次式继电器。二次式继电器的线圈连接在电流互感器和电压互感器的二次侧，通过互感器与一次电路相联系。高压供电系统中的保护继电器都属于二次式继电器。

保护继电器型号的表示和含义如下：

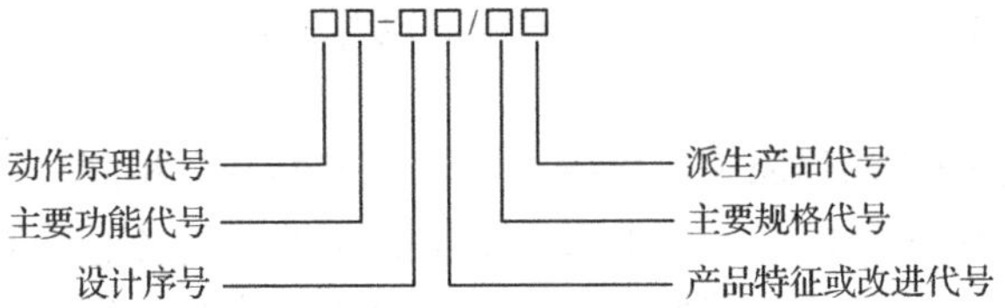


（1）动作原理代号：D—电磁式；G—感应式；L—整流式；B—半导体式；W—微机式。
（2）主要功能代号：L—电流；Y—电压；S—时间；X—信号；Z—中间；C—冲击；CD—差动。
（3）产品特征或改进代号：用阿拉伯数字或字母A、B、C等表示。
（4）派生产品代号：C—可长期通电；X—带信号牌；Z—带指针；TH—湿热带用。
（5）设计序号和规格代号：用阿拉伯数字表示。

### 1．电磁式电流和电压继电器

电磁式继电器主要由铁芯、衔铁、线圈、触头和弹簧等部件组成。其作用原理：吸引线圈通电时产生磁场，衔铁受到电磁力的作用而被吸向铁芯；吸引线圈断电后，磁场消失，衔铁在复位弹簧的作用下，恢复原位。衔铁带动触头做相应的动作，实现电路的接通或断开。电磁式电流继电器和电压继电器在继电保护装置中均为启动元件，属测量继电器类。

（1）电磁式电流继电器（kA）

DL-10 系列电磁式过电流继电器的基本结构和图形符号如图 5-4 所示。当继电器线圈 1 通过电流时，电磁铁 2 中产生磁通，力图使 Z 形钢舌片 3 向凸出磁极偏转。与此同时，轴 10 上的反作用弹簧 9 又力图阻止钢舌片偏转。当继电器线圈中的电流增大到使钢舌片所受的转矩大于弹簧的反作用力矩时，钢舌片便被吸近磁极，使常开触头闭合，常闭触头断开，这就叫做继电器动作。过电流继电器动作后，减小其线圈电流到一定值时，钢舌片在弹簧作用下返回起始位置。

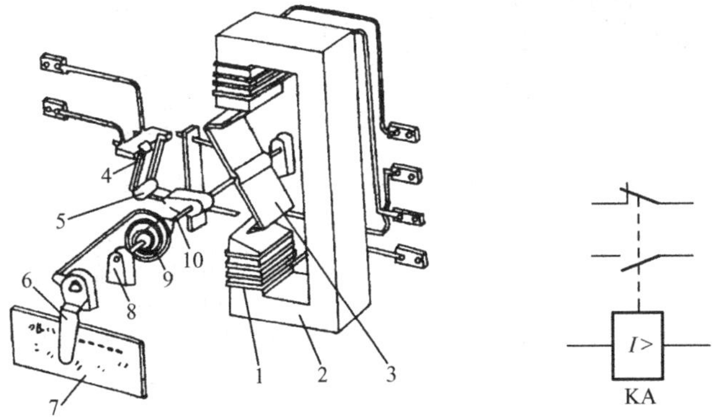


（a）DL-10系列电磁式电流继电器的结构　　（b）电磁式电流继电器图形符号

1—线圈；2—电磁铁；3—钢舌片；4—静触头；5—动触头；6—启动电流调节转杆；

7—标度盘（铭牌）；8—轴承；9—反作用弹簧；10—轴

图 5-4　DL-10 系列电磁式电流继电器的内部结构和图形符号

过电流继电器线圈中的使继电器动作的最小电流，称为继电器的动作电流，用 $I_{op}$ 表示。使过电流继电器由动作状态返回到起始位置的最大电流，称为继电器的返回电流，用 $I_{re}$ 表示。

继电器的返回电流与动作电流的比值，称为继电器的返回系数，用 $K_{re}$ 表示，即

$$K_{re}=\frac{I_{re}}{I_{op}} \tag{5-13}$$

对于过量继电器（如过电流继电器），$K_{re}$ 总小于 1，一般为 0.8。越接近 1，说明继电器越

灵敏。这种电流继电器的动作极为迅速，可认为是瞬时动作的，因此它是一种瞬时继电器。

（2）电磁式电压继电器（kV）

电磁式电压继电器的结构和动作原理与电磁式电流继电器基本相同，只是电压继电器的线圈为电压线圈，且多做成欠电压继电器。欠电压继电器的动作电压 $U_{op}$ 为其线圈上的使继电器动作的最高电压；其返回电压 $U_{re}$ 为其线圈上的使继电器由动作状态返回到起始位置的最低电压。欠电压继电器的返回系数为 $K_{re}=\dfrac{U_{re}}{U_{op}}>1$，$K_{re}$ 值越接近 1，说明继电器越灵敏。欠电压继电器的 $K_{re}$ 一般为 1.25。

### 2. 电磁式时间继电器（KT）

电磁式时间继电器在继电保护装置中，用来使保护装置获得所要求的延时，它属于有或无继电器。供电系统中 DS-110、120 系列电磁式时间继电器的基本结构和图形符号如图 5-5 所示。DS-110 系列用于直流，DS-120 系列用于交流。当继电器线圈接上工作电压时，铁芯被吸入，使被卡住的一套钟表机构被释放，同时切换瞬时触头。在拉引弹簧作用下，经过整定的时限，使主触头闭合。继电器延时的时限可借改变主静触头的位置即主静触头与主动触头的相对位置来调节。调节的时限范围可在标度盘上标出。当继电器的线圈断电时，继电器在弹簧作用下返回起始位置。

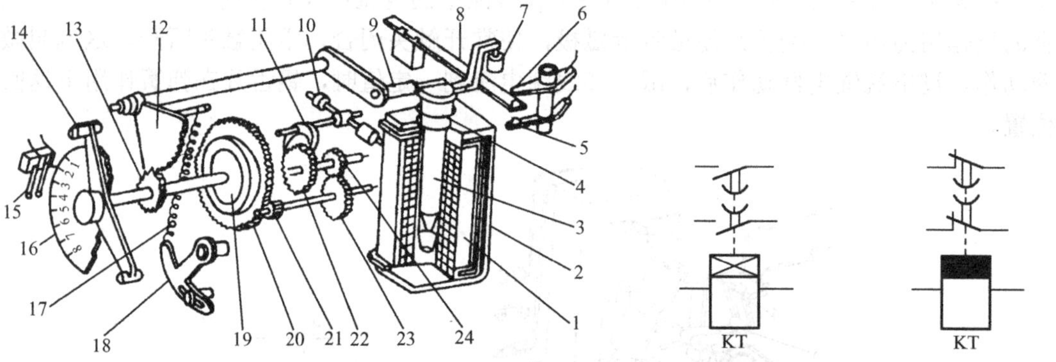


（a）DS110、120系列时间继电器结构　（b）电磁式时间继电器图形符号（带延时闭合触头）　（c）电磁式时间继电器图形符号（带延时断开触头）

1—线圈；2—电磁铁；3—可动铁芯；4—返回弹簧；5、6—瞬时静触头；7—绝缘件；8—瞬时动触头；9—压杆；10—平衡锤；11—摆动卡板；12—扇形齿轮；13—传动齿轮；14—主动触头；15—主静触头；16—动作时限标度盘；17—拉引弹簧；18—弹簧拉力调节器；19—摩擦离合器；20—主齿轮；21—小齿轮；22—掣轮；23、24—钟表机构传动齿轮

图 5-5　DS-110、120 系列时间继电器的内部结构和图形符号

### 3. 电磁式信号继电器（KS）

电磁式信号继电器在继电保护装置中用来发出保护装置动作的指示信号，它也属于有或无继电器。供电系统中常用的 DX-11 型电磁式信号继电器，有电流型和电压型两种：电流型信号继电器的线圈为电流线圈，阻抗小，串联在二次回路内，不影响其他二次元件（如中间继电器）的动作；电压型信号继电器的线圈为电压线圈，阻抗大，在二次回路中必须并联使用。

DX-11 型信号继电器的内部结构和图形符号如图 5-6 所示。它在正常状态时，其信号牌是被衔铁支持住的。当继电器线圈通电时，衔铁被吸向铁芯而使信号牌掉下，显示其动作信号，同时带动转轴旋转 90°，使固定在转轴上的动触头（导电条）与静触头接通，从而接通信号回路，发出音响和灯光信号。要使信号停止，可旋转外壳上的复位旋钮，断开信号回路，同时使信号牌复位。

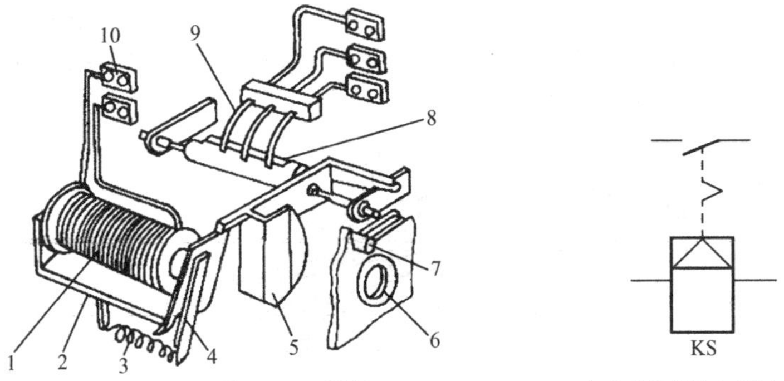


（a）DL-11型信号继电器结构　（b）电磁式信号继电器图形符号

1—线圈；2—电磁铁；3—弹簧；4—衔铁；5—信号牌；6—观察窗口；7—复位旋钮；8—动触头；9—静触头；10—接线端子

图 5-6　DX-11 型信号继电器的内部结构和图形符号

### 4. 电磁式中间继电器（KM）

电磁式中间继电器在继电保护装置中用做辅助继电器，以弥补主继电器触头数量或触头容量的不足。它通常装设在保护装置的出口回路中，用以接通断路器的跳闸线圈，所以它又称为出口继电器。中间继电器也属于有或无继电器。

供电系统中常用的 DZ-10 系列中间继电器的基本结构如图 5-7 所示。当其线圈通电时，衔铁被快速吸向电磁铁，使触头切换。当其线圈断电时，继电器快速释放衔铁，使触头全部返回起始位置。

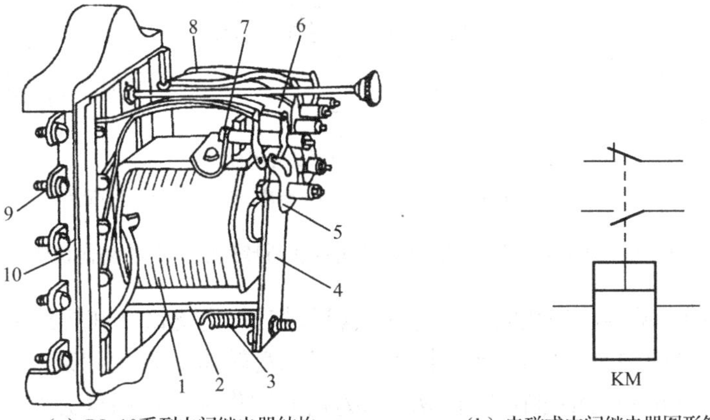


（a）DL-10系列中间继电器结构　（b）电磁式中间继电器图形符号

1—线圈；2—电磁铁；3—弹簧；4—衔铁；5—动触头；6、7—静触头；8—连接线；9—接线端子；10—底座

图 5-7　DZ-10 系列中间继电器的内部结构和图形符号

### 5. 感应式电流继电器（KA）

在工厂供电系统中，广泛采用感应式电流继电器来做过电流保护兼电流速断保护，因为感

应式电流继电器兼有上述电磁式电流继电器、时间继电器、信号继电器和中间继电器的功能，从而可大大简化继电保护装置。而且采用感应式电流继电器组成的保护装置采用交流操作，可进一步简化二次系统，减少投资，因此它在中小型变配电所中应用非常普遍。

供电系统中常用的 GL-10、20 系列感应式电流继电器的内部结构如图 5-8 所示。这种电流继电器由两组元件构成，一组为感应元件，另一组为电磁元件。感应元件主要包括线圈 1、带短路环 3 的电磁铁 2 及装在可偏转框架 6 上的转动铝盘 4。电磁元件主要包括线圈 1、电磁铁 2 和衔铁 15。线圈 1 和电磁铁 2 是两组元件共用的。

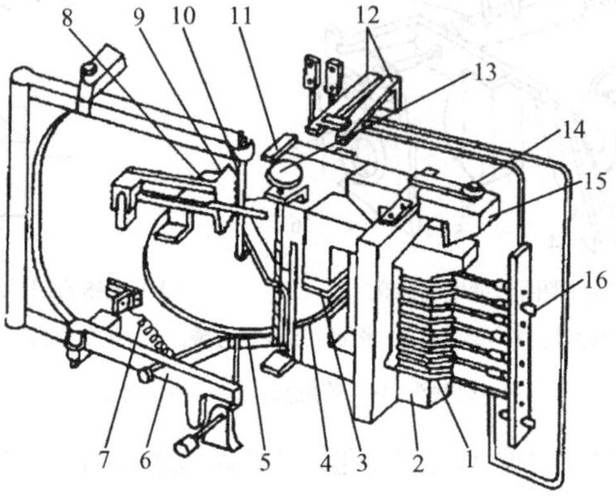


1—线圈；2—电磁铁；3—短路环；4—铝盘；5—钢片；6—铝框架；7—调节弹簧；8—制动永久磁铁；9—扇形齿轮；10—蜗杆；11—扁杆；12—继电器触头；13—时限调节螺杆；14—速断电流调节螺钉；15—衔铁；16—动作电流调节插销

图 5-8　GL-10、20 系列感应式电流继电器的内部结构

GL-10、20 型电流继电器有两对相连的常开和常闭触头，根据继电保护的要求，其动作程序为常开触头先闭合，常闭触头后断开，即构成一组“先合后断的转换触头”，如图 5-9 所示。

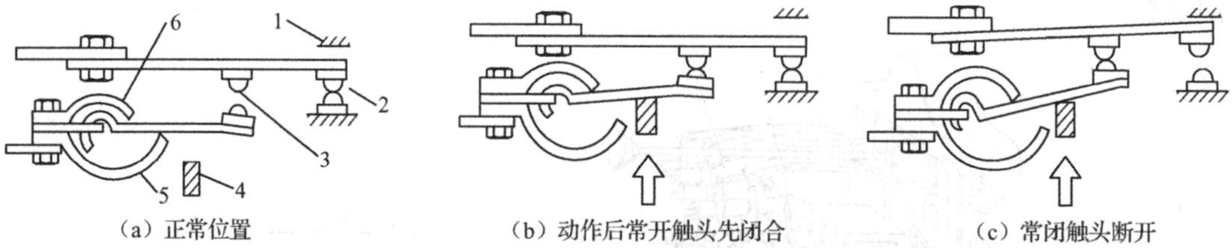


1—上止挡；2—常闭触头；3—常开触头；4—衔铁；5—下止挡；6—簧片

图 5-9　GL-10、20 型电流继电器“先合后断转换触头”的动作说明

工作原理如图 5-10 所示，当线圈 1 有电流 $I_{kA}$ 通过时，电磁铁 2 在短路环 3 的作用下，产生相位一前一后的两个磁通 $\Phi_1$ 和 $\Phi_2$，穿过铝盘 4。当铝盘转速 $n$ 增大到某一定值时，$M_1=M_2$，这时铝盘匀速转动。继电器的铝盘在上述 $M_1$ 和 $M_2$ 的共同作用下，铝盘受力有使框架绕轴顺时针方向偏转的趋势，但受到弹簧 7 的阻力。结合图 5-8，当继电器线圈电流增大到继电器的动作电流值 $I_{op}$ 时，铝盘受到的力也增大到可克服弹簧的阻力，使铝盘带动框架前偏，使蜗杆 10 与扇形齿轮 9 啮合，这就叫做继电器动作。由于铝盘继续转动，使扇形齿轮沿着蜗杆上升，最后使触头 12 切换，同时使信号牌掉下，从观察窗口可看到红色或白色的信号指示，表示继电器已经动作。使感应元件动作的最小电流，称为其动作电流 $I_{op}$。继电器线圈中的电流越大，铝盘转动得越快，使扇形齿轮沿蜗杆上升的速度也越快，动作时间也越短，这就是感应式电流继电器

的“反时限特性”，如图 5-11 所示的曲线 *abc*，这一特性是其感应元件所产生的。当继电器线圈进一步增大到整定的速断电流 $I_{qb}$ 时，电磁铁 2 瞬时将衔铁 15 吸下，使触头 12 瞬时切换，同时使信号牌掉下。电磁元件的“电流速断特性”，如曲线 *bb'd*。因此该电磁元件又称电流速断元件。使电磁元件动作的最小电流，称为其速断电流 $I_{qb}$。

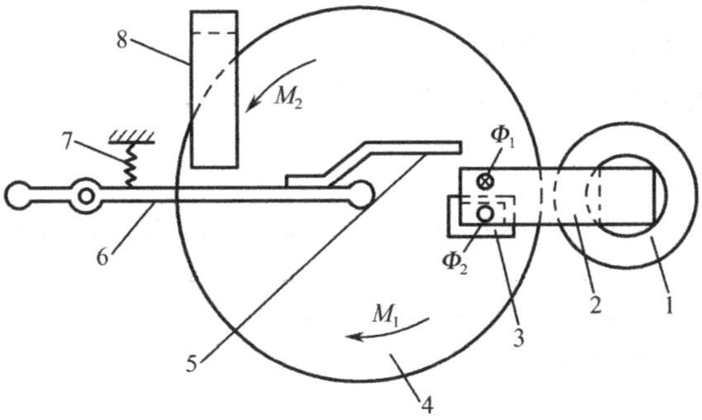


1—线圈；2—电磁铁；3—短路环；4—铝盘；5—钢片；6—铝框架；7—调节弹簧；8—制动永久磁铁

图 5-10　感应式电流继电器的转矩 $M_1$ 和制动力矩 $M_2$

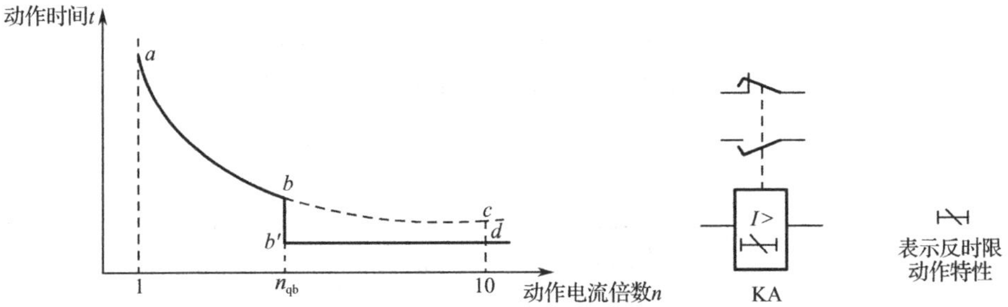


*abc*—感应元件的反时限特性；*bb'd*—电磁元件的速断特性

图 5-11　感应式电流继电器的动作特性曲线和图形符号

速断电流 $I_{qb}$ 与感应元件动作电流 $I_{op}$ 的比值，称为速断电流倍数，即

$$n_{qb}=\frac{I_{qb}}{I_{op}} \tag{5-14}$$

GL-10、20 系列电流继电器的速断电流倍数 $n_{qb}$=2～8。

## 5.3.2　高压电力线路的继电保护

按《电力装置的继电保护和自动装置设计规范》规定：对（3～66）kV 电力线路，应装设相间短路保护、单相接地保护和过负荷保护。

作为线路的相间短路保护，主要采用带时限的过电流保护和瞬时动作的电流速断保护。如果过电流保护动作时限不大于 0.5～0.7s 时，可不装设电流速断保护。相间短路保护应动作于断路器的跳闸机构，使断路器跳闸，切除短路故障部分。

作为线路的单相接地保护，有两种方式：（1）绝缘监视装置，装设在变配电所的高压母线上，动作于信号；但是当单相接地故障危及人身和设备安全时，则应动作于跳闸。

对可能经常过负荷的电缆线路，应装设过负荷保护，动作于信号。

1. 继电保护装置的接线方式和操作方式

1）继电保护装置的接线方式

高压电力线路的继电保护装置中，启动继电器与电流互感器之间的连接方式，主要有两相两继电器式和两相一继电器式两种。

（1）两相两继电器式接线（图 5-12）

这种接线，如果一次电路发生三相短路或两相短路时，都至少有一个继电器要动作，从而使一次电路的断路器跳闸。

继电器电流 $I_{kA}$ 与电流互感器二次电流 $I_2$ 的关系，引入接线系数 $K_w$：$K_w=\dfrac{I_{KA}}{I_2}$。

两相两继电器式接线在一次电路发生任意相间短路时，$K_w$=1，即其保护灵敏度都相同。

（2）两相一继电器式接线（图 5-13）

这种接线又称两相电流差接线。正常工作时，流入继电器的电流为两相电流互感器二次电流的相量差。一次电路发生三相短路时，流入继电器的电流为电流互感器二次电流的 $\sqrt{3}$ 倍（相量图），即 $K_w^{(3)}=\sqrt{3}$。在其一次电路的 A、C 两相发生短路时，由于两相短路电流反应在 A 相和 C 相中是大小相等、相位相反的，因此流入继电器的电流（两相电流相量差）为互感器二次电流的 2 倍，即 $K_w^{(A.C)}$=2。在其一次电路的 A、B 两相或 B、C 两相发生短路时，流入继电器的电流只有一相（A 相或 C 相）互感器的二次电流，即 $K_w^{(A.B)}=K_w^{(B.C)}=1$。

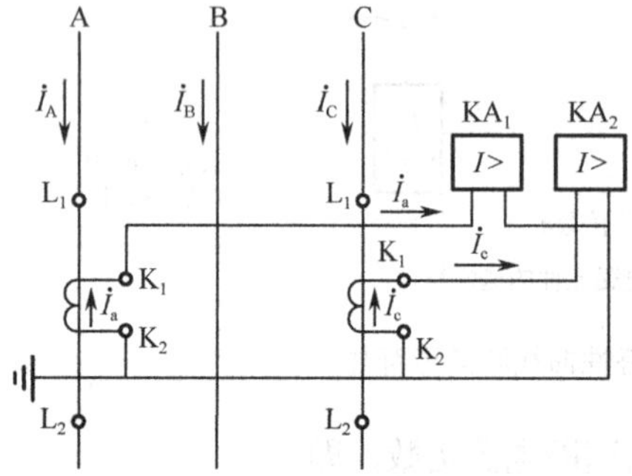


图 5-12　两相两继电器式接线

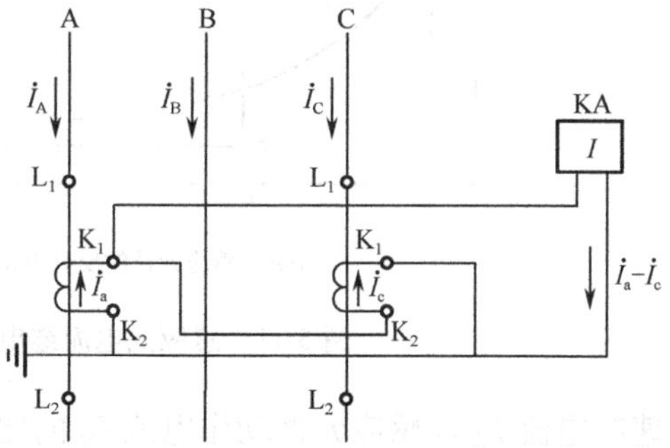


图 5-13　两相一继电器式接线

由以上分析可知，两相一继电器式接线能反应各种相间短路故障，但不同短路的保护灵敏度有所不同，有的甚至相差一倍，因此不如两相两继电器式接线。但是它少用一个继电器，较为简单经济。这种接线主要用于高压电动机保护。

2）继电保护装置的操作方式

继电保护装置的操作电源，有直流操作电源和交流操作电源两大类。由于交流操作电源具有投资少、运行维护方便及二次回路简单可靠等优点，因此它在中小型工厂供电系统中应用广泛。交流操作电源供电的继电保护装置主要有以下两种操作方式：

（1）直接动作式（图 5-14）

利用断路器手动操作机构内的过流脱扣器（跳闸线圈）YR 作为直动式过流继电器 KA，接成两相一继电器式或两相两继电器式。正常运行时，YR 通过的电流远小于其动作电流，因此不动作。而在一次电路发生相间短路时，YR 动作，使断路器 QF 跳闸。这种操作方式简单经济，但保护灵敏度低，实际上较少应用。

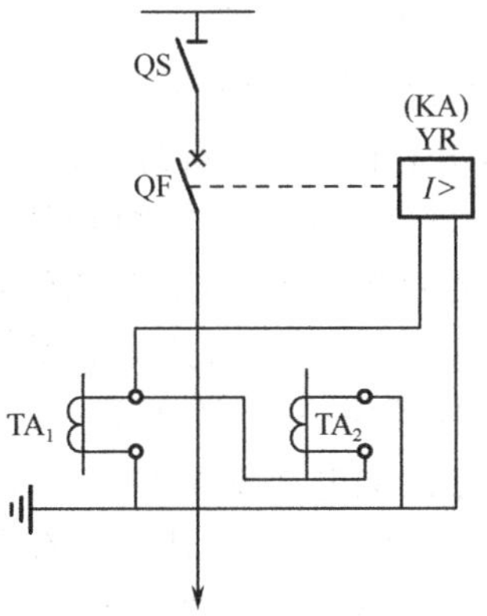


QF—断路器；$TA_1$、$TA_2$—电流互感器；YR—断路器跳闸线圈（即直动式继电器 KA）

图 5-14　直接动作式过电流保护电路

（2）“去分流跳闸”的操作方式（图 5-15）

正常运行时，电流继电器 KA 的常闭触头将跳闸线圈 YR 短路分流，YR 中无电流通过，所以断路器 QF 不会跳闸。当一次电路发生相间短路时，电流继电器 KA 动作，其常闭触头断开，使跳闸线圈 YR 的短路分流支路被去掉（即所谓“去分流”），从而使电流互感器的二次电流全部通过 YR，致使断路器 QF 跳闸，即所谓“去分流跳闸”。这种操作方式的接线也比较简单，且灵敏可靠，但要求电流继电器 KA 触头的分断能力足够大才行。现在生产的 GL-15、25 等型电流继电器，其触头容量相当大，短时分断电流可达 150A，完全能够满足短路时“去分流跳闸”的要求。因此这种去分流跳闸的操作方式现在在工厂供电系统中应用相当广泛。

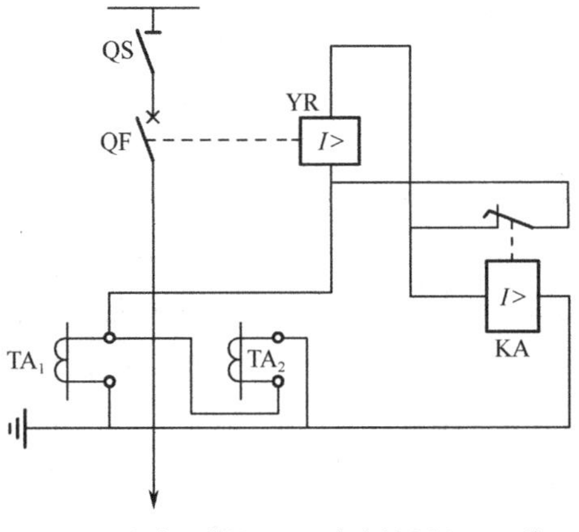


QF—断路器；$TA_1$、$TA_2$—电流互感器；KA—电流继电器（GL 型）；YR—跳闸线圈

图 5-15　“去分流跳闸”的过电流保护电路

## 2. 带时限的过电流保护

带时限的过电流保护，按其动作时限特性分，有定时限过电流保护和反时限过电流保护两种。定时限就是保护装置的动作时限是按预先整定的动作时间固定不变的，与短路电流大小无关；而反时限就是保护装置的动作时限原先是按 10 倍动作电流来整定的，而实际的动作时间则与短路电流大小呈反比关系变化，短路电流越大，动作时间越短。

1）定时限过电流保护装置的组成和工作原理

定时限过电流保护装置的原理电路如图 5-16 所示，其中图 5-16（a）为集中表示的原理电路图，通常称为接线图，这种电路图中的所有电器的组成部件是各自归总在一起的，因此过去也称为归总式电路图。图 5-16（b）为分开表示的原理电路图，通常称为展开图，这种电路图中的所有电器的组成部件按各部件所属回路分开绘制。从原理分析的角度来说，展开图简明清晰，在二次回路（包括继电保护、自动装置、控制、测量等回路）中应用最为普遍。

下面分析图 5-16 所示定时限过电流保护的工作原理。

当一次电路发生相间短路时，电流继电器 KA 瞬时动作，闭合其触头，使时间继电器 KT 动作。KT 经过整定的时限后，其延时触头闭合，使串联的信号继电器（电流型）KS 和中间继电器 KM 动作。KS 动作后，其指示牌掉下，同时接通信号回路，给出灯光信号和音响信号。KM 动作后，接通跳闸线圈 YR 回路，使断路器 QF 跳闸，切除短路故障。QF 跳闸后，其辅助触头 $QF_{1-2}$ 随之切断跳闸回路。在短路故障被切除后，继电保护装置除 KS 外的其他所有继电器均自动返回起始状态，而 KS 则可手动复位。

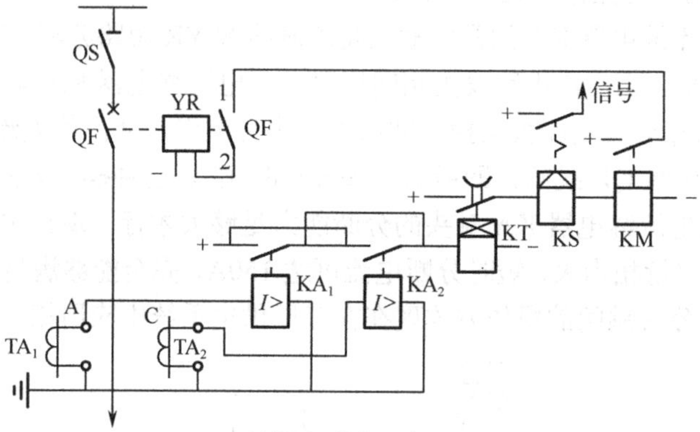


（a）接线图（按集中表示法绘制）

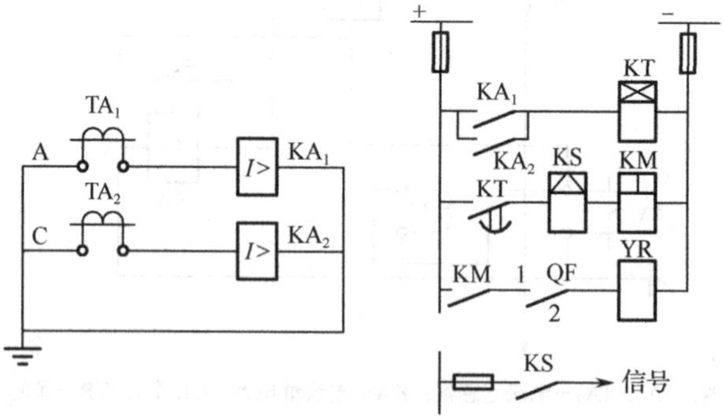


（b）展开图（按分开表示法绘制）

QF—断路器；KA—电流继电器（DL 型）；KT—时间继电器（DS 型）；

KS—信号继电器（DX 型）；KM—中间继电器（DZ 型）；YR—跳闸线圈

图 5-16　定时限过电流保护的原理电路图

2）反时限过电流保护装置的组成和工作原理

反时限过电流保护装置由 GL 型感应式电流继电器组成，其原理电路图如图 5-17 所示。

当一次电路发生相间短路时，电流继电器 KA 动作，经过一定延时后（反时限特性），其常开触头闭合，紧接着常闭触头断开，这时断路器 QF 因跳闸线圈 YR 被“去分流”而跳闸，切除短路故障。在电流继电器 KA 去分流跳闸的同时，信号牌掉下，指示保护装置已经动作。在短路故障被切除后，继电器返回，信号牌可利用外壳上的旋钮手动复位。

图 5-17 中的电流继电器 KA 增加了一对常开触头，与跳闸线圈 YR 串联，其目的是防止电流继电器的常闭触头在一次电路正常运行时由于外界振动的偶然因素使之断开而导致断路器误跳闸的事故。增加一对常开触头后，则即使常闭触头偶然断开，也不会造成断路器误跳闸。但是，继电器这两对触头的动作程序，必须是常开触头先闭合，常闭触头后断开，即必须采用先合后断的转换触头。否则，假如常闭触头先断开，将造成电流互感器二次侧带负荷开路，这是不允许的，同时将使继电器失电返回，不起保护作用。

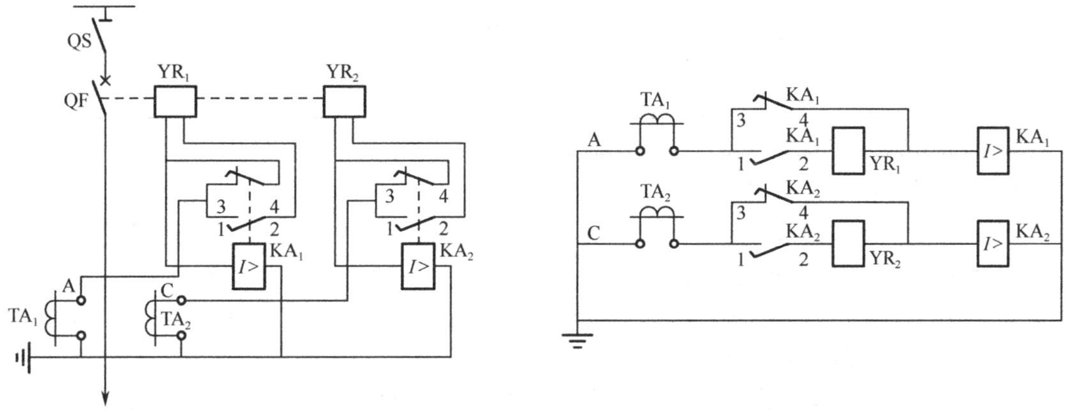


（a）接线图（按集中表示法绘制）　（b）展开图（按分开表示法绘制）

QF—断路器；TA—电流互感器；KA—电流继电器（GL-10、20 型）；YR—跳闸线圈

图 5-17　反时限过电流保护的原理电路图

3）过电流保护装置的动作原理和整定

如图 5-18（a）所示，假设线路 $WL_2$ 的首端 k 点发生相间短路，由于短路电流远大于线路上的所有负荷电流，所以沿线路的过负荷保护装置包括 $KA_1$、$KA_2$ 均要动作。按照保护选择性的要求，应该是靠近故障点 k 的保护装置 $KA_2$ 首先动作，断开 $QF_2$，切除故障线路 $WL_2$。这时由于故障线路 $WL_2$ 已被切除，保护装置 $KA_1$ 应立即返回起始状态，不致再断开 $QF_1$。但是如果 $KA_1$ 的返回电流未躲过线路 $WL_1$ 的最大负荷电流时，则在 $KA_2$ 动作并断开线路 $WL_2$ 后，$KA_1$ 可能不返回而继续保持动作状态，经过 $KA_1$ 所整定的动作时限后，错误地断开断路器 $QF_1$，造成线路 $WL_1$ 也停电，扩大了故障停电的范围，这是不允许的。所以过电流保护装置不仅动作电流应该躲过线路的最大负荷电流，而且其返回电流也应该躲过线路的最大负荷电流。

（1）过电流保护动作电流的整定

$$I_{op}=\frac{K_{rel}K_{w}}{K_{re}K_{i}}I_{L.max} \tag{5-15}$$

式中，$I_{op}$——过电流继电器的动作电流；

$K_{rel}$——保护装置的可靠系数，对 DL 型继电器取 1.2，对 GL 型继电器取 1.3；

$K_{w}$——保护装置的接线系数，对两相两继式接线为 1，对两相一继式接线为 $\sqrt{3}$；

$K_{re}$——保护装置的返回系数，对 DL 型继电器取 0.85，对 GL 型继电器取 0.8；

$K_{i}$——电流互感器的变流比；

$I_{L.max}$——线路上的最大负荷电流，可取为（1.5～3）$I_{30}$，$I_{30}$ 为线路计算电流。

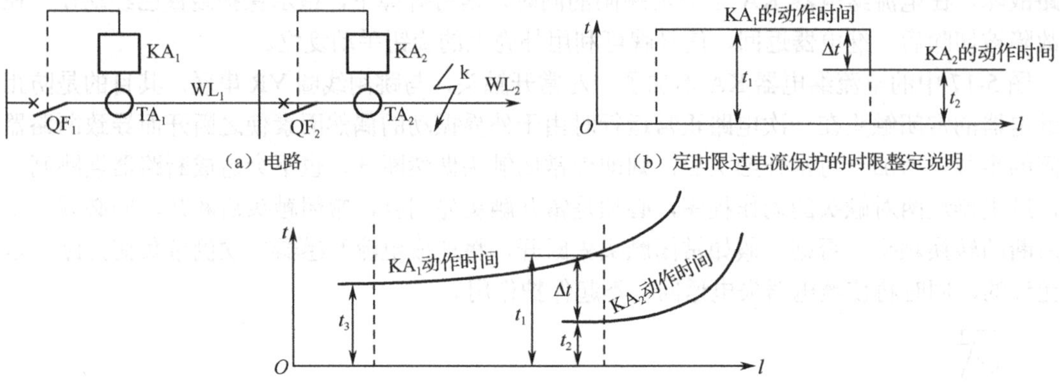


（a）电路　（b）定时限过电流保护的时限整定说明

（c）反时限过电流保护的时限整定说明

图 5-18　线路过电流保护整定说明图

（2）过电流保护动作时限的整定

过电流保护的动作时限，应按“阶梯原则” 进行整定，以保证前后两级保护装置动作的选择性，也就是在后一级保护装置的线路首端（如图 5-18（a）所示电路中的 k 点）发生三相短路时，前一级保护的动作时间 $t_1$ 应比后一级保护中最长的动作时间 $t_2$ 大一个时间级差$\Delta t$，如图 5-18（b）和（c）所示，即$t_1 \geqslant t_2 + \Delta t$ 。

这一时间级差$\Delta t$，应考虑到前一级保护动作时间 $t_1$ 可能发生的负偏差（即提前动作）$\Delta t_1$，考虑后一级保护动作时间 $t_2$ 可能发生的正偏差（即延后动作）$\Delta t_2$，还要考虑保护装置特别是 GL 型感应式继电器动作时具有的惯性误差$\Delta t_3$。为了确保前后两级保护动作时间的选择性，还应考虑一个保险时间$\Delta t_4$（可取 0.1～0.15s）。因此前后两级保护动作时间的时间级差应为：

① 对于定时限过电流保护，可取$\Delta t$=0.5s；动作时限利用时间继电器来整定。

② 对于反时限过电流保护，可取$\Delta t$=0.7s，反时限过电流保护的动作时限，根据前后两级保护的 GL 型继电器的动作特性曲线来整定。

4）过电流保护的灵敏度及提高灵敏度的措施——低电压闭锁

（1）过电流保护的灵敏度

根据式（5-1），保护灵敏度 $S_p=I_{k.min}/I_{op.1}$。对于线路过电流保护，$I_{k.min}$ 应取被保护线路末端在系统最小运行方式下的两相短路电流 $I_{k.min}^{(2)}$ 。而 $I_{op.1}=I_{op}K_i/K_w$ 。因此按规定过电流保护的灵敏度必须满足的条件为 $S_p=\dfrac{K_w I_{k.min}^{(2)}}{K_i I_{op}} \geqslant 1.5$ ，如果过电流保护是做后备保护时，则其保护灵敏度 $S_p \geqslant 1.2$ 即可。

当过电流保护灵敏度达不到上述要求时，可采用下述的低电压闭锁保护来提高其灵敏度。

（2）低电压闭锁的过电流保护

如图 5-19 所示保护电路，在线路过电流保护的过电流继电器 KA 的常开触头回路中，串入低电压继电器 KV 的常闭触头，而 KV 经过电压互感器 TV 接在被保护线路的母线上。

在供电系统正常运行时，母线电压接近于额定电压，因此低电压继电器 KV 的常闭触头是断开的。这时的过电流继电器 KA 即使由于线路过负荷而误动作（即 KA 触头闭合）也不致造成断路器 QF 误跳闸。正因为如此，凡装有低电压闭锁的过电流保护装置的动作电流 $I_{op}$，不必按躲过线路的最大负荷电流 $I_{L.max}$ 来整定，而只需按躲过线路的计算电流 $I_{30}$ 来整定。当然保护装置的返回电流 $I_{re}$ 也应躲过 $I_{30}$。因此，装有低电压闭锁的过电流保护的动作电流整定计算公式为

$I_{op}=\dfrac{K_{rel}K_{w}}{K_{re}K_{i}}I_{30}$。

式中各系数的含义和取值，与前面式（5-19）相同。由于$I_{op}$的减小，从而有效地提高了保护灵敏度。

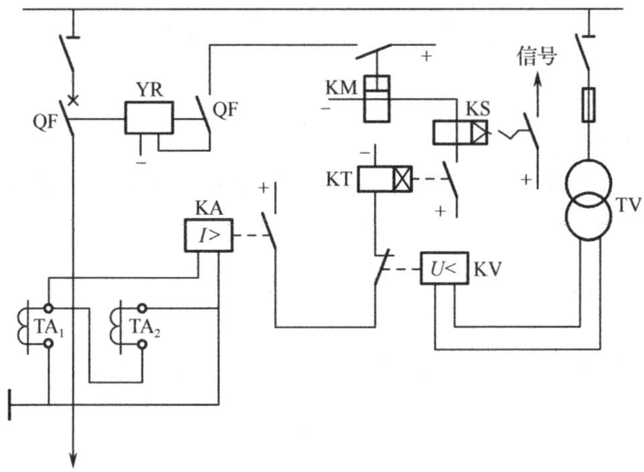


QF—高压断路器；TA—电流互感器；TV—电压互感器；KA—过电流继电器；

KT—时间继电器；KS—信号继电器；KM—中间继电器；KV—低电压继电器

图 5-19　低电压闭锁的过电流保护

5）定时限过电流保护与反时限过电流保护的比较

定时限过电流保护的优点：动作时间精确，且动作时间与短路电流大小无关，不会因短路电流小而使故障时间延长。缺点：所需继电器多，接线复杂，且需直流电源，投资较大。此外，越靠近电源处的保护装置，其动作时间越长，这是带时限的过电流保护共有的一大缺点。

反时限过电流保护的优点：继电器数量大为减少，而且可同时实现电流速断保护，加之可采用交流操作，因此相当简单经济，投资大大降低，故它在中小工厂供电系统中得到广泛应用。缺点：动作时限的整定比较麻烦，而且误差较大；当短路电流小时，其动作时间可能相当长，延长了故障持续时间；同样存在越靠近电源、动作时间越长的缺点。

**例 5-3**　某 10kV 电力线路，如图 5-20 所示。已知 $TA_1$ 的变流比为 200/5A，$TA_2$ 的变流比为 100/5A。$WL_1$ 和 $WL_2$ 的过电流保护均采用两相两继电器式接线，继电器均为 DL-11/10 型（或 GL-15/10 型）。今 $KA_1$ 已经整定，其动作电流为 7A，10 倍动作电流的动作时限为 1s。$WL_2$ 的计算电流为 60A，$WL_2$ 首端 k-1 点的三相短路电流为 1000A，其末端 k-2 点的三相短路电流为 350A。试分别整定 $KA_2$ 的动作电流和动作时间，并检验其灵敏度。

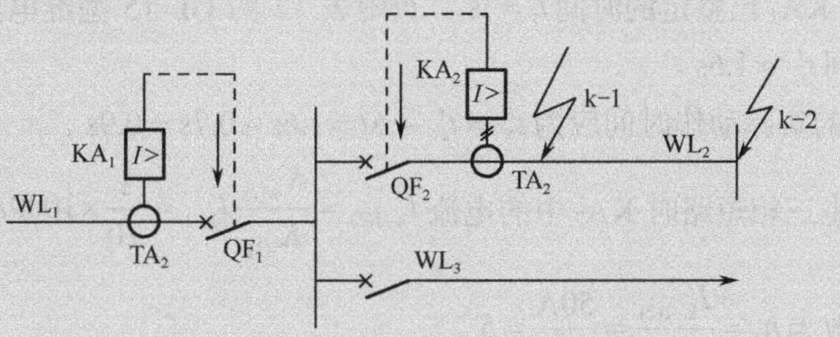


图 5-20　例 5-3 的电力线路

**解：**

（1）继电器均为 DL-11/10 型

① 整定 $KA_2$ 的动作电流。取 $I_{L.max}=2I_{30}=2\times60A=120A$，$K_{rel}=1.2$，$K_{re}=0.85$，$K_i=100/5=20$，$K_w=1$，故

$$I_{op(2)}=\frac{K_{rel}K_w}{K_{re}K_i}I_{L.max}=\frac{1.2\times1}{0.85\times20}\times120A=8.5A$$

取整定动作电流为 9A。

② 整定 $KA_2$ 的动作时间。

线路 $WL_2$ 定时限过电流保护的动作时限应较线路 $WL_1$ 定时限过电流保护动作时限小一个时限级差 $\Delta t$。故

$$t_2=t_1-\Delta t=1-0.5=0.5s$$

③ $KA_2$ 的保护灵敏度检验。

$KA_2$ 保护的线路 $WL_2$ 末端 k-2 的两相短路电流为其最小短路电流，即

$$I_{k.min}^{(2)}=0.866I_{k-2}^{(3)}=0.866\times350A=303.1A$$

因此 $KA_2$ 的保护灵敏度为

$$S_{p(2)}=\frac{K_wI_{k.min}^{(2)}}{K_iI_{op(2)}}=\frac{1\times303.1A}{20\times9A}=1.68>1.5$$

由此可见，$KA_2$ 整定的动作电流满足保护灵敏度的要求。

（2）继电器均为 GL-15/10 型

① 整定 $KA_2$ 的动作电流取 $I_{L.max}=2I_{30}=2\times60A=120A$，$K_{rel}=1.3$，$K_{re}=0.8$，$K_i=100/5=20$，$K_w=1$，故

$$I_{op(2)}=\frac{K_{rel}K_w}{K_{re}K_i}I_{L.max}=\frac{1.3\times1}{0.8\times20}\times120A=9.75A$$

根据 GL-15/10 型继电器的规格，动作电流整定为 10A。

② 整定 $KA_2$ 的动作时间。

先确定 $KA_1$ 的实际动作时间。由于 k-1 点发生三相短路时 $KA_1$ 中的电流为

$$I'_{k-1(1)}=\frac{K_{w(1)}}{K_{i(1)}}I_{k-1}=\frac{1}{40}\times1000A=25A$$

故 $I'_{k-1(1)}$ 对 $KA_1$ 的动作电流倍数为

$$n_1=\frac{I'_{k-1(1)}}{I_{op(1)}}=\frac{25A}{7A}=3.6$$

利用 $n_1=3.6$ 和 $KA_1$ 已整定的时间 $t_1=1s$，查附表 12 的 GL-15 型继电器动作特性曲线，得 $KA_1$ 的实际动作时间 $t_1'\approx1.6s$。

由此可得 $KA_2$ 的实际动作时间应为 $t_2'=t_1'-\Delta t=1.6s-0.7s=0.9s$。

由于 k-1 点发生三相短路时 $KA_2$ 中的电流 $I'_{k-1(2)}=\frac{K_{w(2)}}{K_{i(2)}}I_{k-1}=\frac{1}{20}\times1000A=50A$，故 $I'_{k-1(2)}$ 对 $KA_2$ 的动作电流倍数为 $n_2=\frac{I'_{k-1(2)}}{I_{op(2)}}=\frac{50A}{10A}=5$。

利用 $n_2=5$ 和 $KA_2$ 的实际动作时间 $t_2'=0.9s$，查附表 12 的 GL-15 型继电器的动作特性曲线，

得 $KA_2$ 应整定的 10 倍动作电流的动作时限为 $t_2 \approx 0.8s$。

③ $KA_2$ 的保护灵敏度检验。

$KA_2$ 保护的线路 $WL_2$ 末端 k-2 的两相短路电流为其最小短路电流，即

$$I_{k.min}^{(2)} = 0.866 I_{k\text{-}2}^{(3)} = 0.866 \times 350A = 303.1A$$

因此 $KA_2$ 的保护灵敏度为

$$S_{p(2)} = \frac{K_w I_{k.min}^{(2)}}{K_i I_{op(2)}} = \frac{1 \times 303.1A}{20 \times 10A} = 1.52 > 1.5$$

由此可见，$KA_2$ 整定的动作电流满足保护灵敏度的要求。

### 3. 电流速断保护

上述带时限的过电流保护，有一个明显的缺点，就是越靠近电源的线路过电流保护，其动作时间越长，而短路电流则是越靠近电源越大，其危害也更加严重。因此，在过电流保护动作时间超过 0.5～0.7s 时，应该装设瞬时动作的电流速断保护装置。

1）电流速断保护装置的组成及速断电流的整定

电流速断保护就是一种瞬时动作的过电流保护。对于采用 DL 系列电流继电器的速断保护来说，就相当于定时限过电流保护中抽去时间继电器，即在启动用的电流继电器之后，直接接信号继电器和中间继电器，最后由中间继电器触头接通断路器的跳闸回路。图 5-21 是高压线路上装有电流速断保护的电路图。对采用 GL 系列电流继电器，则利用该继电器的电磁元件来实现电流速断保护，而其感应元件则用来做反时限过电流保护，因此非常简单经济。

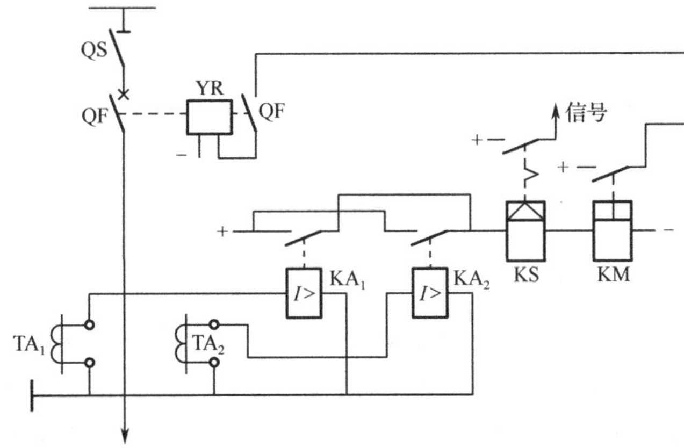


图 5-21　线路的电流速断保护电路图

电流速断保护的动作电流即速断电流 $I_{qb}$，应按躲过它所保护线路末端的最大短路电流 $I_{k.max}$ 来整定。因为只有如此整定，才能在后一级速断保护所保护线路首端发生三相短路时，避免前一级速断保护误动作，以保证保护的选择性。

以图 5-22 装有前后两级电流速断保护的电路为例，前一段线路 $WL_1$ 末端 k-1 点的三相短路电流 $I_{k-1}^{(3)}$（即 $I_{k.max}$），实际上与后一段线路 $WL_2$ 首端 k-2 点的三相短路电流 $I_{k-2}^{(3)}$ 几乎相等（由于 k-1 点与 k-2 点之间距离很短），因此 $KA_1$ 的速断电流 $I_{qb}$ 只有躲过 $I_{k-1}^{(3)}$（即躲过 $WL_1$ 末端的 $I_{k.max}$），才能躲过 $I_{k-2}^{(3)}$，防止 k-2 点（下一段线路首段）短路时 $KA_1$ 误动作。故电流速断保护的动作电流（速断电流）的整定计算公式为

$$I_{qb}=\frac{K_{rel}K_w}{K_i}I_{k.max} \tag{5-16}$$

式中，$K_{rel}$为可靠系数，对 DL 型继电器，取 1.2～1.3；对 GL 型电流继电器，取 1.4～1.5；对过流脱扣器，取 1.8～2。$I_{k.max}$ 为保护线路末端的最大短路电流。

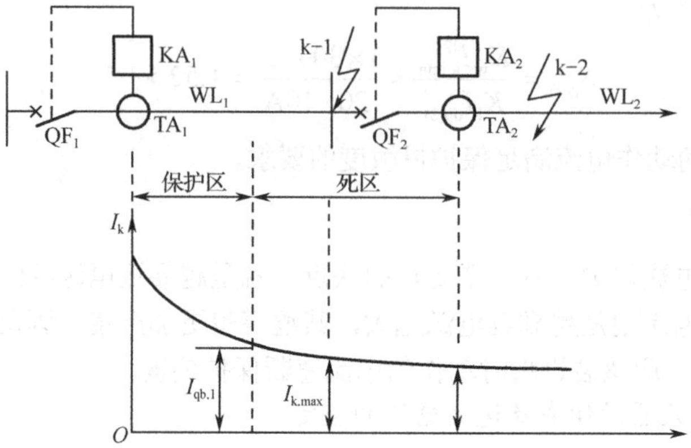


$I_{k.max}$—前一级保护躲过的最大短路电流；$I_{qb.1}$—前一级保护整定的一次动作电流

图 5-22　线路电流速断保护动作电流整定及其保护区和死区说明图

电流速断保护的灵敏度，应按安装处（即线路首端）在系统最小运行方式下的两相短路电流 $I_k^{(2)}$ 作为最小短路电流 $I_{k.min}$ 来检验。因此电流速断保护的灵敏度必须满足的条件为

$$S_p=\frac{K_w I_k^{(2)}}{K_i I_{op}}\geqslant 1.5\sim 2 \tag{5-17}$$

2）电流速断保护的“死区”及其弥补

由于电流速断保护的动作电流躲过了线路末端的最大短路电流，因此在靠近末端的相当长一段线路上发生的不一定是最大短路电流的短路（例如两相短路）时，电流速断保护不会动作。这说明，电流速断保护不可能保护线路的全长。这种保护装置不能保护的区域，叫做死区，如图 5-22 所示。

为了弥补死区得不到保护的缺陷，凡是装设有电流速断保护的线路，必须配备带时限的过电流保护。过电流保护的动作时间比电流速断保护至少长一个时间级差 $\Delta t = 0.5\sim0.7\text{s}$，而且前后的过电流保护的动作时间又要符合“阶梯原则”，以保证选择性。在电流速断保护的保护区内，速断保护作为主保护，过电流保护作为为后备保护；而在电流速断保护的死区内，则过电流保护为基本保护。

**例 5-4**　试整定例 5-3 中 $KA_2$ 继电器（GL-15 型）的速断电流倍数，并检验其灵敏度。

**解：**（1）整定 $KA_2$ 的速断电流倍数

由例 5-3 知，$WL_2$ 末端 k-2 点的 $I_k^{(3)}=350\text{A}$；又 $K_w=1$，$K_i=20$，取 $K_{rel}=1.4$，因此速断电流整定为

$$I_{qb}=\frac{K_{rel}K_w}{K_i}I_{k.max}=\frac{1.4\times1}{20}\times350\text{A}=24.5\text{A}$$

而 $KA_2$ 的 $I_{op}$=10A，故整定的速断电流倍数为 $n_{qb}=\dfrac{I_{qb}}{I_{op}}=\dfrac{24.5\text{A}}{10\text{A}}=2.45$。

（2）检验 $KA_2$ 的速断保护灵敏度

$I_{k.min}$ 取 $WL_2$ 首端 k-1 点的两相短路电流，则 $I_{k.min}=0.866I_{k-1}^{(3)}=0.866\times1000A=866A$，故 $KA_2$ 的电流速断保护灵敏度为

$$S_p=\frac{K_wI_{k-1}^{(2)}}{K_iI_{qb}}=\frac{1\times866A}{20\times24.5A}=1.77\approx2$$

由此可见，其灵敏度满足要求。

**4．线路的过负荷保护**

线路的过负荷保护只对可能出现过负荷的电缆线路才予以装设，一般延时动作发出信号，如图 5-23 所示。

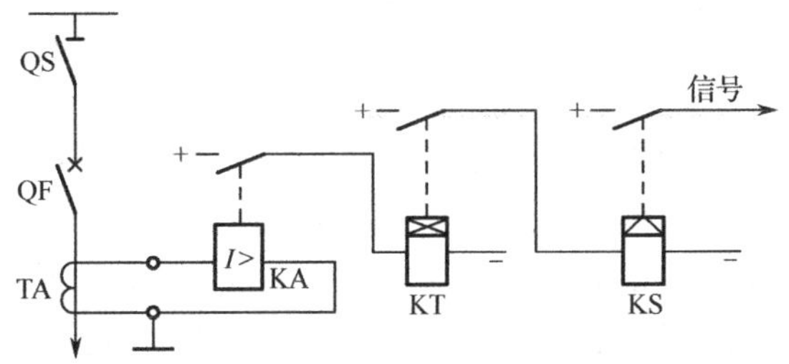


TA—电流互感器；KA—电流继电器；KT—时间继电器；KS—信号继电器

图 5-23　线路过负荷保护电路

电力线路过负荷保护的动作电流 $I_{op}$，按躲过线路的计算电流 $I_{30}$ 来整定，即其整定计算公式为

$$I_{op}=\frac{1.2\sim1.3}{K_i}I_{30} \tag{5-18}$$

式中，$I_{30}$ 为线路的计算电流，动作时间一般取 10～15s。

**5．单相接地保护**

在电源中性点直接接地系统中，当发生单相接地故障时，将产生很大的短路电流，一般能使保护装置迅速动作，切除故障部分。

在小接地电流的电力系统中，如果发生单相接地故障，则只有很小的接地电容电流，而相间电压不变，因此可暂时继续运行。但是这毕竟是一种故障，而且由于非故障相的对地电压要升高为原来对地电压的 $\sqrt{3}$ 倍，因此对线路绝缘是一种威胁，如果长此下去，可能引起非故障相的对地绝缘击穿而导致两相接地短路，这将引起开关跳闸，线路停电。因此，在系统发生单相接地故障时，必须通过无选择性的绝缘监视装置或有选择性的单相接地保护装置，发出报警信号，以便运行值班人员及时发现和处理。

1）绝缘监察装置

在变电所每段母线上装一只三相五柱电压互感器或三只单相三绕组电压互感器，在接成 Y 的二次绕组上接三只相电压表，在接成开口三角形的二次绕组上接一只电压继电器，如图 5-24 所示。系统发生单相接地故障时，接地相对地电压近似为零，非故障相对地电压升高 $\sqrt{3}$ 倍，近似为线电压。同时，开口三角形绕组两端电压也升高，近似为 100V，电压继电器动作，发出单相接地信号。因此，绝缘监视装置又称为零序电压保护，无选择性。运行人员可根据接地信号和电压表读数，判断哪一段母线、哪一相发生单相接地，但不能判断哪一条线路发生单相接地，

因此绝缘监视装置是无选择性的。只能采用依次拉合的方法，判断接地故障线路。

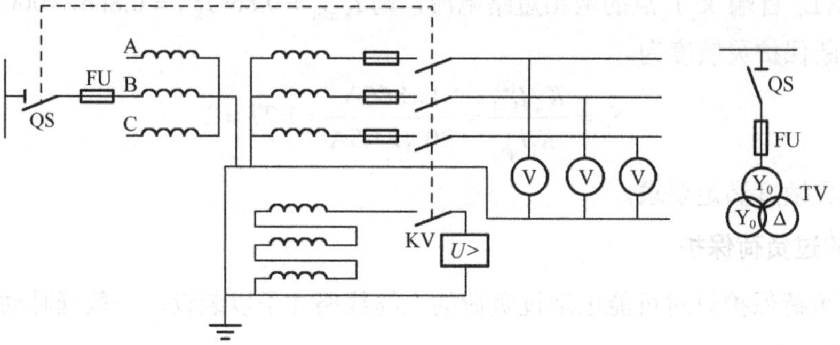


图 5-24　三相五柱式电压互感器的绝缘监测

2）零序电流保护

在中性点不接地系统中，除采用绝缘监测装置外，也可在每条线路上装设单独的单相接地保护又称零序电流保护，它利用单相接地所产生的零序电流使保护装置动作，发出信号。当单相接地危及人身和设备安全时，则动作于跳闸。单相接地保护必须通过零序电流互感器将一次电路发生单相接地时所产生的零序电流反应到它二次侧的电流继电器中去，如图 5-25 所示。

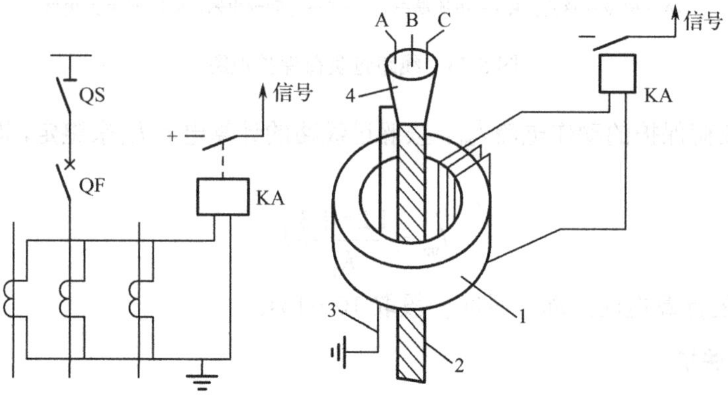


图 5-25　架空线和电缆线的零序电流保护接线

**特别注意：** 关于架空线路的单相接地保护，可采用由三个相装设的同型号规格的电流互感器同极性并联所组成的零序电流过滤器。但一般工厂的高压架空线路不长，很少装设。电缆头的接地线必须穿过零序电流互感器的铁芯，否则接地保护装置不起作用。

单相接地保护装置动作电流的整定：

当供电系统某一线路发生单相接地故障时，其他线路上都会出现不平衡的电容电流，而这些线路因本身是正常的，其接地保护装置不应该动作，因此单相接地保护的动作电流 $I_{op(E)}$应该躲过在其他线路上发生单相接地时在本线路上引起的电容电流 $I_C$，即单相接地保护动作电流的整定计算公式为

$$I_{op(E)}=\frac{K_{rel}}{K_i}I_C \qquad (5\text{-}19)$$

式中，$I_C$——其他线路发生单相接地时，在被保护线路上产生的电容电流；

$K_i$——零序电流互感器的变流比；

$K_{rel}$——可靠系数，保护装置不带时限，取 4～5，保护装置带时限时，取 1.5～2。

单相接地保护的灵敏度检验公式为

$$S_p = \frac{I_{C.\Sigma} - I_C}{K_i I_{op(E)}} \geqslant 1.5 \quad (5\text{-}20)$$

式中，$I_{C.\Sigma}$ 为流经接地点的接地电容电流总和。

# 任务 4　电力变压器的继电保护

## 5.4.1　变压器继电保护认知

变压器故障分内部故障和外部故障。内部故障包括：绕组及其引出线的相间短路、绕组的匝间短路、中性点直接接地侧的单相接地短路等。这些故障将产生很强的电弧进而会引起绝缘油的剧烈汽化，从而导致油箱爆炸等更严重的事故。

常见的外部故障包括：套管及引出线上的短路和接地。最易发生的是由于套管损坏而引起引出线的相间短路和碰壳后的接地短路。

变压器常见的不正常状态：过负荷；油面降低；变压器温度升高或油箱压力升高或冷却系统故障。

根据有关规定，对于高压侧为（6～10）kV 的车间变电所主变压器来说，通常装设带时限的过电流保护；如果过电流保护动作时间大于 0.5～0.7s 时，还应装设电流速断保护。容量在 800kVA 及以上的油浸式变压器和 400kVA 及以上的车间内油浸式变压器，按规定还应装设瓦斯保护（又称气体继电保护），作为内部故障和油面降低时的保护装置。容量在 400kVA 及以上的变压器，当数台并列运行或者单台运行并作为其他负荷的备用电源时，应根据可能过负荷的情况装设过负荷保护。过负荷保护和瓦斯保护在轻微故障时（通常称为“轻瓦斯”故障），只动作于信号；而其他保护包括瓦斯保护在严重故障时（通常称为“重瓦斯”故障），一般均动作于跳闸。

对于高压侧为 35kV 及以上的工厂总降压变电所主变压器来说，应装设过电流保护、电流速断保护和瓦斯保护；在有可能过负荷时还应装设过负荷保护。如果单台运行的变压器容量在 10000kVA 及以上或者并列运行的变压器每台变压器容量在 6300kVA 及以上时，则应装设纵联差动保护来取代电流速断保护。

## 5.4.2　电力变压器的过电流保护、电流速断保护和过负荷保护

### 1. 电力变压器的过电流保护

电力变压器过电流保护的组成、原理与前面讲述的电力线路过电流保护的组成、原理完全相同。动作电流的整定也与电力线路过电流保护的整定基本相同：

$$I_{op} = \frac{K_{rel} K_w}{K_{re} K_i} I_{L.max} \quad (5\text{-}21)$$

式中，$I_{L.max}$ 为线路上的最大负荷电流，可取为 $(1.5\sim3)I_{1N.T}$，$I_{1N.T}$ 为变压器一次侧的额定电流。

电力变压器过电流保护动作时间的整定也与电力线路过电流保护的整定相同，也按“阶梯原则”整定。但对电力系统的终端变电所如车间变电所的电力变压器来说，其动作时间可整定为最小值（0.5s）。

电力变压器过电流保护的灵敏度，按变压器二次侧母线在系统最小运行方式下发生两相短

路时换算到一次侧的短路电流值来检验，要求灵敏系数 $S_p \geqslant 1.5$ 。如果达不到要求，同样可采用低电压闭锁的过电流保护。

**2．电力变压器的电流速断保护**

电力变压器电流速断保护的组成、原理，也与前面讲述的电力线路的电流速断保护相同。速断电流整定计算公式，也与电力线路电流速断保护的基本相同：

$$I_{qb} = \frac{K_{rel} K_w}{K_i} I_{k.max} \tag{5-22}$$

式中，$I_{k.max}$ 为电力变压器二次侧母线的三相短路电流周期分量有效值换算到一次侧的短路电流值，即电力变压器电流速断保护的速断电流应按躲过其二次侧母线三相短路电流来整定。

电力变压器电流速断保护的灵敏度，按保护装置安装处（一次侧）线路首端在系统最小运行方式下发生两相短路时的短路电流来检验。

电力变压器的电流速断保护，与电力线路的电流速断保护一样，也有“死区”。弥补死区的措施，也是配备带时限的过电流保护。

考虑到电力变压器在空载投入或突然恢复电压时将出现一个冲击性的励磁涌流，为避免电流速断保护误动作，可在速断电流整定后，将电力变压器在空载时试投若干次，以检验电流速断保护是否误动作。

**3．电力变压器的过负荷保护**

电力变压器过负荷保护的组成、原理，也与电力线路的过负荷保护完全相同。

电力变压器过负荷保护动作电流的整定计算公式也与电力线路过负荷保护基本相同，只是电力变压器过负荷保护的动作电流 $I_{op}$，按躲过变压器的一次额定电流 $I_{1N.T}$ 来整定：

$$I_{op} = \frac{1.2 \sim 1.3}{K_i} I_{1N.T} \tag{5-23}$$

电力变压器过负荷保护的动作时间一般也取 10～15s。

图 5-26 为电力变压器定时限过电流保护、电流速断保护和过负荷保护的综合电路图。

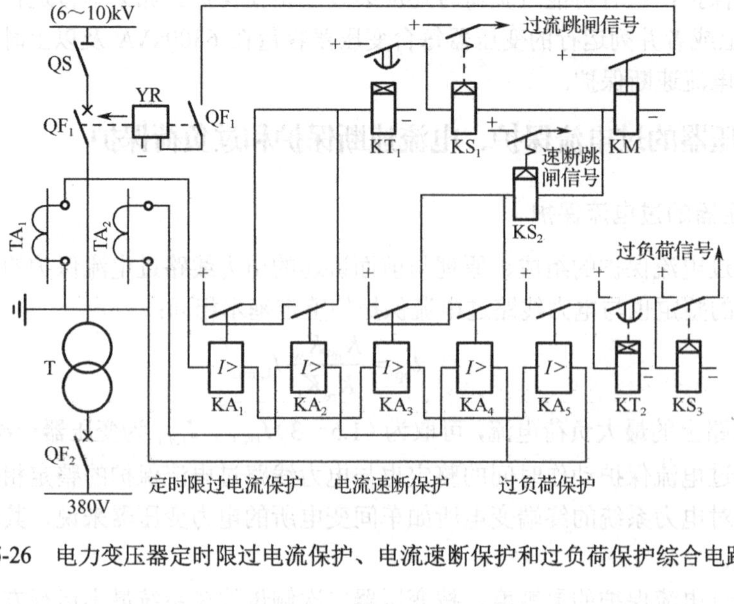


图 5-26　电力变压器定时限过电流保护、电流速断保护和过负荷保护综合电路图

### 5.4.3　电力变压器的瓦斯保护

瓦斯保护又称气体继电保护，是保护油浸式电力变压器内部故障的一种基本的相当灵敏的保护装置。800kVA 及以上的油浸式变压器和 400kVA 及以上的车间内油浸式变压器，均应装设瓦斯保护。

瓦斯保护的主要元件是瓦斯继电器（又称气体继电器 KG），它装设在油浸式变压器的油箱与油枕之间的联通管中部。如图 5-27 所示，为了使油箱内部产生的气体能够顺畅地通过瓦斯继电器排往油枕，变压器安装应取 1%～1.5%的倾斜度；而变压器在制造时，联通管对油箱顶盖也有 2%～4%的倾斜度。

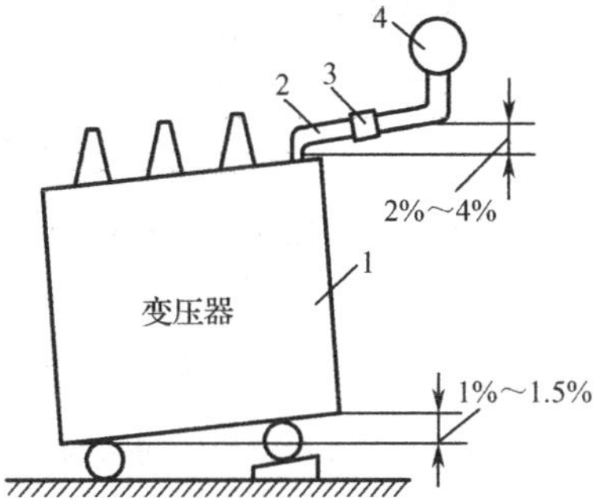


1—变压器油箱；2—联通管；3—瓦斯继电器；4—油枕

图 5-27　瓦斯继电器安装示意图

在电力变压器正常运行时，瓦斯继电器的容器内包括其中的上下开口油杯，都是充满油的，而上下油杯因各自平衡锤的作用而升起，此时上下两对触头都是断开的。

当电力变压器油箱内部发生轻微故障时，由故障产生的少量气体慢慢升起，进入瓦斯继电器的容器，并由上而下地排出其中的油，使油面下降，上油杯因其中盛有残余的油而使其力矩大于转轴的另一端平衡锤的力矩而降落。这时上触头接通信号回路，发出音响和灯光信号，这称为“轻瓦斯动作”。

当电力变压器油箱内部发生严重故障时，例如相间短路、铁芯起火等，由故障产生的气体很多，带动油流迅猛地由变压器油箱通过联通管进入油枕。这大量的油气混合体在经过瓦斯继电器时，冲击挡板，使下油杯下降。这时下触头接通跳闸回路（通过中间继电器），使断路器跳闸，同时发出音响和灯光信号（通过信号继电器），这称为“重瓦斯动作”。

如果电力变压器油箱漏油，使得瓦斯继电器容器内的油也慢慢流尽，如图 5-28 所示。先是瓦斯继电器的上油杯下降，上触头接通，发出报警信号；接着其下油杯下降，下触头接通，使断路器跳闸，同时发出跳闸信号。

#### 1. 电力变压器瓦斯保护的接线

图 5-29 是油浸式电力变压器瓦斯保护的接线图。当变压器内部发生轻微故障（轻瓦斯）时，瓦斯继电器 KG 的上触头 $KG_{1-2}$ 闭合，动作于报警信号。当变压器内部发生严重故障（重瓦斯）时，KG 的下触头 $KG_{3-4}$ 闭合，通常是经过中间继电器 KM 动作于断路器 QF 的跳闸机构 YR，同时通过信号继电器 KS 发出跳闸信号。但 $KG_{3-4}$ 闭合，也可以利用切换片 XB 切换，使 KS 的线圈串接限流电阻 $R$，动作于报警信号。

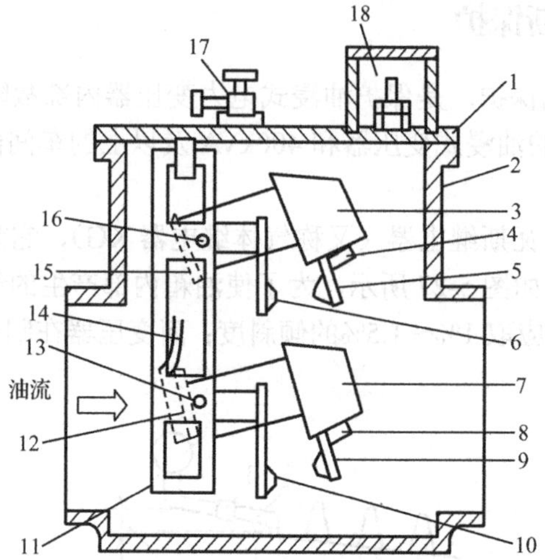


1—盖板；2—容器；3—上油杯；4—永久磁铁；5—上动触头；6—上静触头；7—下油杯；8—永久磁铁；9—下动触头；10—下静触头；11—支架；12—下油杯平衡锤；13—下油杯转轴；14—挡板；15—上油杯平衡锤；16—上油杯转轴；17—放气阀；18—接线盒（内接线端子）

图 5-28　FJ1-80 型瓦斯继电器的结构示意图

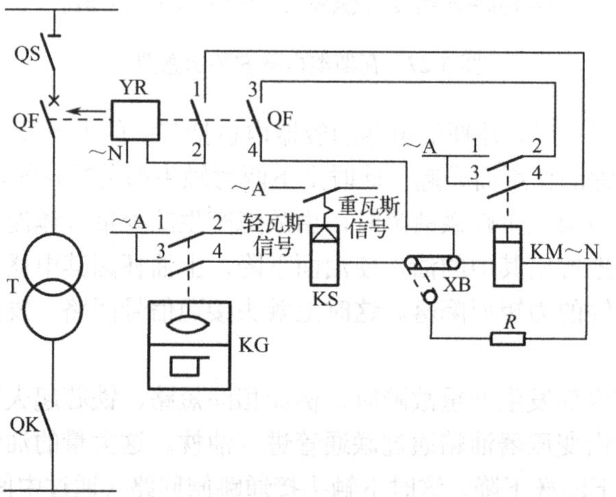


T—电力变压器；KG—瓦斯继电器；KS—信号继电器；KM—中间继电器；QF—断路器；YR—跳闸线圈；XB—切换片

图 5-29　油浸式电力变压器瓦斯保护的接线

由于瓦斯继电器下触头 $KG_{3\text{-}4}$ 在重瓦斯时可能有“抖动”（接触不稳定）的情况，因此为了使跳闸回路稳定地接通，断路器能足够可靠地跳闸，这里利用中间继电器 KM 的上触头 $KM_{1\text{-}2}$ 做“自保持”触头。只要 $KG_{3\text{-}4}$ 因重瓦斯动作一闭合，就使 KM 动作，并借其上触头 $KM_{1\text{-}2}$ 的闭合而自保持动作状态，同时其下触头 $KM_{3\text{-}4}$ 也闭合，使断路器 QF 跳闸。断路器跳闸后，其辅助触头 $QF_{1\text{-}2}$ 断开跳闸回路，以减轻中间继电器的工作，而其另一对辅助触头 $QF_{3\text{-}4}$ 则切断中间继电器 KM 的自保持回路，使中间继电器返回。

### 2．电力变压器瓦斯保护动作后的故障分析与处理

电力变压器瓦斯保护动作后，可由蓄积在瓦斯继电器内的气体性质来分析和判断故障的原因及处理要求，如表 5-2 所示。

**表 5-2　瓦斯继电器动作后的气体分析和处理要求**

| 气 体 性 质 | 故 障 原 因 | 处 理 要 求 |
| --- | --- | --- |
| 无色，无臭，不可燃 | 电力变压器内含有空气 | 允许继续运行 |
| 灰白色，有剧臭，可燃 | 纸质绝缘烧毁 | 应立即停电检修 |
| 黄色，难燃 | 木质绝缘烧毁 | 应停电检修 |
| 深灰色或黑色，易燃 | 油内闪络，油质炭化 | 应分析油样，必要时停电检修 |

## 5.4.4　电力变压器的差动保护

差动保护利用故障时产生的不平衡电流来动作，保护灵敏度很高，而且动作迅速。规定：10000kVA 及以上的单独运行变压器和 6300kVA 及以上的并列运行变压器，应装设纵联差动保护；其他重要变压器及电流速断保护灵敏度达不到要求时，也可装设纵联差动保护。

### 1. 电力变压器差动保护的基本原理

电力变压器的差动保护，主要用来保护电力变压器内部以及引出线和绝缘套管的相间短路，并且也可用来保护电力变压器内部的匝间短路，其保护区在电力变压器一、二次侧所装电流互感器之间。

图 5-30 是电力变压器差动保护的单相原理电路图。在电力变压器正常运行或差动保护的保护区外 k-1 点发生短路时，$TA_1$ 的二次电流 $I_1'$ 与 $TA_2$ 的二次电流 $I_2'$ 相等或接近相等，则流入继电器 KA 的电流 $I_{KA}=I_1'-I_2'\approx 0$，继电器 KA 不动作。当差动保护的保护区内 k-2 点发生短路时，对于单端供电的变压器来说，$I_2'=0$，所以 $I_{KA}=I_1'$，超过继电器 KA 所整定的动作电流，从而使 KA 瞬时动作，然后通过出口继电器 KM 使断路器 QF 跳闸，切除短路故障，同时通过信号继电器 KS 发出信号。

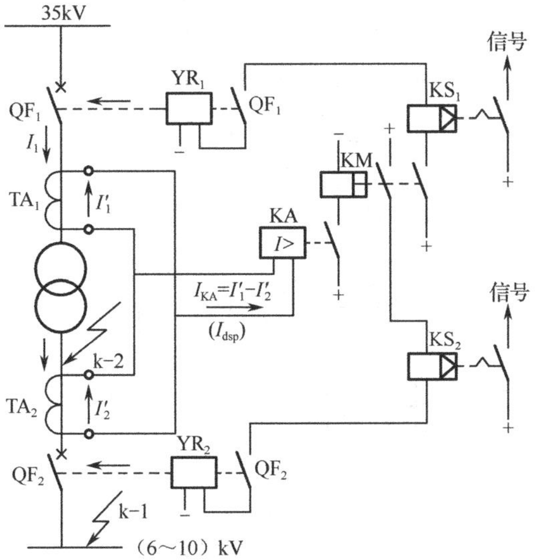


图 5-30　变压器纵联差动保护的单相原理电路图

### 2. 变压器差动保护中不平衡电流产生的原因和减小措施

（1）变压器连接组别引起的不平衡电流：将变压器星形接线侧的电流互感器接成三角形接线，变压器三角形接线侧的电流互感器接成星形接线，这样变压器两侧电流互感器的二次侧电流相位相同，消除了由变压器连接组引起的不平衡电流。

（2）电流互感器变比引起的不平衡电流：利用差动继电器中的平衡线圈或自耦电流互感器消除由电流互感器变比引起的不平衡电流。

（3）变压器励磁涌流引起的不平衡电流：由于电力变压器在空载投入时产生的励磁涌流只通过变压器一次绕组，而二次绕组因开路而无电流，从而在差动回路中产生相当大的不平衡电流。这可以通过在差动保护回路中接入速饱和电流互感器，而继电器则接在速饱和电流互感器的二次侧，以减小励磁涌流对差动保护的影响。

此外，在电力变压器正常运行和外部短路时，由于电力变压器两侧电流互感器的形式和特性的不同，也会在差动保护回路中产生不平衡电流。电力变压器分接头电压的改变，改变了变压器的变压比，而电流互感器的变流比不可能相应改变，从而破坏了差动保护回路中原有的电流平衡状态，也会产生新的不平衡电流。总之，产生不平衡电流的因素很多，不可能完全消除，而只能设法使之减小到最小值。

## 5.4.5　电力变压器低压侧的单相短路保护

（1）电力变压器低压侧装设三相均带过电流脱扣器的低压断路器保护

这种低压断路器，既可作为低压侧的主开关，操作方便，且便于自动投入，供电可靠性高，又可用来保护变压器低压侧的相间短路和单相短路。这种保护方式在工厂和车间变电所中应用最为普遍。

（2）电力变压器低压侧三相均装设熔断器保护

电力变压器低压侧三相均装设熔断器，既可保护电力变压器低压侧的相间短路，又可保护其单相短路，简单经济。但熔断器熔断后，更换熔体需一定时间，从而影响连续供电，所以采用熔断器保护只适用于供不重要负荷的小容量电力变压器。

（3）在电力变压器低压侧中性点引出线上装设零序电流保护

在电力变压器低压侧中性点的引出线上装设零序电流保护的电路如图 5-31 所示。其动作电流 $I_{op(0)}$按躲过电力变压器低压侧最大不平衡电流来整定，其整定计算公式为

$$I_{op(0)}=\frac{K_{rel}K_{dsq}}{K_i}I_{2N.T} \tag{5-24}$$

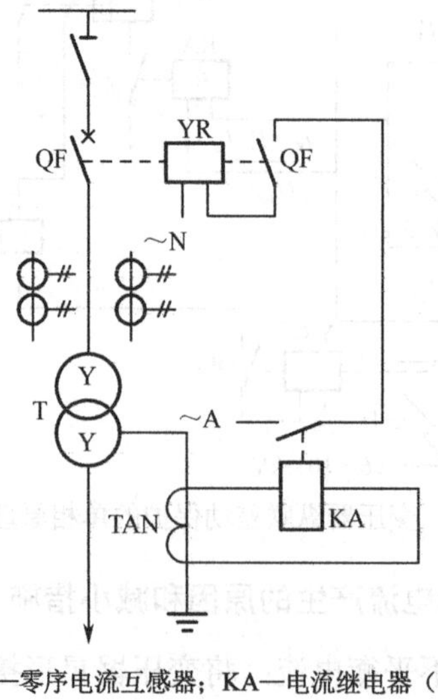

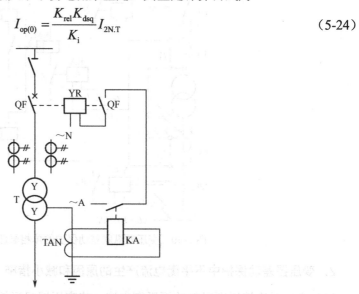

QF—高压断路器；TAN—零序电流互感器；KA—电流继电器（GL 型）；YR—跳闸线圈

图 5-31　电力变压器的零序电流保护

式中，$I_{2N.T}$为电力变压器的额定二次电流；$K_{dsq}$为不平衡系数，一般取 0.25；$K_i$为零序电流互感器的变流比；$K_{rel}$为可靠系数，可取 1.3。

零序电流保护的动作时间一般取 0.5～0.7s。零序电流保护的灵敏度，按低压干线末端发生单相短路来检验。采用这种零序电流保护，灵敏度较高，但投资较前两种方式多，故一般工厂供电系统中较少采用。

# 任务 5　电气设备的防雷与接地

## 5.5.1　过电压与防雷

在电力系统中，雷击是主要的自然灾害。雷电可能损坏设备或设施造成大规模停电，也可能引起火灾或爆炸事故危及人身安全，因此必须对电力设备、建筑物等采取一定的防雷措施。

在供电系统中，过电压有两种：内部过电压和大气过电压。内部过电压是供电系统中开关操作、负荷骤变或由于故障而引起的过电压，运行经验证明，内部过电压对电力线路和电气设备绝缘的威胁不是很大。雷电引起的过电压，叫做大气过电压。这种过电压危害相当大，应特别加以防护。

### 1. 雷电现象与危害

大气过电压的两种形式：直接雷击（直击雷）和感应过电压或感应雷（雷电的二次作用）。

（1）直击雷的形成。雷电是带电荷的雷云间或雷云对大地（或物体）之间产生急剧放电的一种自然现象。大气过电压产生的根本原因是雷云放电。大气中的饱和水蒸汽在上、下气流的强烈摩擦和碰撞下，形成带正、负不同电荷的雷云。当带电的云块临近大地时，雷云与大地间形成一个大电场。由于静电感应，大地感应出与雷云极性相反的电荷。当电场强度达到（25～30）kV/cm 时，周围空气绝缘击穿，云层对大地发生先导放电。当先导放电的通路到达大地时，大地电荷与雷云电荷中和，出现极大电流，即主放电阶段，其时间极短，电流极大，是全部雷电流的主要部分。之后，雷云中的剩余电荷继续沿着主放电通道向大地放电，形成断续的隆隆雷声，这是余辉放电阶段。

（2）感应雷/感应过电压的形成。架空线路在其附近出现对地雷击时，极易产生感应过电压。当雷云出现在架空线路上方时，线路上由于静电感应而积聚大量异性的束缚电荷，如图 5-32（a）所示。当雷云对地放电或与其他异性雷云中和放电后，线路上的束缚电荷被释放而形成自由电荷，向线路两端泄放，形成很高的感应过电压，如图 5-32（b）所示，这就是“感应雷”。

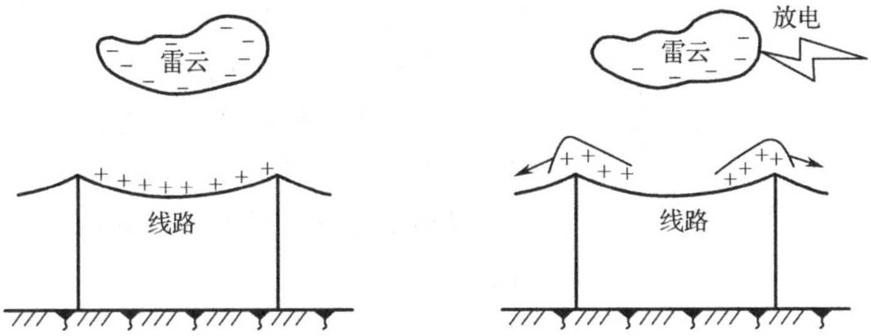

（a）雷云在线路上方时　（b）雷云对地或对其他雷云放电后

图 5-32　架空线路上的感应过电压

直接雷电对建筑物或其他物体放电，其过电压引起强大的雷电流通过物体，产生破坏性很大的热效应和机械效应。它还会产生高电位反击和雷击点的电位梯度造成人畜跨步电压和接触电压危害，还会造成击毁杆塔和建筑物，烧断导线，烧毁设备，引起火灾。雷电的静电感应或电磁感应所引起的过电压，会造成击穿电气绝缘，甚至引起火灾，对弱电设备如电脑等的危害最大。

### 2. 防雷装置

雷电过电压的种类分为直击雷过电压、感应雷过电压、雷电波侵入过电压。一般对直击雷的防护采用避雷装置如避雷针、避雷线等；对感应雷的防护采用屏蔽措施和金属体良好接地；对雷电波的防护采用架空线进线处采用电缆线，线路末端采用电容器吸收雷电波及采用避雷器泄流。

（1）避雷针、避雷线、避雷带或网。避雷针的作用实质上是引雷，是将雷电引到自己身上来，避免了在它所保护范围其他物体遭受雷击。避雷针（线）的保护范围与其高度有关。

避雷针由接闪器、引下线、接地体三部分组成。

接闪器：避雷针的最高部分，专用来接受雷云放电，称为“受雷尖端”。接闪器的金属杆称为避雷针，接闪器的金属线称为避雷线或架空地线，接闪器的金属带称为避雷带，接闪器的金属网称为避雷网。避雷针一般采用针长为1～2m、直径不小于16mm的镀锌圆钢或采用针长为1～2m、内径不小于25mm的镀锌钢管制成。它通常安装在电杆或构架、建筑物上。

接地引下线：接闪器与接地体之间的连接线，它将接闪器上的雷电流安全地引入接地体，使之尽快地泄入大地。引下线一般采用镀锌圆钢或镀锌钢绞线。

接地体：避雷针的地下部分，其作用是将雷电流直接泄入大地。接地体埋设深度应不小于0.6m，垂直接地体的长度应不小于2.5m，垂直接地体之间的距离一般不小于5m。接地体一般采用镀锌圆钢。

避雷线主要用来保护架空线路，避雷带和避雷网主要用来保护高层建筑物免遭直击雷和感应雷。避雷线一般采用截面不小于35mm$^2$的镀锌钢绞线，架设在架空线的上面，以保护架空线或其他物体免遭直击雷。避雷带和避雷网宜采用圆钢和扁钢，优先采用圆钢。圆钢直径应不小于8mm，扁钢截面应不小于48mm$^2$，其厚度应不小于4mm。

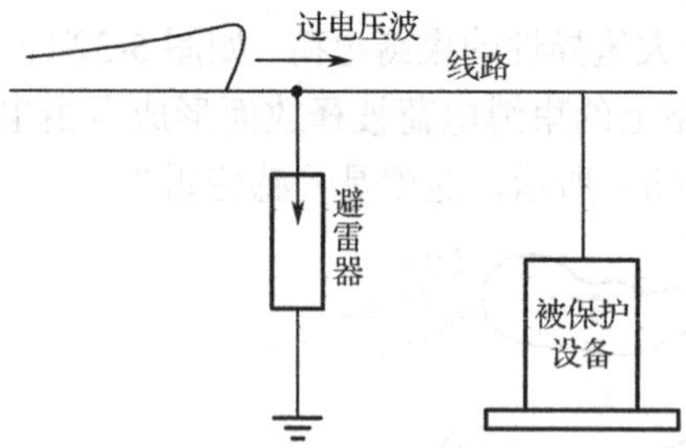


图5-33　避雷器与被保护设备的连接

（2）避雷器。避雷器用来防止雷电产生过电压波沿线路侵入变电所或其他设备内，从而使被保护设备的绝缘免受过电压的破坏。

避雷器有管形避雷器、阀型避雷器、保护间隙、金属氧化物避雷器等。一般接于导线与地之间，与被保护设备并联，装在被保护设备的电源侧，如图5-33所示。当有过电压波侵入时，避雷器的火花间隙就被击穿，或由高电阻变成低电阻，使过电压通过避雷器泄放到大地，使电力设备绝缘免遭损伤，过电压过去后，避雷器又自动恢复到起始状态。

### 3. 防雷措施

1）架空线的防雷措施

（1）架设避雷线是防雷的有效措施，但造价高，只在66kV及以上架空线上才装设。35kV架空线一般只在进出变电所的一段线路上装设，而10kV及以下线路上一般不装设避雷线。

（2）提高线路本身的绝缘水平。可以采用高一级电压的绝缘子，以提高线路的防雷水平。

（3）尽量装设自动重合闸装置。线路发生雷击闪络造成了稳定的电弧，形成短路跳闸。当线路断开后，电弧熄灭，把线路再接通时，一般电弧不会重燃，因此重合闸后，线路恢复正常状态，能缩短停电时间。

（4）装设避雷器和保护间隙。用于保护线路上个别绝缘薄弱地点，包括特别高的杆塔，带拉线的杆塔、跨越杆塔、分支杆塔、转角杆塔以及木杆线路中的金属杆塔等处。

（5）对于低压（380/220V）架空线路的保护：在多类雷地区，当变压器采用（Yyn0）接线，宜在低压侧装设阀式避雷器或保护间隙。当变压器低压侧中性点不接地时，应在其中性点装设击穿保险器；对于重要用户，宜在低压线路进入室内前 50m 处安装低压避雷器，进入室内后再装低压避雷器；对于一般用户，可在低压进线第一支持物处装设低压避雷器或击穿保险器。

2）变配电所的防雷措施

（1）装设避雷针来防止直接雷。

（2）装设避雷线：峡谷地区变配电所用避雷线防护直击雷。35kV 及以上变配电所架空进线上，架设（1～2）km 的避雷线，以消除一段进线上的雷击闪络，避免雷电波侵入危害。

（3）装设避雷器：主要用来保护主变压器，以免雷电冲击波沿高压线路侵入变电所。对（3～10）kV 的变电所变压器，应在其高低压两侧装设阀型避雷器，如图 5-34 所示。避雷器的接地引下线、变压器的外壳、变压器低压侧中性点应连接在一起，然后再与接地装置相连接。对（3～10）kV 的配电装置，为了防止雷电波侵入，应当在变电所的每组母线和每路进线上装设阀型避雷器，如图 5-35 所示。如果进线是具有一段引入电缆的架空线，则在架空线路终端的电缆头处装设阀型避雷器或管式避雷器，其接地端与电缆头外壳相连后接地。

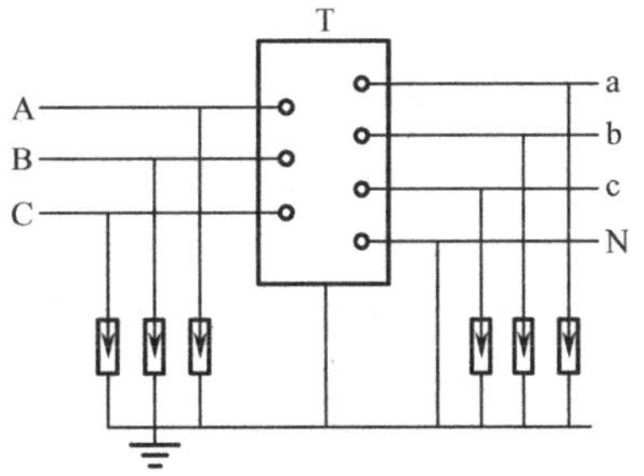


图 5-34　（3～10）kV 变压器的防雷保护

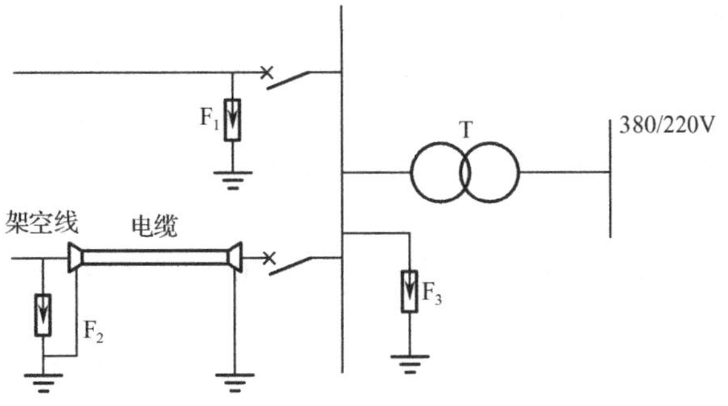


图 5-35　（3～10）kV 配电装置防止雷电波侵入的保护接线

3）高压电动机的防雷措施

高压电动机的定子绕组采用固体介质绝缘，其冲击耐压试验值大约只有相同电压等级的油浸式电力变压器的 1/3 左右，加之长期运行，固体介质还要受潮、腐蚀和老化，会进一步降低其耐压水平。因此高压电动机对雷电波侵入的防护，不能采用普通的 FS 型或 FZ 型阀式避雷器而应采用专用于保护旋转电机的 FCD 型磁吹阀式避雷器，或采用有串联间隙的金属氧化物避雷器。对定子绕组中性点能引出的高压电动机，就在中性点装设磁吹阀式避雷器或金属氧化物避雷器。对定子绕组中性点不能引出的高压电动机，可采用图 5-36 所示接线。为降低沿线路侵入的雷电波波头陡度，减轻其对电动机绕组绝缘的危害，可在电动机进线上加一段 100～150m 的引入电缆，并在电缆前的电缆头处安装一组普通阀式或排气式避雷器，而在电动机电源端（母线上）安装一组并联有电容器（0.25～0.5）μF 的 FCD 型磁吹阀式避雷器。

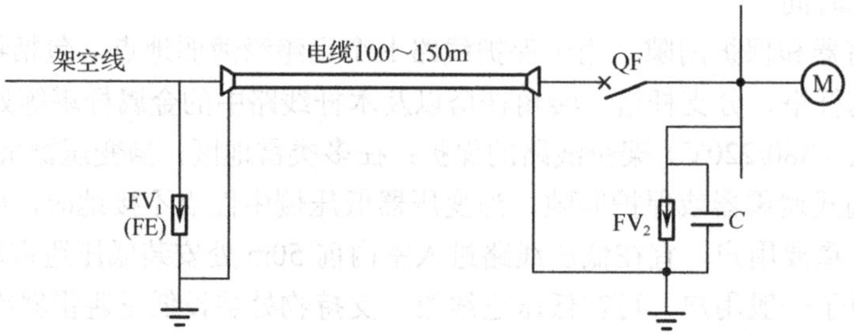


$FV_1$—普通阀式避雷器；$FV_2$—磁吹阀式避雷器；FE—排气式避雷器

图 5-36　高压电动机对雷电波侵入的防护

4）建筑物的防雷措施

根据发生雷电事故的可能性和后果，建筑物分成三类：

第一、二类建筑物用于制造、使用或储存爆炸物质，因电火花而会（或不宜）引起爆炸，造成（或不致造成）巨大破坏和人身伤亡；以及在正常情况下（或在不正常情况下）能（或才能）形成爆炸性混合物，因火花而引起爆炸的建筑物。

第三类建筑物是除第一、二类建筑物以外的爆炸、火灾危险的场所，按雷击的可能性及其对国民经济的影响，确定需要防雷的建筑物。如年预计雷击次数 $N \geqslant 0.06$ 的一般工业建筑物，或年预计雷击次数 $0.3 \geqslant N \geqslant 0.06$ 的一般性民用建筑物，并结合当地的雷击情况，确定需要防雷的建筑物。还有历史上雷害事故较多地区的较重要的建筑物、15～20m 以上的孤立的高耸的建筑物（如烟囱、水塔）。

对第一类防雷建筑物和第二类防雷建筑物中有爆炸危险的场所，应有防直击雷、防雷电感应和防雷电波侵入的措施，指定专人看护，发现问题及时处理，并定期检查防雷装置。第二类防雷建筑物除有爆炸危险者及第三类防雷建筑物，应有防直击雷和防雷波侵入的措施。

对建筑物屋顶的易受雷击的部位，应装设避雷针或避雷带（网）进行直击雷防护。屋顶上装设的避雷带、网，一般应经 2 根引下线与接地装置相连。

为防直击雷或感应雷沿低压架空线侵入建筑物，使人和设备免遭损失，一般应将入户处或进户线电杆的绝缘子铁脚接地，其接地电阻应不大于 30Ω，入户处的接地应和电气设备保护接地装置相连。

在雷电多发的夏季，人们对防雷电要引起高度重视。当雷电发生时，应尽量避免使用家用电器，以防感应雷和雷电波的侵害。如人在户外，雷雨时应及时进入有避雷设施的场所，不在孤立的电杆、大树、烟囱下躲避。

## 5.5.2　接地

### 1．接地的基本概念

1）接地和接地装置

电气设备的某部分与大地之间做良好的电气连接，称为接地。接地装置由接地体和接地线两部分组成：

（1）埋入地中并直接与大地接触的金属导体，称为接地体或接地极。专门为接地而人为装设的接地体，称为人工接地体。兼做接地体用的直接与大地接触的各种金属构件、建筑物的基础等，称为自然接地体。

（2）接地体与电气设备的金属外壳之间的连接线，称为接地线。接地线在设备正常运行时是不载流的，但在故障情况下通过接地故障电流。接地线又分为接地干线和接地支线。由若干接地体在大地中相互用接地线连接起来的一个整体，称为接地网，如图 5-37 所示。

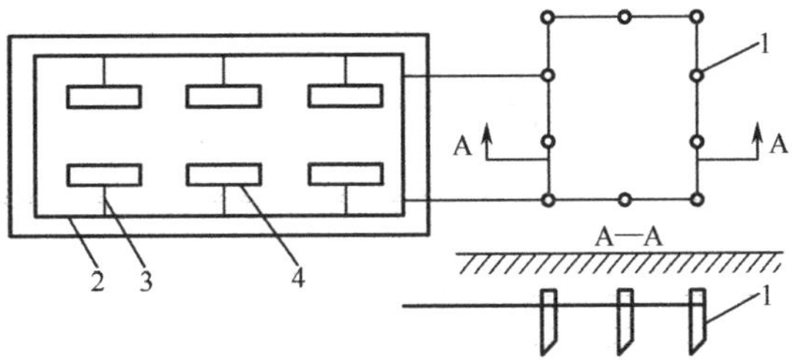


1—接地体；2—接地干线；3—接地支线；4—电气设备

图 5-37　接地网示意图

2）接地电流和对地电压（图 5-38）

当电气设备发生接地故障时，电流就通过接地体向大地做半球形散开，这一电流，称为接地电流 $I_E$。试验表明，在距单根接地体或接地故障点 20m 左右的地方，实际上散流电阻已趋近于零，这电位为零的地方，称为电气上的“地”或“大地”。电气设备的接地部分与零电位的“地”（大地）之间的电位差，就称为接地部分的对地电压 $U_E$。

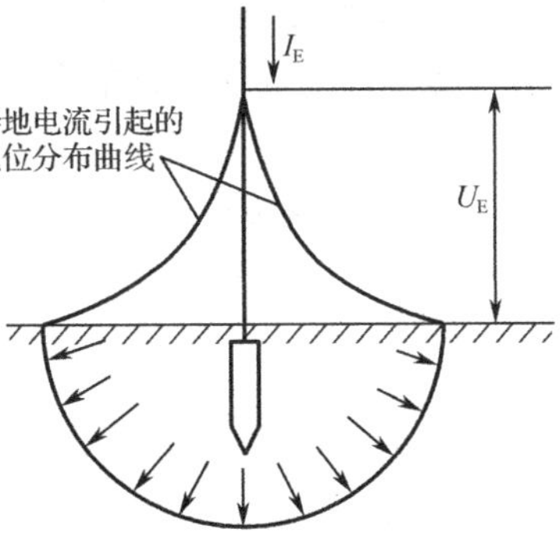


$I_E$—接地电流；$U_E$—对地电压

图 5-38　接地电流、对地电压及接地电流电位分布曲线

3）接触电压 $U_{tou}$ 和跨步电压 $U_{step}$（图 5-39）

接触电压 $U_{tou}$ 是指设备绝缘损坏时，在身体同时触及的两部分间出现的电位差。如人站在发生接地故障的设备旁，手触及设备金属外壳，则人手与脚之间的电位差，即为接触电压。

跨步电压 $U_{step}$ 是指在故障点附近行走，两脚间出现的电位差。在带电的断线落地点附近及防雷装置泄放雷电流的接地体附近行走时，同样也有跨步电压。跨步电压的大小与距接地点的远近有关，距离短路接地点越远，跨步电压越小，距离 20m 以外时，则跨步电压近似等于零。因此在敷设变配电所的接地装置时，应尽量使接地网做到电位分布均匀，以降低接触电压和跨步电压。

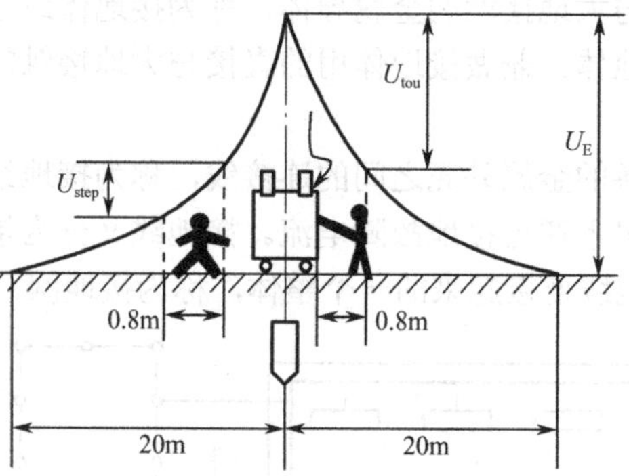


$U_{tou}$—接触电压；$U_{step}$—跨步电压

图 5-39　接触电压和跨步电压说明图

### 2. 接地的种类

接地主要有工作接地、保护接地、重复接地。

（1）工作接地

工作接地是为保证电力系统和电气设备达到正常工作要求而进行的一种接地，例如电源中性点的接地、防雷装置的接地等。各种工作接地有各自的功能。例如电源中性点直接接地，能在运行中维持三相系统中相线对地电压不变。而防雷装置的接地，是为了对地泄放雷电流，实现防雷保护的要求。

（2）保护接地

由于绝缘的损坏，在正常情况下不带电的电力设备外壳有可能带电，为了保障人身安全，将电力设备正常情况不带电的外壳与接地体之间做良好的金属连接，称为保护接地，如图 5-40 所示。保护接地一般应用在高压系统中，在中性点直接接地的低压系统中有时也有应用。低压保护接地可分为三种不同类型：IT 系统、TT 系统、TN 系统。

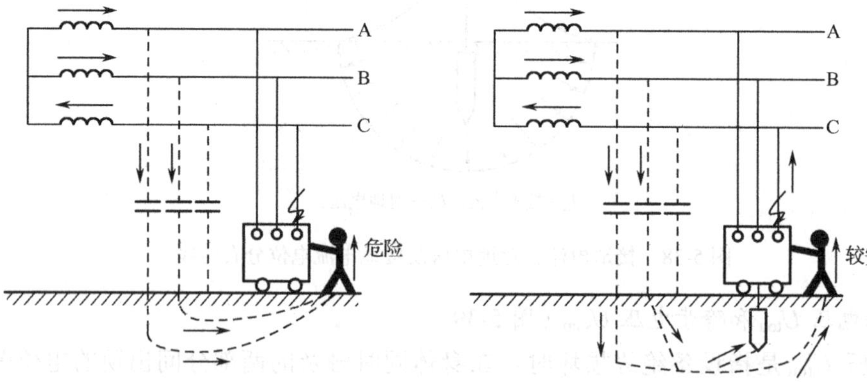


（a）电气设备没有保护接地时　　（b）电气设备有保护接地时

图 5-40　保护接地作用的说明

图 5-40（a）说明无保护接地时，若设备外壳带电，则人体会流过接地短路电流，这是相当危险的；图 5-40（b）说明有了保护接地时，若设备外壳带电，接地短路电流同时通过接地体和人体，但接地体电阻一般不大于 4Ω，比人体电阻（1700Ω）小得多，所以流经人体的电流较小，大大降低了危险，起到了保护作用。

（3）重复接地

在中性点直接接地的低压电力网中采用接零（接 PE 线）时，将零线上的一点或多点再次与大地做金属性连接，称为重复接地。作用是系统发生碰壳短路时，可降低零线对地电压，当零线断裂或零线与相线交叉连接时，可减轻触电危险。

如果不进行重复接地，则在 PE 线或 PEN 线断线且有设备发生单相接壳短路时，接在断线后面的所有设备的外壳都将呈现接近于相电压的对地电压，即 $U_E \approx U_\varphi$，如图 5-41（a）所示，这是很危险的。如果进行了重复接地，则在发生同样故障时，断线后面的设备外壳呈现的对地电压 $U'_E = I_E R'_E \ll U_\varphi$，如图 5-41（b）所示，危险程度大大降低。

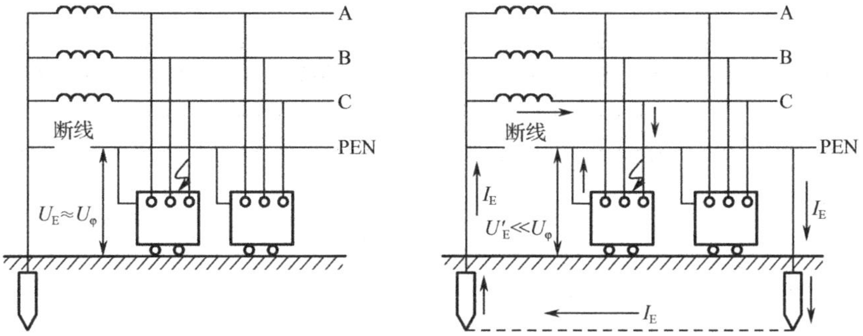


（a）没有重复接地　（b）有重复接地

图 5-41　零线断裂时零线对地电压

# 项 目 小 结

供电系统中常见短路、过载及接地故障，需装设不同类型的保护装置，在发生故障时能迅速、及时地将故障区域从供电系统中切除，当系统处于不正常运行时能发出报警信号。保护装置必须满足选择性、快速性、可靠性和灵敏性。

供配电系统常用保护有继电保护、熔断器保护和低压断路器保护。继电保护适用于要求供电可靠性较高的高压供电系统中。过电流保护和速断保护是保护线路相间短路的简单可靠的继电保护装置。熔断器保护装置简单经济，但断流能力较小，选择性差，熔体熔断后更换不方便，不能迅速恢复供电，在要求供电可靠性较高的场所不宜使用。低压断路器带有多种脱扣器，能够进行过电流、过载、失压和欠压保护等，而且可作为控制开关进行操作，在对供电可靠性要求较高且频繁操作的低压供电系统中广泛应用。

过电流保护装置分定时限过电流保护和反时限过电流保护。定时限过电流保护动作时间准确，容易整定，但继电器数目较多，接线比较复杂，在靠近电源处短路时，保护装置的动作时间太长。反时限过电流保护可采用交流操作，接线简单，所用保护设备数量少，但整定、配合较麻烦，继电器动作时限误差较大，当距离保护装置安装处较远的地方发生短路时，其动作时间较长，延长了故障持续时间。

电流速断保护装置可以克服过电流保护的缺陷，但其保护装置不能保护全段线路，会出现一段“死区”。在装设电流速断保护的线路上，必须配备带时限的过电流保护。

电力变压器的继电保护与高压线路的继电保护基本相同。变压器还有其特殊的保护——气体继电保护（瓦斯保护）。瓦斯保护只能反映变压器的内部故障，而不能反映变压器套管和引出线的故障。变压器的差动保护动作迅速，选择性好，还可用于线路和高压电动机的保护。

防雷电保护分为防直击雷和感应雷（或入侵雷）两大类。相应的保护设备分接闪器和避雷器两大类。接闪器有避雷针、避雷线、避雷网或避雷带等。避雷器有阀型避雷器、管型避雷器、金属氧化物避雷器等。

电气设备的某部分与大地之间做良好的电气连接，称为接地。接地分工作接地、保护接地和重复接地等。

# 思考与练习

**一、思考题**

（1）供电系统对保护装置的基本要求是什么？

（2）熔断器选择时应满足哪些条件？

（3）前后低压断路器之间应如何配合？

（4）感应式电流继电器由哪几个部分组成？各有什么动作特性？它在保护装置中起什么作用？它的文字符号和图形符号是什么？

（5）简述定时限过电流保护和反时限过电流保护的优缺点。

（6）什么是电流速断保护的“死区”？应如何弥补？

（7）在单相接地保护装置中，电缆头的接地线为什么要穿过零序电流互感器的铁芯后接地？

（8）试述变压器差动保护的工作原理。

**二、练习题**

1. 填空题

（1）工厂供电系统的过电流保护装置有________保护、________保护和________保护。

（2）保护继电器按其在保护装置中的用途分为________继电器、__________继电器、________继电器、________继电器等。

（3）在供配电系统中常用的继电器主要是________和________继电器，在现代电力系统中已广泛使用________继电器。

（4）写出下列继电器的文字符号：电压继电器________、电流继电器________、时间继电器________、信号继电器________。

（5）感应式电流继电器“先合后断的转换触头”动作程序是常开触头先________，常闭触头后________。

（6）对（3～66）kV 电力线路，应装设________短路保护、________接地保护和________保护。线路的相间短路保护，主要采用带时限的________和瞬时动作的________。

（7）过电压分为________和________两大类。

（8）内部过电压是指由于电力系统本身的________、________或________等原因，使系统的工作状态突然改变，从而在系统内部出现电磁能量转换、振荡而引起的过电压。

（9）雷电过电压有________和________两种基本形式。

2. 判断题

（1）供配电系统中继电保护的种类虽然很多，但基本上都是由三个部分组成，即测量部分、逻辑部分和执行部分。（　）

（2）GL 型感应式电流继电器在工厂供电系统中应用不广泛。（　）

（3）带时限的过电流保护装置的动作电流，应躲过线路正常运行时流经该线路的最大负荷电流。（　）

（4）定时限是指电流继电器本身的动作时限是固定的，与通过它的电流大小无关。（　）

（5）线路的过负荷保护一般延时动作于信号。（　）

（6）瓦斯（气体）继电器能反映变压器外部故障。（　）

（7）避雷针宜装设独立的接地装置。（　）

（8）埋入大地与土壤直接接触的金属物体，称为接地体或接地极。（　　）

（9）接地体可分为自然接地体、人工接地体。（　　）

3. 选择题

（1）最小运行方式是指电力系统处于（　　）的状态时的一种运行方式。

A. 短路阻抗为最小，短路电流为最大

B. 短路阻抗为最大，短路电流为最小

（2）供配电系统的继电保护装置按其保护内容的不同可分为（　　）。

A. 过电流保护、低电压保护、差动保护等

B. 定时限保护和反时限保护

C. 直流操作和交流操作

（3）对于小容量的变压器可以在其电源侧装设（　　）来代替纵联差动保护。

A. 瓦斯保护　　B. 过负荷保护　　C. 电流速断保护　　D. 零序电流保护

（4）变压器的差动保护的保护区在变压器（　　）所装的电流互感器之间。

A. 一次侧　　B. 二次侧　　C. 一、二次侧

（5）每幢建筑物本身应采用（　　）接地系统。

A. 共用　　B. 等电位　　C. 互相连接　　D. 焊接

（6）当电源采用 TN 系统时，从建筑物内总配电盘（箱）开始引出的配电线路和分支线路必须采用（　　）系统。

A. TN-C-S　　B. TN-S　　C. TN-C　　D. TN

4. 计算题

（1）有一台 Y 型电动机，其额定电压为 380V，额定容量为 30kW，额定电流为 56.9A，启动电流倍数为 6。现拟采用 BV 型导线穿焊接钢管敷设。该电动机采用 RT0 型熔断器做短路保护，短路电流 $I_k^{(3)}$ 最大可达 25kA。当地环境温度为 30℃。试选择熔断器及其熔体的额定电流，并选择导线截面和钢管直径。

（2）有一条采用 BX-500-1×50mm$^2$ 铜芯橡皮绝缘线明敷的 380V 三相三线线路，$I_{30}$=128A，$I_{pk}$=368A，此线路首端的 $I_k^{(3)}$ =6kA，末端 $I_k^{(3)}$ =3kA。当地环境温度为 35℃。试选择此线路首端装设的 DW15 型低压断路器及过电流脱扣器规格，并进行校验。

# 项目六　供配电系统二次回路和自动装置认知

## 学习目标

（1）了解供配电系统的二次回路；

（2）了解高压断路器的控制与信号回路；

（3）了解供配电系统的自动装置。

## 项目任务

### 1．项目描述

供配电系统有多种功能的二次回路和不同应用的二次回路。为此我们需要了解供配电系统的二次接线及二次接线图，其次要会分析二次回路的作用。随着全微机化的新型二次设备替代机电式的二次设备，或用不同的模块化软件实现机电式二次设备的各种功能，有必要认知微机化设备及计算机在供电系统中的应用。

### 2．工作任务

根据项目，通过查询有关信息和学习相关知识，完成以下工作任务：

（1）识读二次回路图；

（2）解读电磁操作机构操作高压断路器控制回路；

（3）理解“四遥”操作。

### 3．项目实施方案

本项目总体实施方案如图 6-1 所示。

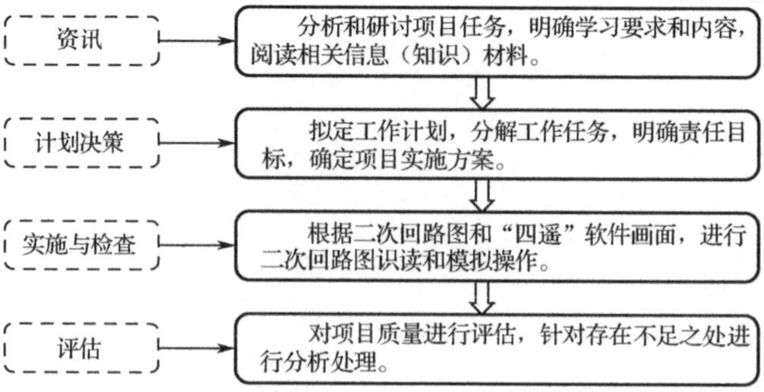


图 6-1　供配电系统二次回路和自动装置认知

## 任务 1　供配电系统二次回路认知

在变电所中通常将电气设备分为一次设备和二次设备两大类。一次设备是指直接生产、输送和分配电能的设备，主电路中的变压器、高压断路器、隔离开关、电抗器、并联补偿电力电容器、电力电缆、送电线路以及母线等设备都属于一次设备。对一次设备的工作状态进行监视、测量、控制和保护的辅助电气设备称为二次设备。如图 6-2 所示为供配电系统的二次回路功能示意图。

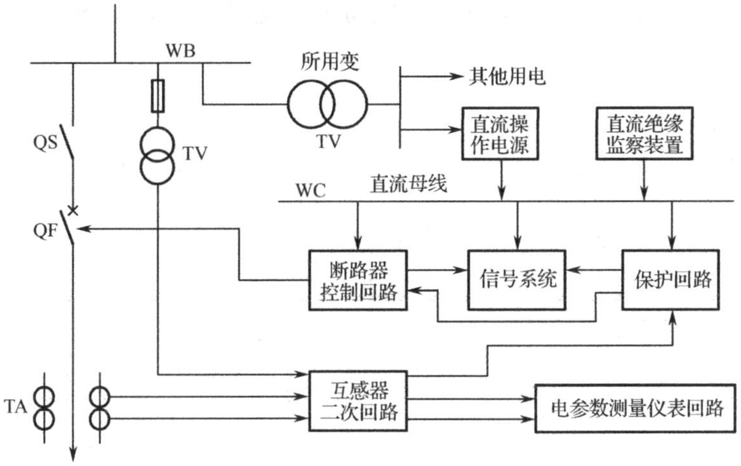


图 6-2　供配电系统的二次回路功能示意图

变电所的测量仪表、控制与信号回路、继电保护装置以及远动装置等都属于二次设备。它们相互间所连接的电路称为二次回路或二次接线。按功用可分为控制回路、合闸回路、信号回路、测量回路、保护回路以及远动装置回路等；按电路类别分为直流回路、交流回路和电压回路。

反映二次接线间关系的图称为二次回路图。二次回路的接线图按用途可分为原理接线图、展开接线图、安装接线图。

### 1. 原理接线图

原理接线图用来表示继电保护、监视测量和自动装置等二次设备或系统的工作原理，它以元件的整体形式表示各二次设备间的电气连接关系。如图 6-3（a）所示为（6～10）kV 线路的测量回路原理接线图。原理图能表示出电路测量计能表间的关系，对于复杂的回路看图会比较困难。

### 2. 展开接线图

按二次接线使用的电源分别画出各自的交流电流回路、交流电压回路、操作电源回路中各元件的线圈和触头的为展开接线图。如图 6-3（b）所示为（6～10）kV 线路的测量回路展开接线图。

展开图接线清晰，回路次序明显，易于阅读，便于了解整套装置的动作程序和工作原理，对于复杂线路的工作原理的分析更为方便。

### 3. 安装接线图

安装接线图是进行现场施工不可缺少的图纸，反映的是二次回路中各电气元件的安装位置、内部接线及元件间的线路关系。

### 4. 二次接线图中的标志方法

#### 1）展开图中回路编号

回路编号可方便维修人员进行检查以及正确地连接，根据展开图中回路的不同，如电流、电压、交流及直流等，回路的编号也进行相应的分类。

（1）回路的编号由3个或3个以内的数字构成。

（2）二次回路的编号应根据等电位原则进行。

（3）展开图中小母线用粗线条表示，并按规定标注文字符号或数字编号。

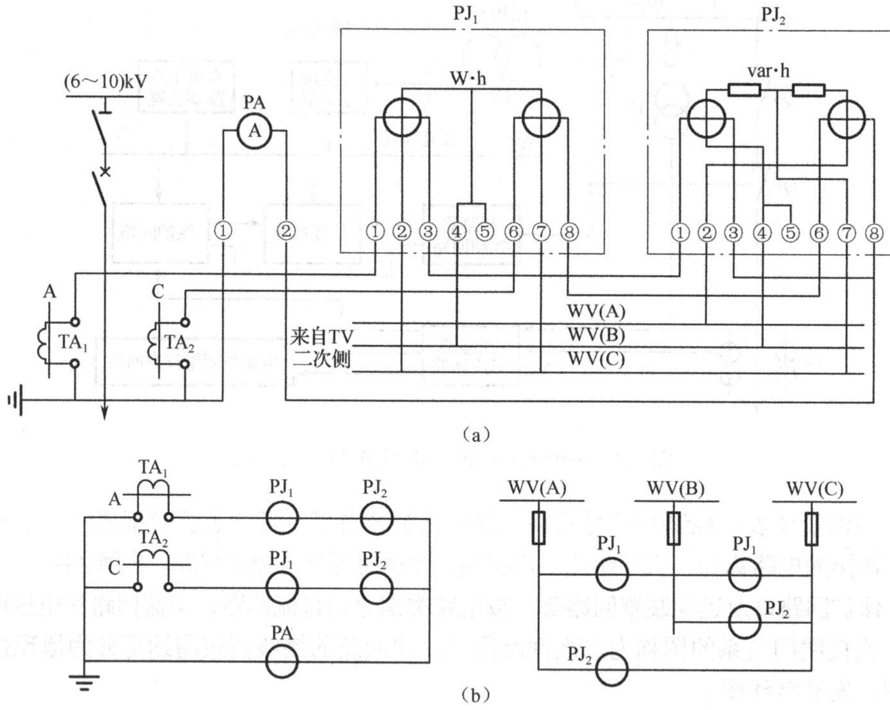


$TA_1$、$TA_2$—电流互感器；TV—电压互感器；PA—电流表；

$PJ_1$—三相有功电度表；$PJ_2$—三相无功电度表；WV—电压小母线

图6-3　（6～10）kV线路电气测量仪表原理接线图和展开接线图

2）安装图设备的标志编号

二次回路中的设备都是从属于某些一次设备或一次线路的，为对不同回路的二次设备加以区别，避免混淆，所有的二次设备必须标以规定的项目种类代号。

3）接线端子的标志方法

端子排是由专门的接线端子板组合而成的，是连接配电柜之间或配电柜与外部设备的。接线端子分为普通端子、连接端子、试验端子及终端端子等形式，如图6-4所示。试验端子用来在不断开二次回路的情况下，对仪表、继电器进行试验。终端端子板则用来固定或分隔不同安装项目的端子排。

4）连接导线的表示方法

安装接线图既要表示各设备的安装位置，又要表示各设备间的连接，因此一般在安装图上表示导线的连接关系时，只在各设备的端子处标明导线的去向。标志的方法是在两个设备连接的端子出线处互相标以对方的端子号，这种标注方法称为“相对标号法”，如图6-5所示。

### 5. 二次回路图的阅读方法

二次回路图在绘制时遵循着一定的规律，看图时首选应清楚电路图的工作原理、功能以及图纸上所标符号代表的设备名称，然后再看图纸。

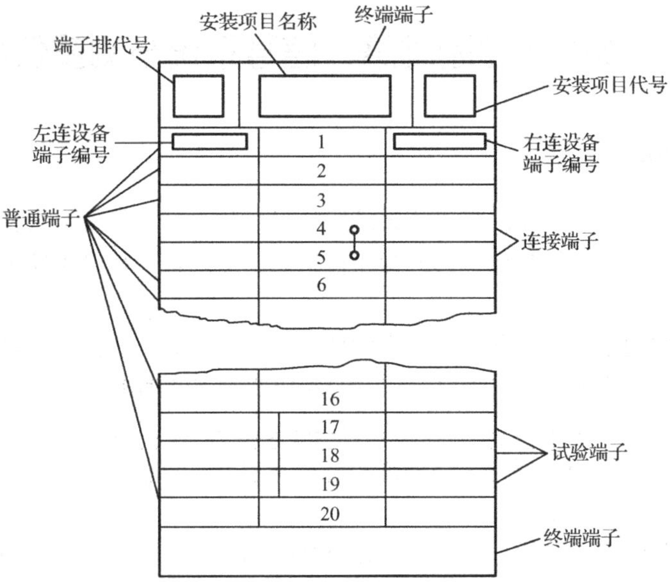


图 6-4　端子排标志图例

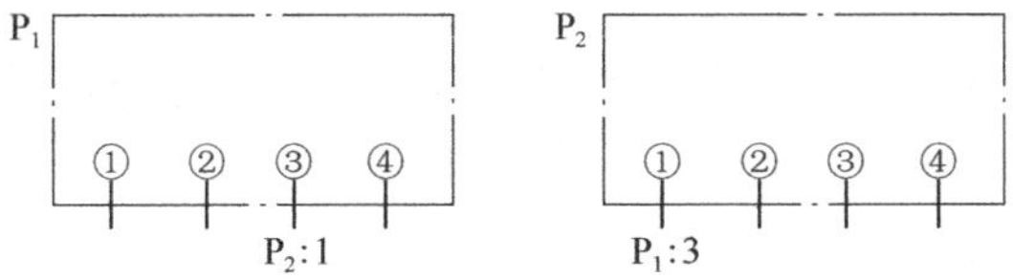


图 6-5　连接导线的表示方法

（1）看图的基本要领

先交流，后直流；交流看电源，直流找线圈；查找继电器的线圈和相应触头，分析其逻辑关系；先上后下，先左后右，针对端子排图和屏后安装图看图。

（2）阅读展开图基本要领

直流母线或交流电压母线用粗线条表示，以区别于其他回路的联络线；继电器和每一个小的逻辑回路的作用都在展开图的右侧注明；展开图中各元件用国家统一的标准图形符号和文字符号表示，继电器和各种电气元件的文字符号与相应原理图中的方案符号应一致；继电器的触头和电气元件之间的连接线段都有数字编号（回路编号），便于了解该回路的用途和性质，以及根据标号能进行正确的连接，以便安装、施工、运行和检修；同一个继电器的文字符号与其本身触头的文字符号相同；各种小母线和辅助小母线都有标号，便于了解该回路的性质；对于展开图中个别继电器，或该继电器的触头在另一张图中表示，或在其他安装单位中有表示，都在图上说明去向，并用虚线将其框起来，并对任何引进触头或回路也要说明来处；直流回路正极按奇数顺序标号，负极按偶数顺序编号。回路经过元件，其标号也随之改变；常用的回路都用固定编号，断路器的跳闸回路是 33 等，合闸回路是 3 等；交流回路的标号除用 3 位数外，前面加注文字符号，交流电流回路使用的数字范围是 400～599，电压回路为 600～799，其中个位数字表示不同的回路，十位数字表示互感器的组数。回路使用的标号组要与互感器文字符号前的“数字序号”相对应。

# 任务 2　断路器控制回路、信号系统与测量仪表认知

## 6.2.1　断路器控制回路认知

变电所在运行时，由于负荷的变化或系统运行方式的改变，经常需要操作切换断路器和隔离开关等设备。断路器的操作是通过它的操作机构来完成的，而控制电路就是用来控制操作机构动作的电气回路。

控制电路按照控制地点的不同，可分为就地控制电路及控制室集中控制电路两种类型。车间变电所和容量较小的总降压变电所的（6～10）kV 断路器的操作，一般多在配电装置旁手动进行，也就是就地控制。总降压变电所的主变压器和电压为 35kV 以上的进出线断路器以及出线回路较多的（6～10）kV 断路器，采用就地控制很不安全，容易引起误操作，故可采用由控制室远方集中控制。

按照对控制电路监视方式的不同，有灯光监视控制及音响监视控制电路之分。由控制室集中控制及就地控制的断路器，一般多采用灯光监视控制电路，只在重要情况下才采用音响监视控制电路。

控制电路要能达到以下的基本要求：

① 由于断路器操作机构的合闸与跳闸线圈都是按短时通过电流进行设计的，因此，控制电路在操作过程中只允许短时通电，操作停止后即自动断电。

② 能够准确指示断路器的分、合闸位置。

③ 断路器不仅能用控制开关及控制电路进行跳闸及合闸操作，而且能由继电器保护及自动装置实现跳闸及合闸操作。

④ 能够对控制电源及控制电路进行实时监视。

⑤ 断路器操作机构的控制电路要有机械“防跳”装置或电气“防跳”措施。

上述五点基本要求是设计控制电路的基本依据。

图 6-6 所示为 LW2-Z 型控制开关触头表的示例，它有六种操作位置。

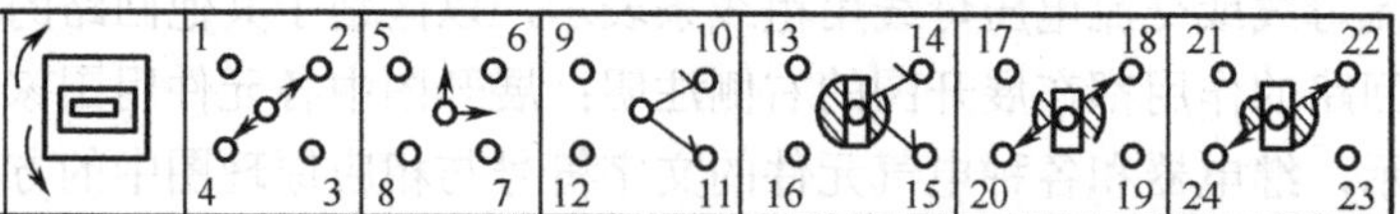


| 在“跳闸后”位置的手柄（正面）的样式和触头盒（背面）接线图 | | | | | | | | | | | | | | | | | | |
|---|---|---|---|---|---|---|---|---|---|---|---|---|---|---|---|---|---|---|
| 手柄和触头盒形式 | | F₈ | 1a | | 4 | | 6a | | | 40 | | | 20 | | | 20 | | |
| 触头号 | | — | 1–3 | 2–4 | 5–8 | 6–7 | 9–10 | 9–12 | 10–11 | 13–14 | 14–15 | 13–16 | 17–19 | 17–18 | 18–20 | 21–23 | 21–22 | 21–24 |
| 位置 | 跳闸后 | | — | × | — | — | — | — | × | — | × | — | — | — | × | — | — | × |
| | 预备合闸 | | × | — | — | — | × | — | — | × | — | — | — | × | — | — | × | — |
| | 合闸 | | — | — | × | — | — | × | — | — | — | × | × | — | — | × | — | — |
| | 合闸后 | | × | — | — | — | × | — | — | — | — | × | × | — | — | × | — | — |
| | 预备跳闸 | | — | × | — | — | — | — | × | × | — | — | — | × | — | — | × | — |
| | 跳闸 | | — | — | — | × | — | — | × | — | × | — | — | — | × | — | — | × |

图 6-6　LW2-Z 型控制开关触头表

图 6-7 是常用断路器的控制回路和信号回路，其动作原理如下：

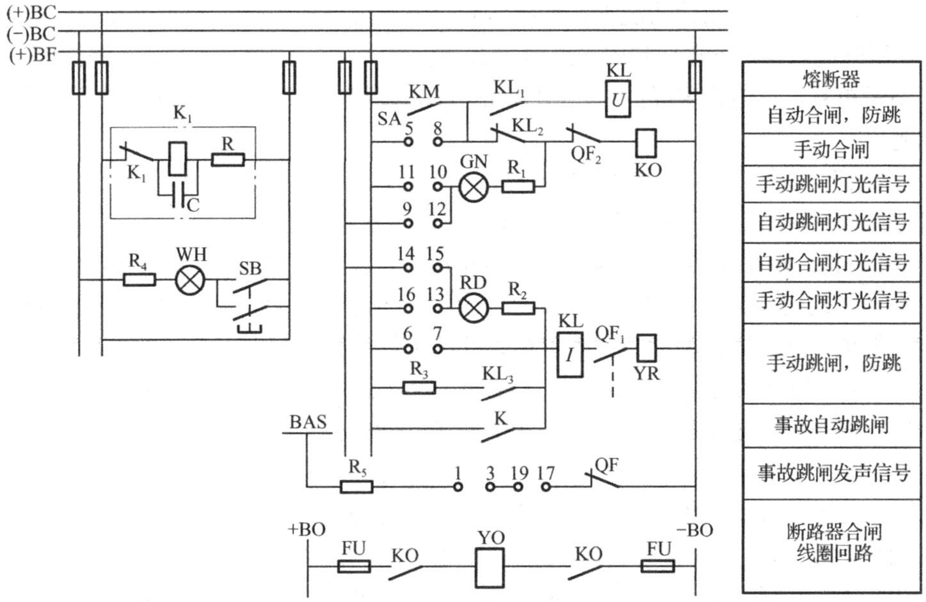


图 6-7　断路器的控制回路和信号回路

① 手动合闸。合闸前，断路器处于“跳闸后”的位置，断路器的辅助触头 QF 闭合。由图 6-6 的控制开关触头表知 $SA_{10\text{-}11}$ 闭合，绿灯 GN 回路接通发亮。但由于限流电阻 $R_1$ 限流，不足以使合闸接触器 KO 动作，绿灯亮表示断路器处于跳闸位置，而且控制电源和合闸回路完好。

当控制开关扳到“预备合闸”位置时，触头 $SA_{9\text{-}12}$ 闭合，绿灯 GN 改接在 BF 母线上发出绿闪光，说明情况正常，可以合闸。当开关再旋至“合闸”位置时，触头 $SA_{5\text{-}8}$ 接通，合闸接触器 KO 动作使合闸线圈 YO 通电，断路器合闸。合闸完成后，辅助触头 $QF_2$ 断开，切断合闸电源，同时 $QF_1$ 闭合。

当操作人员将手柄放开后，在弹簧的作用下，开关回到“合闸后”位置，触头 $SA_{13\text{-}16}$ 闭合，红灯 RD 电路接通。红灯亮表示断路器在合闸的状态。

② 自动合闸。控制开关在“跳闸后”位置，若自动装置的中间继电器接点 KM 闭合，将使合闸接触器 KO 动作合闸。自动合闸后，信号回路控制开关中 $SA_{14\text{-}15}$、红灯 RD、辅助触头 $QF_1$ 与闪光母线接通，RD 发出红色闪光，表示断路器是自动合闸的，只有当运行人员将手柄扳到“合闸后”位置，RD 才发出平光。

③ 手动跳闸。首先将开关扳到“预备跳闸”位置，$SA_{13\text{-}16}$ 接通，RD 发出闪光。再将手柄扳到“跳闸”位置。$SA_{6\text{-}7}$ 接通，使断路器跳闸。松手后，开关又自动弹回到“跳闸后”位置。跳闸完成后，辅助触头 $QF_1$ 断开，红灯熄灭，$QF_2$ 闭合，通过触头 $SA_{10\text{-}11}$ 使绿灯发出闪光。

④ 自动跳闸。如果由于故障，继电保护装置动作，使触头 K 闭合，引起断路器合闸。由于“合闸后”位置 $SA_{9\text{-}10}$ 已接通，于是绿灯发出闪光。

在事故情况下，除用闪光信号显示外，控制电路还备有音响信号。在图 6-7 中，开关触头 $SA_{1\text{-}3}$ 和 $SA_{19\text{-}17}$ 与触头 QF 串联，接在事故音响母线 BAS 上。当断路器因事故跳闸而出现“不对应”（即手柄处于合闸位量，而断路器处于跳闸位置）关系时，音响信号回路的触头全部接通而发出声响。

⑤ 闪光电源装置。闪光电源装置由 DX-3 型闪光继电器 $K_1$、附加电阻 R 和电容 C 等组成。

当断路器发生事故跳闸后，断路器处于跳闸状态，而控制开关仍留在“合闸后”位置，这种情况称为“不对应”关系。在此情况下，触头 $SA_{9\text{-}12}$ 与断路器辅助触头 $QF_2$ 仍接通，电容器 C 开始充电，电压升高，当电压升高到闪光继电器 $K_1$ 的动作值时，继电器动作，从而断开通电回路。上述循环不断重复，继电器 $K_1$ 的触头也不断地开闭，闪光母线（+）BF 上便出现断续正电压，使绿灯闪光。

“预备合闸”、“预备跳闸”和自动投入时，也同样能启动闪光继电器，使相应的指示灯发出闪光。SB 为试验按钮，按下时白信号灯 WH 亮，表示本装置电源正常。

⑥ 防跳装置。断路器的所谓“跳跃”，是指运行人员在故障时手动合闸断路器，断路器又被继电保护动作跳闸；又由于控制开关位于“合闸”位置，则会引起断路器重新合闸。为了防止出现这一现象，断路器控制回路设有防止跳跃的电气连锁装置。

图 6-7 中 KL 为防跳闭锁继电器，它具有电流和电压两个线圈，电流线圈接在跳闸线圈 YR 之前，电压线圈则经过其本身的常开触头 $KL_1$ 与合闸接触器线圈 KO 并联。当继电器保护装置动作，即触头 K 闭合使断路器跳闸线圈 YR 接通时，同时也接通了 KL 的电流线圈并使之启动。于是，防跳继电器的常闭触头 $KL_2$ 断开，将 KO 回路断开，避免了断路器再次合闸；同时常开触头 $KL_1$ 闭合，通过 $SA_{5\text{-}8}$ 或自动装置触头 KM 使 KL 的电压线圈接通并自锁，从而防止了断路器的“跳跃”。触头 $KL_3$ 与继电器触头 K 并联，用来保护后者，使其不致断开超过其触头容量的跳闸线圈电流。

### 6.2.2 信号系统认知

#### 1．中央信号装置

在变电所运行的各种电气设备，随时都可能发生不正常的工作状态。在变电所装设的中央信号装置，主要用来示警和显示电气设备的工作状态，以便运行人员及时了解，采取措施。

中央信号装置按形式分为灯光信号和音响信号。灯光信号表明不正常工作状态的性质地点，通过装设在各控制屏上的信号灯和光字牌，表明各种电气设备的情况；音响信号在于引起运行人员的注意，通过蜂鸣器和警铃的声响来实现，设置在控制室内。由全所共用的音响信号，称为中央音响信号装置。

中央信号装置按用途分为以下 3 种：

（1）事故信号

供电系统在运行中发生了某种故障而使继电保护动作。如高压断路器因线路发生短路而自动跳闸后给出的信号，即为事故信号。

（2）预告信号

供电系统运行中发生了某种异常情况，但并不要求系统中断运行，只要求给出指示信号，通知值班人员及时处理即可。如变压器保护装置发出的变压器过负荷信号，即为预告信号。

（3）位置信号

用以指示电气设备的工作状态，如断路器的合闸指示灯、跳闸指示灯均为位置信号。

#### 2．绝缘监察装置

绝缘监察装置主要用来监视小接地电流系统相对地的绝缘情况。前面介绍过，这种系统发生一相接地时，线电压不变，因此对系统尚不至于引起危害，但这种情况不允许长期运行，否则当另一点再发生接地时，就会引起严重后果，可能造成继电保护、信号装置和控制回路的误动作，使高压断路器误跳闸或拒绝跳闸。为了防止这种危害，必须装设连续工作的高灵敏度的绝缘监察装置，以便及时发现系统中某点接地或绝缘降低。

如图 6-8 所示，绝缘监察装置可采用一个三相五芯柱三线圈电压互感器接成的电路。这类电压互感器二次侧有两组线圈，一组接成星形，在它的引出线上接三只电压表，系统正常运行时，反映各个相电压；在系统发生一相接地时，则对应相的电压表指零，另两只表计数升高到线电压。另一组接成开口三角形，构成零序电压过滤器，在开口处接一个过电压继电器。系统正常运行时，三相电压对称，开口两端电压接近于零，继电器不动作；在系统发生一相接地时，接地相电压为零，另两个相差 120° 的相电压叠加，则使开口处出现近 100V 的零序电压，使电压继电器动作，发出报警的灯光和音响信号。

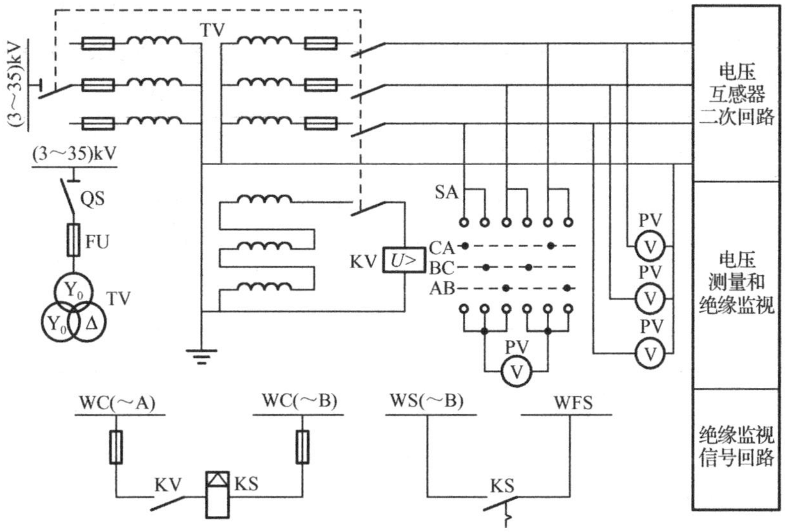


TV—电压互感器；QS—高压隔离开关及其辅助触头；SA—电压转换开关；

PV—电压表；KV—电压继电器；KS—信号继电器；WC—控制小母线；

WS—信号小母线；WFS—预告信号小母线

图 6-8　(6～10) kV 母线的电压测量和绝缘监视电路

上述绝缘监察装置能够监视小接地电流系统的对地绝缘，值班人员根据信号和电压表指示可以知道发生了接地故障且知道故障相别，但不能判别是哪一条线路发生了接地故障。如果高压线路较多时，采用这种绝缘监察装置还不够。这种装置只适用于线路数目不多，并且只允许短时停电的供电系统中。

### 6.2.3　测量仪表认知

变电所的测量仪表是保证电力系统安全经济运行的重要工具之一，测量仪表的连接回路则是变电所二次接线的重要组成部分。电气测量与电能计量仪表的配置，要保证运行值班人员能方便地掌握设备运行情况，方便事故及时正确地处理。电气测量与计量仪表应尽量安装在被测量设备的控制平台或控制工具箱柜上，以便操作时易于观察。

图 6-3（a）即为（6～10）kV 线路电气测量仪表的原理接线图。线路中除了电流表反映其电流量外，还安装一只三相有功电度表和一只三相无功电度表，用来计量有功及无功电量。(6～10) kV 供电系统其电气测量仪表的配置如表 6-1 所示。

**表 6-1 （6～10）kV 供电系统计量仪表的配置**

| 线路名称 | | 装设计量仪表的数量 | | | | | | 说明 |
|---|---|---|---|---|---|---|---|---|
| | | 电流表 | 电压表 | 有功功率表 | 无功功率表 | 有功电度表 | 无功电度表 | |
| （6～10）kV 进线 | | 1 | | | | 1 | 1 | |
| （6～10）kV 出线 | | 1 | | | | 1 | 1 | 不单独经济核算的出线，不装无功电度表；线路负荷大于 5000kW 以上，装有功功率表 |
| （6～10）kV 连接线 | | 1 | | 1 | | 2 | | 电度表只装在线路一侧，应有逆变器 |
| 双绕组变压器 10（6）/（3～6）kV | 一次侧 | 1 | | | | 1 | 1 | 5000kVA 以上，应装设有功功率表 |
| | 二次侧 | 1 | | | | | | |
| 10（6）/0.4kV | 一次侧 | 1 | | | | 1 | | 需单独经济核算，应装无功电度表 |
| 同步电动机 | | 1 | | 1 | 1 | 1 | 1 | 另需装设功率因数表 |
| 异步电动机 | | 1 | | | | 1 | | |
| 静电电容器 | | 3 | | | | | 1 | |
| 母线（每段或每条） | | | 4 | | | | | 其中一个通过转换开关检查三个相电压，其余三个用做母线绝缘监察 |

### 1. 三相电路功率的测量

（1）三相有功功率的测量。测量三相有功功率时，如果负载为三相四线制不对称负载，则可用 3 个单相功率表分别测量每相有功功率，如图 6-9 所示。三相功率为 3 个功率表读数之和。

如果测量的是三相三线制对称或者不对称负载，则可用两个单相功率表测量三相功率，接线如图 6-10 所示。两个功率表读数之和为三相有功功率的总和。但要注意，当系统的功率因数小于 0.5 时，会出现一个功率表的指针反偏而无法读数的情况，这时要立即切断电源，将该表电流线圈的两个接线端反接，使它正转。因为该表读数为负，这时电路的总功率为两表读数之差。注意不能将电压线圈的接线端接反，否则会引起仪表绝缘被击穿而损坏。

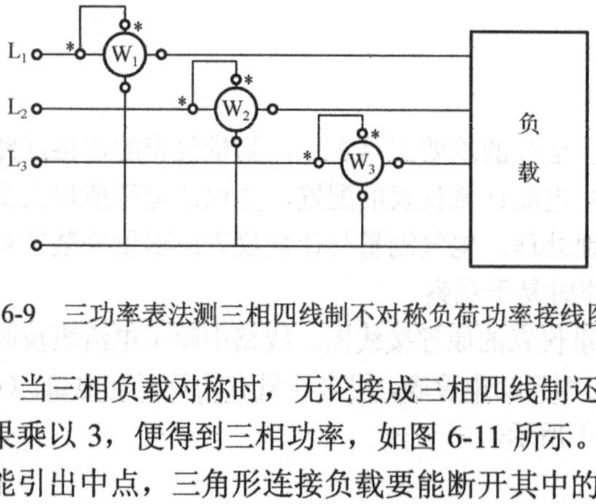


图 6-9 三功率表法测三相四线制不对称负荷功率接线图

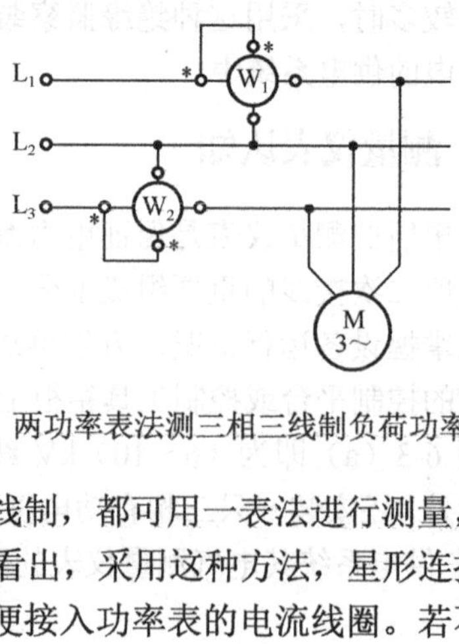


图 6-10 两功率表法测三相三线制负荷功率接线图

当三相负载对称时，无论接成三相四线制还是三相三线制，都可用一表法进行测量，再将结果乘以 3，便得到三相功率，如图 6-11 所示。由图中可看出，采用这种方法，星形连接负载要能引出中点，三角形连接负载要能断开其中的一相，以便接入功率表的电流线圈。若不满足该条件，则应采用上述的二功率表法。

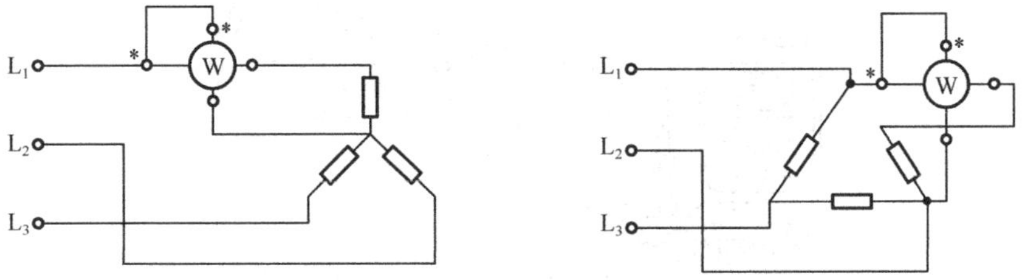


（a）负荷为星形接线　　（a）负荷为三角形接线

图 6-11　一功率表法测量三相对称负荷功率接线图

三相功率表测量有功功率的原理是基于两表法的原理制造的，用来测量三相三线制对称或不对称负载的有功功率，其接线图如图 6-12 所示。

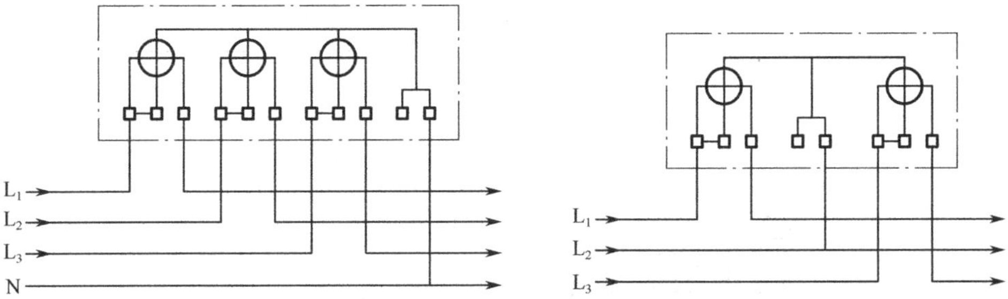


（a）三相四线制有功电能表的接线　　（b）三相三线制有功电能表接线

图 6-12　三相有功电能表的接线

（2）三相无功功率的测量。测量三相无功功率一般常用 kvar 表，测量接线与三相有功功率表相同。另外，也可采用间接法，先求得三相有功功率和视在功率，然后计算出无功功率；还可通过测量电压、电流和相位求得。

（3）功率表使用注意事项。

① 测量交、直流电路的电功率，一般采用电动系仪表。仪表的固定绕组（电流绕组）串接入被测电路；活动绕组（电压绕组）并接入电路。

② 使用功率表时，不但要注意功率表的功率量程，而且还要注意功率表的电流和电压量程，以免过载烧坏电流和电压绕组。

③ 注意功率表的极性。测量时，将标有“*”的电流端钮接到电源侧，另一个端钮接到负载侧；标有“*”的电压端钮可接在电流端钮的任一侧，另一个端钮则跨接到负载的另一侧。

### 2. 三相电路电能的测量

（1）三相电路有功电能的测量。三相四线制有功电能表接线方法如图 6-12（a）所示。在对称三相四线制电路中，可用一个单相电能表测量任何一相电路所消耗的电能，然后乘以 3 即得三相电路所消耗的有功电能。当三相负载不对称时，就需用 3 个单相电能表分别测量出各相所消耗的有功电能，然后把它们加起来。这样很不方便，为此，一般采用三相四线制有功电度表，它的结构基本上与单相电能表相同。

三相三线制电路所消耗的有功电能可用两个单相电能表来测量，三相消耗的有功电能等于两个单相电能表读数之和，其原理和三相三线制电路功率测量的两表法相同，为了方便测量，一般采用三相三线制有功电能表，它的接线方法如图 6-12（b）所示。

三相四线制有功电能表和三相三线制有功电能表的端子接线图分别如图 6-13 和图 6-14 所示。

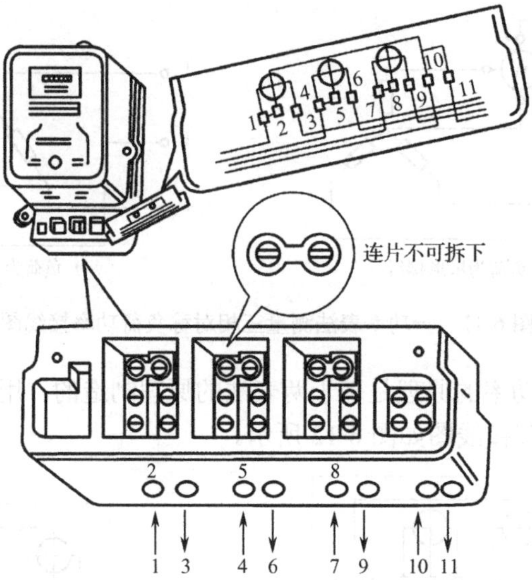


图 6-13　三相四线制有功电能表接法

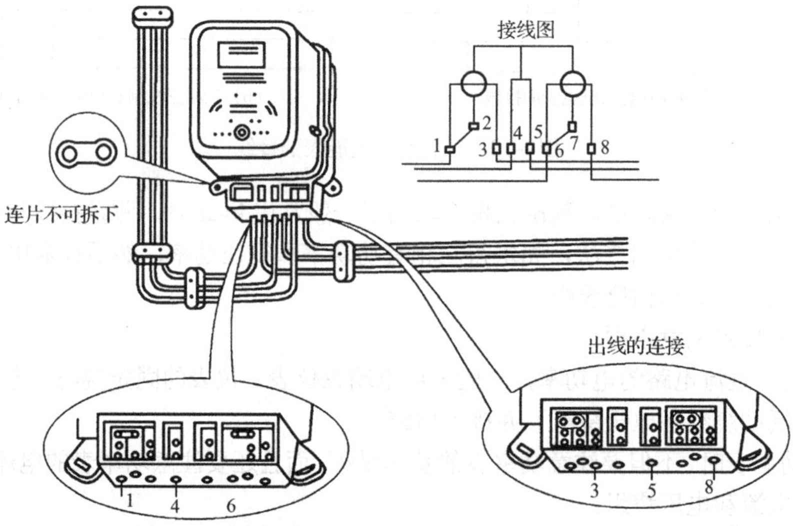


图 6-14　三相三线制有功电能表接法

（2）三相电路无功电能的测量。

在供电系统中，常用三相无功电能表测量三相电路的无功电能。常用的三相无功电能表有两种结构，无论负载是否对称，只要电源电压对称均可采用。

# 任务 3　配电系统微机保护测控装置认知

## 6.3.1　配电系统微机保护测控装置原理和使用说明

目前的变电所中仍广泛采用机电式的继电保护装置、仪表屏、操作屏及中央信号系统等对供电系统的运行状态进行监控。供电系统二次设备的这种配置，结构复杂，信息采样重复，资源不能共享，维护工作量大。

配电系统微机保护测控装置就是将变电所的保护装置、控制装置、测量装置、信号装置综合为一体，以全微机化的新型二次设备替代机电式的二次设备，或用不同的模块化软件实现机电式二次设备的各种功能。微机保护能充分利用和发挥微型控制器的存储记忆、逻辑判断和数值运算等信息处理功能，克服模拟式继电保护的不足，获得更好的保护特性和更高的技术指标。

**1. 原理**

微机保护装置主要由 3 块插件（CPU 插件、电源及互感器插件、继电器插件）、显示屏和简易键盘组成，包括数据采集系统、主机系统和开关量输入/输出系统三部分。其框图如图 6-15 所示。

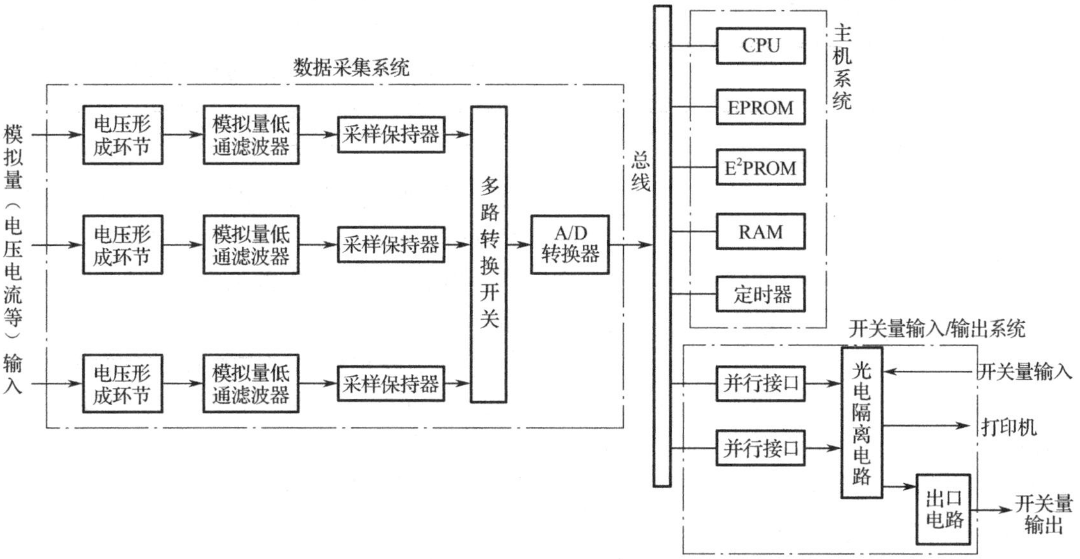


图 6-15　微机保护硬件系统框图

微机保护装置的软件系统一般包括设定程序、运行程序和中断微机保护功能程序 3 部分。程序原理框图如图 6-16 所示。

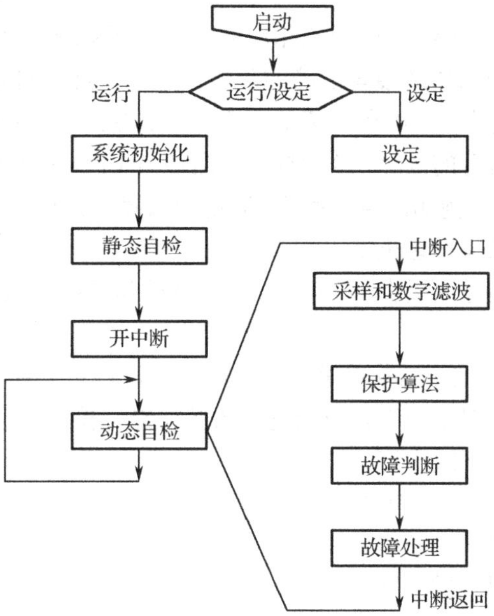


图 6-16　微机保护装置程序原理框图

2．微机保护测控装置使用说明（以 HSA-531 线路保护测控装置为例）

HSA-531 微机线路保护测控装置：主要适用于 110kV 以下电压等级的不带有距离保护的线路保护，且具有测量、控制、遥脉、通信功能，既可集中组屏，也可分散放于开关柜内。

1）装置面板

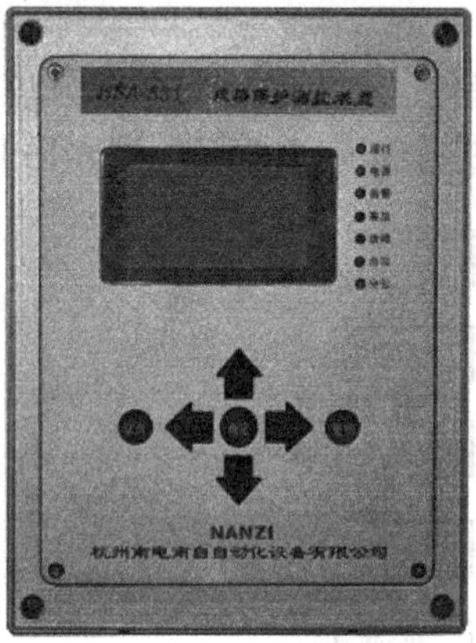


图 6-17　HSA-531 线路保护测控装置面板

装置的面板由 LCD 显示器、LED 指示灯及简易键盘组成，如图 6-17 所示。

（1）LED 指示灯

本装置共有七个指示灯，从上至下依次是运行灯、电源灯、告警灯、事故灯、故障灯、合位灯、分位灯，除运行、电源和分位灯是绿灯，其余是红灯。通过信号灯，可以判别装置的工作状态及保护信号，具体意义如下：

运行灯：表示装置的运行状态，装置正常运行情况下该灯应有规律地闪烁，不闪烁可判断装置不工作。

电源灯：指示装置工作电源是否正常，正常运行时这个灯应常亮。

告警灯：表示装置检测的设备有不正常的状态发生，正常运行时不显示，出现不正常状态时显示红色。过负荷、PT 断线、PT 失压、零序过流、小电流接地、轻瓦斯、温度升高等情况出现时指示灯显示红色。

事故灯：表示装置检测的设备有事故状态发生，正常运行时不显示，出现事故状态时该灯亮，并且保护信号未复归该灯常亮。

故障灯：表示装置通过自检发现装置本身的元件是否有故障，装置通过自检发现有故障该灯亮。

合位灯：表示装置所保护的设备开关是否在合闸位置。在合闸位置显示红色指示灯。

分位灯：表示装置所保护的设备开关是否在分闸位置。在分闸位置显示绿色指示灯。

当保护动作或装置发生故障时，面板上相应的事故、告警、故障信号指示灯会亮，并在 LCD 显示器的最后一行显示保护动作或装置故障的类型。注意，此时显示的内容不表示事件发生的顺序。若要进一步了解详细情况，可在主菜单中选择“事件记录”来查看事件顺序记录（SOE）。

由于装置不可能检出所有的故障，故运行人员应注意 LED 指示灯在运行中是否正常，保护及测量 CT 采样值是否正常。例如，当装置的 5V 电源故障时，整个装置均不工作，也不会发出信号。这时应采取措施，保证设备正常工作。

装置的当地监控功能通过面板上的 LCD 显示器及简易的键盘操作实现。

（2）键盘

本装置有 7 个按键，通过显示菜单进行按键操作，可查看装置的基本信息和状态、测量的保护电量及其计算数据、实现系统设置及定值修改等功能，按键的意义如下：

↑：方向键，上移一行（或一屏）。

↓：方向键，下移一行（或一屏）。

←：方向键，左移一列（或一屏）。

→：方向键，右移一列（或一屏）。

确定：液晶上光标的确定键，保护功能“投”或“退”以及保护定值修改后的确认按键。

取消：液晶上的显示的内容返回到上一级菜单，如果返回到初始画面，则不再返回。

复归：将液晶上显示的告警信息、故障信息及装置故障信息等从液晶上清除（但该类信息经过复归后仍然保存在“事件记录”菜单中），同时将“告警”、“事故”、“故障”信息点亮的红色指示灯熄灭；如果此时的“告警”、“事故”、“故障”等事件仍然没有得到处理，则新的信息重新出现。

（3）LCD 显示器

LCD 显示器为带背光的 8×4 汉字字符液晶显示模块。液晶显示方式默认为“自动关”模式。设置如果在一定时间内无键盘操作，将关闭装置的液晶显示。再次有键盘操作或装置上电重新启动时自动启动液晶显示。正常运行时液晶显示器自动循环显示各遥测量及一些保护模拟量的一次值，如图 6-18 所示。

图 6-18　显示器自动循环的一次值

若需查看未显示的项目，可按“↑”、“↓”键选择。需要显示的项目可在“出厂设置”菜单下设定。若需要复归保护动作或装置故障信号，可按下“复归”键，选择“是”后再按“确认”键即可。按下除“↑”、“↓”键外的其他键，LCD 显示器显示主菜单，如图 6-19 所示。

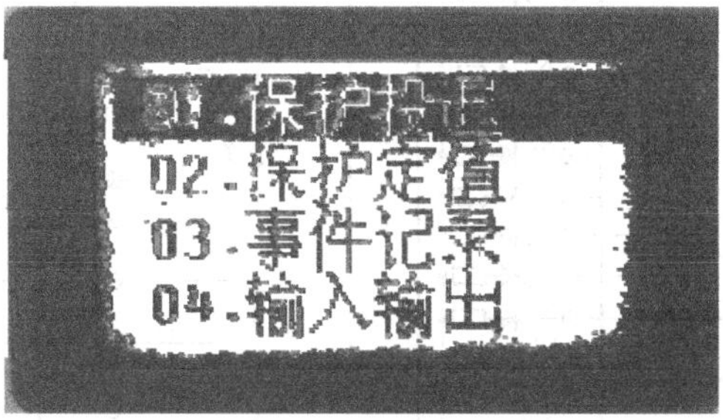


图 6-19　LCD 显示器显示主菜单

通过“↑”、“↓”键可选择任一种功能，按“确认”键后进入该菜单的功能，按“取消”键或选择“退出”并按“确认”键后回到自动循环显示界面，如图 6-20 所示。

图 6-20　LCD 显示器显示主菜单

2）HSA-531 微机线路保护测控装置原理图和接线端子图

HSA-531 微机线路保护测控装置原理图和接线端子图如图 6-21 所示。

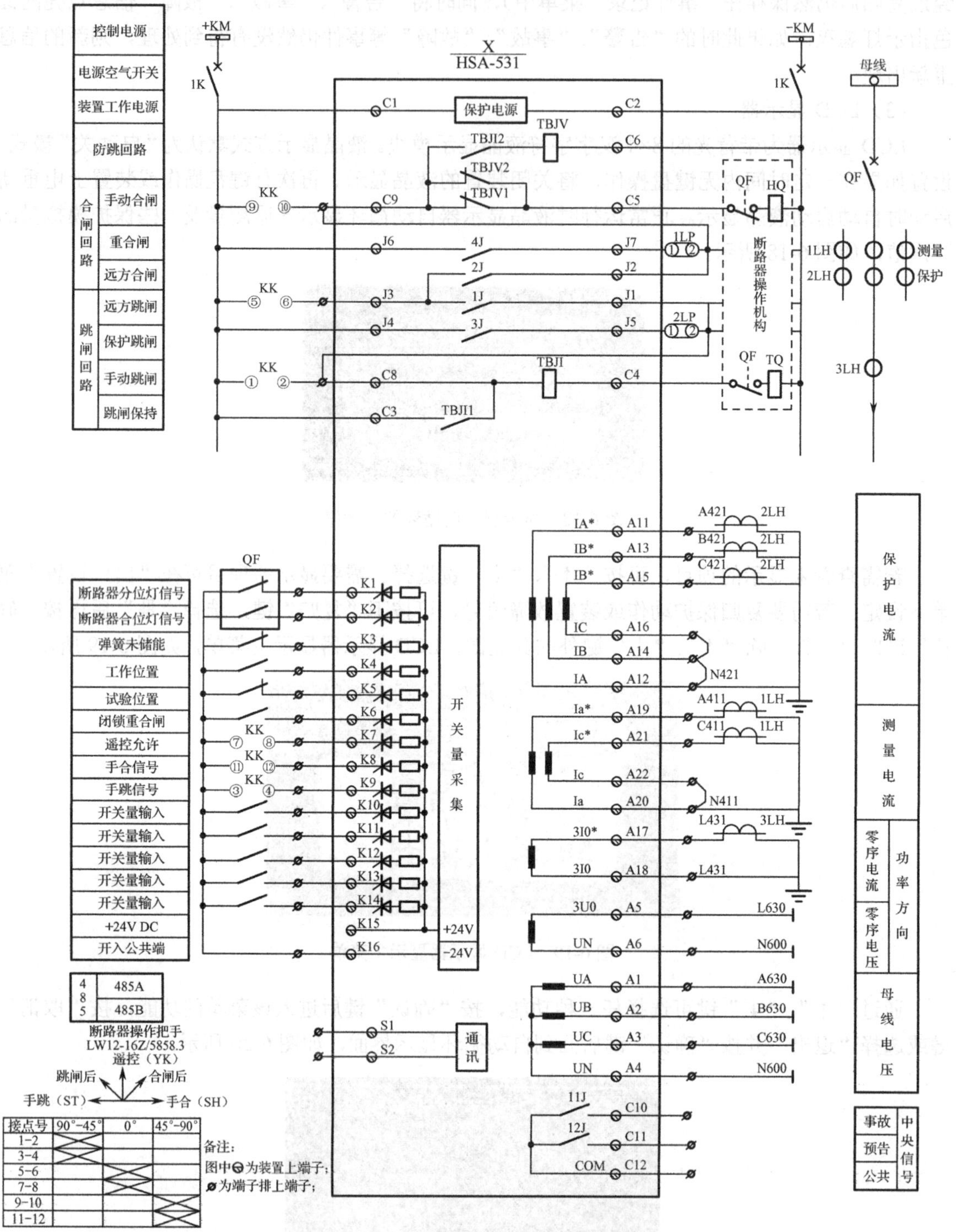

（a）HSA-531微机线路保护测控装置原理图

图 6-21　HAS-531 微机线路保护测控装置原理图和接线端子图

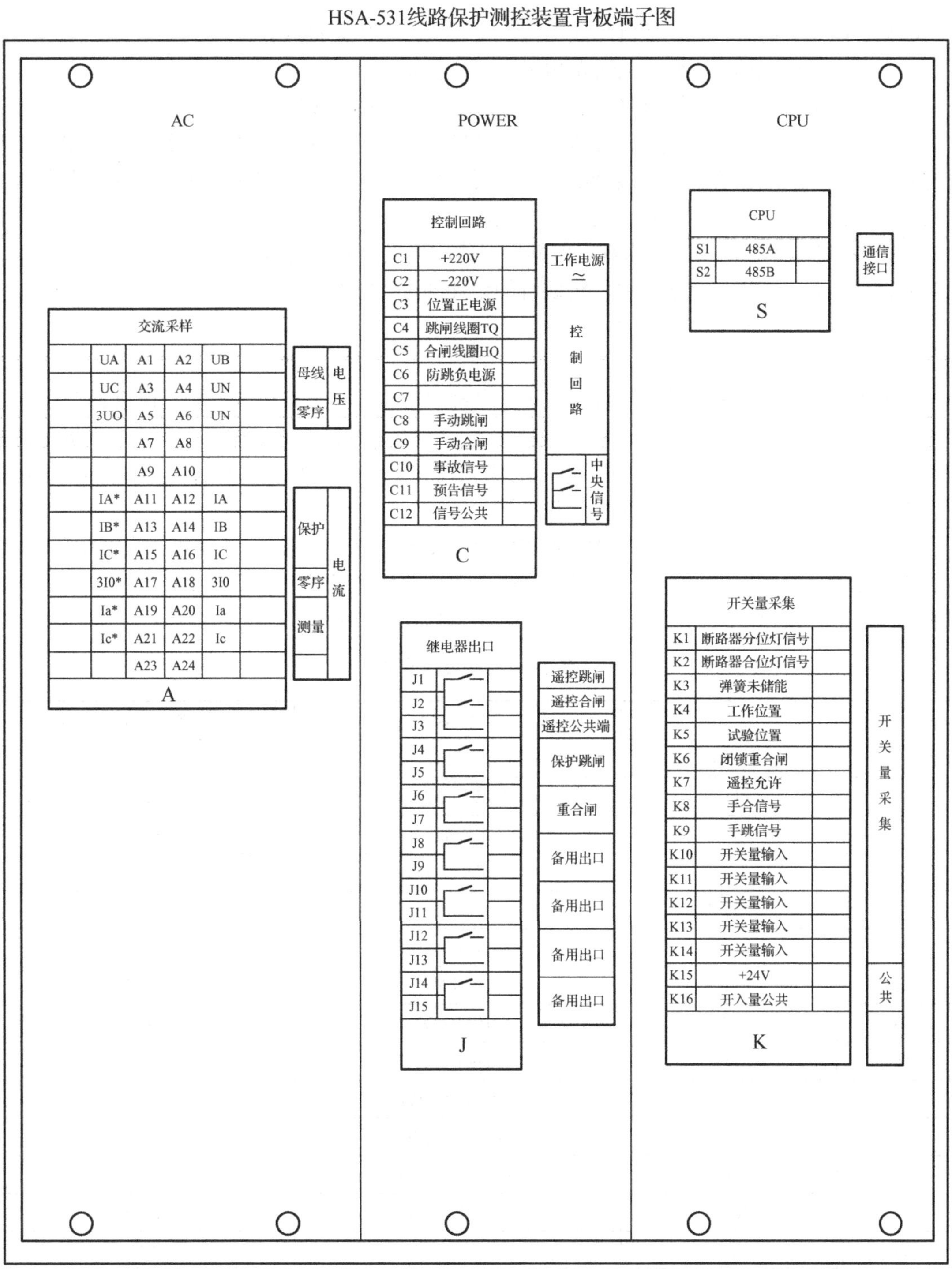


（b）接线端子图

图 6-21　HAS-531 微机线路保护测控装置原理图和接线端子图（续）

装置的输入和输出信号通过背板端子和外部设备连接得到，除 A 端子排接交流电量而采用大电流端子外，其余端子排均采用结构坚固、经久耐用的凤凰端子。背板端子接线简单可靠，满足各种场合的使用，端子排布置如图 6-21（b）所示，接线如下：

C 端子：装置电源输入，控制母线电压（交直流都可以）接入。

A 端子：交流量输入采集，接外部电流、电压量输入。

S 端子：通信接口，提供两路 485 通信接口及电脉冲输入接口。

K 端子：开关量输入，接直流 24V 电源，采集外部遥信量；如需接入 220V 的遥信量，可通过外接光电隔离端子实现。一般情况下，不要将高于 24V 的输入信号接入，以免引起装置内部元器件的损坏，导致装置这项功能不能实现。

J 端子：继电器输出，装置内继电器操作回路，可提供各种输出接口。

为保证装置正常工作，应按照系统装置的设计图进行接线。

3）主要操作说明

（1）保护投退

进入主菜单后，将光标移至“保护投退”并按“确认”键后，进入保护投退设置功能。

此时光标位于第 1 个投退项目即“过流 I 段”的投退设置。通过按“↑”、“↓”键可选择其他投退项目。当光标位于某一项目时，可通过“→”、“←”键来改变设置。当全部投退项目设置完成后，可按“确认”键来保存这些设置。

按下“确认”键后，进入输入 PASSWORD 界面。通过按“↑”、“↓”键可改变 PASSWORD 各位数字的值，通过按“→”、“←”键可选择要改变的位。当输入正确的 PASSWORD 后，就将所修改的保护投退设置保存好了。保护投退清单如表 6-2 所示。

**表 6-2　保护投退清单**

| 保护序号 | 代　号 | 保护名称 | 整定方式 |
|---|---|---|---|
| 01 | RLP1 | 过流 I 段 | 投/退 |
| 02 | RLP 2 | 过流 I 段方向 | 投/退 |
| 03 | RLP 3 | 过流 II 段 | 投/退 |
| 04 | RLP 4 | 过流 II 段方向 | 投/退 |
| 05 | RLP 5 | 过流III段 | 投/退 |
| 06 | RLP 6 | 过流III段方向 | 投/退 |
| 07 | RLP 7 | 过流反时限 | 投/退 |
| 08 | RLP 8 | 过流前加速 | 投/退 |
| 09 | RLP 9 | 过流后加速 | 投/退 |
| 10 | RLP10 | II 段过流低压闭锁 | 投/退 |
| 11 | RLP11 | III段低压闭锁 | 投/退 |
| 12 | RLP12 | 反时限电压闭锁 | 投/退 |
| 13 | RLP13 | 反时限方向闭锁 | 投/退 |
| 14 | RLP14 | 零序电压自产 | 投/退 |
| 15 | RLP15 | 过负荷 | 投/退 |
| 16 | RLP16 | 重合闸 | 投/退 |
| 17 | RLP17 | 重合闸检无压 | 投/退 |
| 18 | RLP18 | 重合闸检同期 | 投/退 |
| 19 | RLP19 | 低频减载 | 投/退 |
| 20 | RLP20 | 母线接地报警 | 投/退 |

续表

| 保护序号 | 代　号 | 保护名称 | 整定方式 |
|---|---|---|---|
| 21 | RLP21 | PT 断线报警 | 投/退 |
| 22 | RLP22 | 合闸不检条件 | 投/退 |
| 23 | RLP23 | 手合/遥合检无压 | 投/退 |
| 24 | RLP24 | 手合/遥合检同期 | 投/退 |
| 25 | RLP25 | 零序电流检测 | 投/退 |
| 26 | RLP26 | 零序电压闭锁 | 投/退 |
| 27 | RLP27 | 零序加速 | 投/退 |
| 28 | RLP28 | 零序方向 | 投/退 |
| 29 | RLP29 | 零序过流跳闸 | 投入：零序过流跳闸<br>退出：零序过流报警 |
| 30 | RLP30 | 低压减载 | 投/退 |
| 31 | RLP31 | 备用 | |
| 32 | RLP32 | 录波 | 投/退 |

（2）保护定值

进入保护定值功能后，即可对装置整定值进行适当地修改。本装置可存储三套定值。“0”号定值显示为当前使用的定值套号（1、2 或 3），其余号定值为装置对应于 0 号定值的本套定值。

通过按“↑”、“↓”键可选择显示或要修改的定值，按下“→”键进入光标所在定值的编辑状态。在编辑状态下，通过按“↑”、“↓”、“→”、“←”键可对定值进行编辑。编辑完成后按“确认”键，在核实输入正确的口令后，再按“确认”键后本号定值修改有效，按“取消”键无效。整定值定义及说明详见表 6-3。

**表 6-3　整定值定义及说明**

| 定值序号 | 代　号 | 定值名称 | 整定范围 |
|---|---|---|---|
| 00 | | 保护定值套数 | 1～3 |
| 01 | kV1 | 一次电压系数 | 电压的实际等级（kV） |
| 02 | Ki1 | 一次电流系数 | 实际变比/10 |
| 03 | Idz0 | 电流Ⅰ段定值 | 1～100A |
| 04 | Idz1 | 电流Ⅱ段定值 | 1～100A |
| 05 | tzd1 | 电流Ⅰ段延时 | 0.1～10s |
| 06 | Idz2 | 电流Ⅲ段定值 | 1～100A |
| 07 | tzd2 | 电流Ⅲ段延时 | 0.1～10s |
| 08 | Idz3 | 反时限过流定值 | 0～20A |
| 09 | tdz3 | 反时限过流延时 | 0.1～10s |
| 10 | Udz2 | 低电压闭锁定值 | 42～99V |
| 11 | Idz3 | 重合闸检无流定值 | 0.1～10s |
| 12 | tchzd1 | 重合闸延时 | 0.1～10s |
| 13 | Idz4 | 过流加速定值 | 0.1～2s |

续表

| 定值序号 | 代　号 | 定值名称 | 整定范围 |
|---|---|---|---|
| 14 | tzd4 | 过流加速延时 | 0～30 |
| 15 | Ch-a | 检同期允许角度 | 0～30 |
| 16 | Udz1 | 低电压闭锁低频定值 | 45～49.5V |
| 17 | fzd1 | 低频减载频率 | 45～49.5Hz |
| 18 | tfzd1 | 低频减载频率延时 | 0.1～99s |
| 19 | Iodz | 零序过流定值 | 1～100A |
| 20 | tozd | 零序过流延时过 | 0.1～99s |
| 21 | Uodz | 零序电压闭锁 | 5～180A |
| 22 | Iozd | 零序加速定值 | 0.1～10s |
| 23 | todz | 零序加速延时 | 5～180V |
| 24 | Idz3 | 过负荷定值 | 1～100A |
| 25 | tzd3 | 过负荷延时 | 0.1～10s |
| 26 | 3U01 | PT 断线定值 | 0～90V |
| 27 | Utq | 同期电压选择 | 备用 |
| 28 | 3U02 | 零序电压定值 | 0～90V |
| 29 | tzd3 | 零序电压延时 | 0.1～10s |
| 30 | Udz1 | 低压减载定值 | 42～99V |
| 31 | tzd1 | 低压减载延时 | 0.1～99s |
| 32 | | 备用 | |
| 33 | | PASSWORD：1 | |
| 34 | | PASSWORD：2 | |

注：一次电压、电流系数×10 后为实际的一次 PT、CT 变比。

### 6.3.2　阶段式过电流保护与自动重合闸前加速微机保护

重合闸前加速保护是当线路发生故障时，靠近电源侧的保护首先无选择性地瞬时动作，使断路器跳闸，然后再借助自动重合闸来纠正这种非选择性的动作。

重合闸前加速保护的动作原理可由图 6-22 说明，线路 X-1 上装有无选择性的电流速断保护 1 和过流保护 2，线路 X-2 上装有过流保护 4，ARD（自动重合闸）仅装在靠近电源的线路 X-1 上。无选择性电流速断保护 1 的动作电流，按线路末端的短路电流来整定，动作不带延时。过流保护 2、4 的动作时限按阶梯原则来整定，即 $t_2>t_4$。

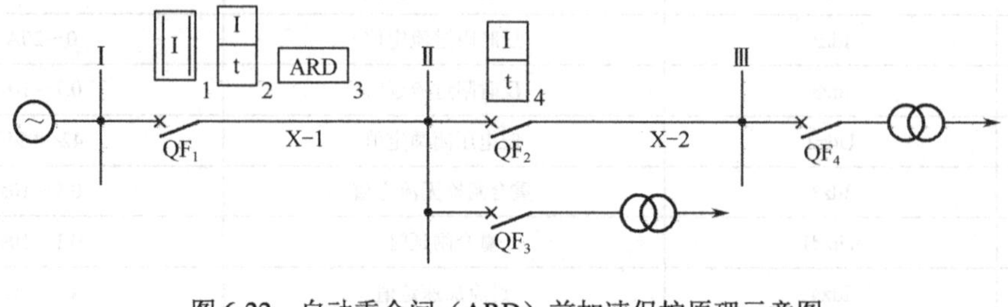


图 6-22　自动重合闸（ARD）前加速保护原理示意图

当任何线路、母线（I 除外）或变压器高压侧发生故障时，装在变电所 I 的无选择性电流速断保护 1 总是先动作，不带延时地将 $QF_1$ 跳开，然后 ARD 动作再将 $QF_1$ 重合。若所发生的故障是暂时性的，则重合成功，恢复供电；若故障为永久性的，由于电流速断已由 ARD 的动作退出工作，因此，此时通过各电流保护有选择性地切除故障。

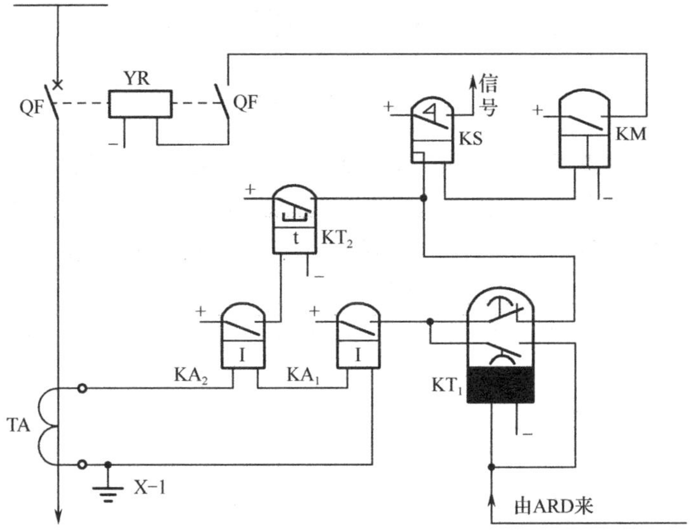


图 6-23　自动重合闸前加速保护原理接线图

图 6-23 给出了 ARD 前加速保护的原理接线图。其中 $KA_1$ 是电流速断，$KA_2$ 是过流保护。从该图可以清楚地看出，线路 X-1 故障时，首先速断保护的 $KA_1$ 动作，其接点闭合，经 $KT_1$ 的常闭接点不带时限地动作于断路器，使其跳闸，随后断路器辅助触头启动重合闸装置，将断路器合上。重合闸动作的同时，启动加速继电器 $KT_1$，其常闭接点打开，若此时线路故障还存在，但因 $KT_1$ 的常闭接点已打开，只能由过流保护继电器 $KA_2$ 及 $KT_2$ 带时限有选择性地动作于断路器跳闸，再次切除故障。

自动重合闸前加速保护有利于迅速消除故障，从而提高了重合闸的成功率，另外还具有只需装一套 ARD 的优点。其缺点是增加了 $QF_1$ 的动作次数，一旦 $QF_1$ 或 ARD 拒绝动作将会扩大停电范围。因此，前加速方式只用于 35kV 以下的网络。

微机保护操作如下：

（1）拟定系统线路采用两段式保护（即无时限电流速断和定时限过电流保护）和加速保护，微机线路保护与自动重合闸的配合方式采用前加速方式。

（2）设置微机线路保护装置。进入“保护投退”菜单，把“过流Ⅲ段”、“过流前加速”、“重合闸”、“重合闸检无压”投入，再进入“保护定值”菜单，把“电流Ⅲ段定值”设为 1，“电流Ⅲ段延时”设为 1，“过流加速定值”设为 1，“过流加速延时”设为 0。保存设置。

### 6.3.3　阶段式过电流保护与自动重合闸后加速微机保护

重合闸后加速保护是当线路上发生故障时，首先按正常的继电保护动作，有选择性地动作于断路器使其跳闸，然后 ARD 动作将断路器重合，同时 ARD 的动作将过流保护的时限解除。这样，当断路器重合于永久性故障线路时，电流保护将无时限地作用于断路器跳闸。

实现后加速的方法是在被保护各段线路上都装设有选择性的保护和自动重合闸装置，见图 6-24。ARD 后加速保护的原理接线见图 6-25。

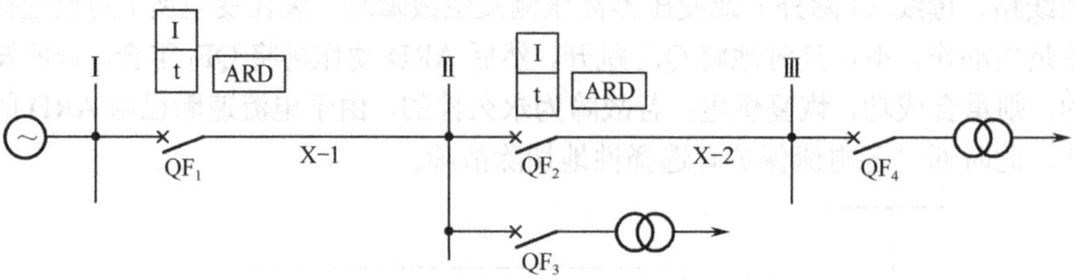


图 6-24　自动重合闸后加速保护原理说明图

如图 6-25 所示，当线路故障时，由于延时返回继电器 $KT_1$ 尚未动作，其常开触头未闭合，电流继电器 KA 动作后，启动时间继电器 $KT_2$，并经一定延时后，其常开触头闭合，启动出口中间继电器 KM，使跳闸线圈 YR 得电，QF 跳闸。QF 跳闸后，ARD 发出合闸脉冲。在发出合闸脉冲的同时，重合闸出口元件 $ZJ_3$ 的常开触头闭合。启动继电器 $KT_1$，$KT_1$ 动作后，其触头闭合。若故障为持续性故障，则保护第二次动作时，经 $KT_1$ 的触头直接启动 ARD 而使断路器瞬时跳闸。

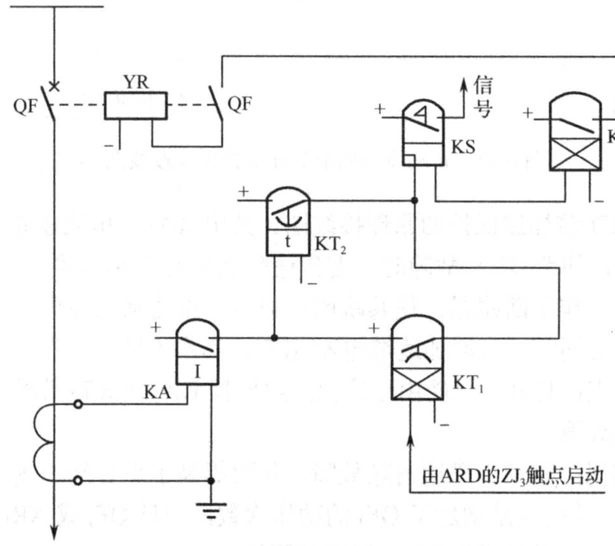


图 6-25　自动重合闸后加速保护原理接线图

在 35kV 以上的高压网络中，通常都装有性能比较好的保护，所以第一次有选择性的跳闸时限不会很长，故后加速保护方式在这种网络中被广泛采用。

微机保护操作如下：

（1）拟定线路模型采用电流三段式保护。

（2）先扳上实训台左侧处的总操作电源，设置微机线路保护装置。进入“保护投退”菜单，把“过流Ⅰ段”、“过流Ⅱ段”、“过流Ⅲ段”、“过流后加速”、“重合闸”、“重合闸检无压”等功能投入，保存设置。

（3）按“取消”键返回主菜单栏，再进入“保护定值”菜单，进行 “电流Ⅰ段定值”、“电流Ⅱ段定值”、“电流Ⅲ段定值”设定，“过流加速定值”设为 0.5，“电流Ⅱ段延时”设为 0.5，“电流Ⅲ段延时”设为 1，“重合闸延时”设为 0.5，“过流加速延时”设为 0.0，保存设置。

### 6.3.4　RVC 智能无功自动补偿装置认知

工厂中由于有大量的感应电动机、电焊机、电弧炉及气体放电灯等感性负荷，从而使功率因数降低。如在充分发挥设备潜力、改善设备运行性能、提高其自然功率因数的情况下，尚达不到规定的功率因数要求时，应合理装设无功补偿设备，以人工补偿方式来提高功率因数。

RVC 系列无功功率补偿控制器采用国内外最先进的单片机控制技术，对修改的参数具有记忆功能，它既有高精度和高灵敏度等特点，又有模拟型控制器抗干扰能力强和不死机等优越性，可广泛适应于不同的电网条件。RVC 系列无功功率补偿控制器自身有手动和自动控制两种补偿控制方式。无功补偿装置接线图如图 6-26 所示。

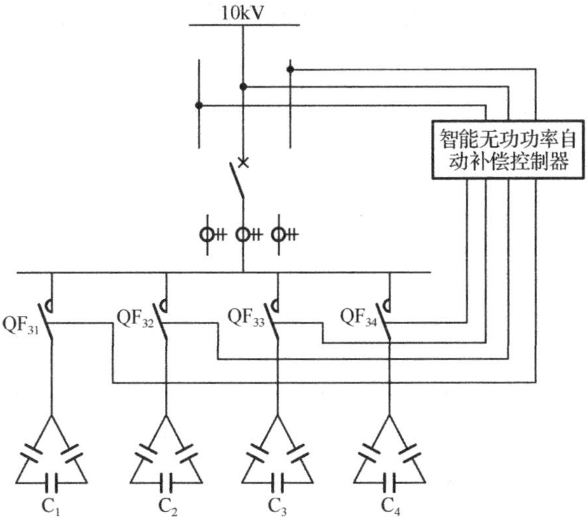


图 6-26　无功补偿装置接线图

进行无功功率人工补偿的设备，主要有同步补偿机和并联电容器。并联电容器又称移相电容器，在工厂供电系统中应用最为普遍，具有安装简单、运行维护方便、有功损耗小以及组装灵活、扩建方便等优点。并联补偿的电力电容器大多采用三角形接线。低压并联电容器，绝大多数是做成三相的，而且内部已接成三角形。

RVC 功率因数控制器操作说明：

**1．切换操作**

（1）按“MODE”键，系统自动循环切换模式：自动—手动—设置。

（2）按“+”或 “-”键：

① 自动模式下按下：切换显示功率因数 COS、电压值、电流值。

② 手动模式下按下：手动切或投。

③ 设置模式下按下：修改参数值。

④ 自检模式下按下：无效。

**2．参数设置**

步骤 1：按“MODE”键切换模式到设置状态。

步骤 2：按“-”键进入设置模式。

步骤 3：最大输出路数（OUTPUT）设置，在此界面下，按“+”或“-”键修改路数，修改完后按“MODE”键进入下一个参数设置。

步骤 4：投切延时参数设置，在此界面下，按“+”或“-”键修改延时参数，修改完后按“MODE”键进入下一个参数设置。

步骤 5：功率因数下限设置，在此界面下，按“+”或“-”键修改下限参数，修改完后按“MODE 键进入下一个参数设置。

步骤 6：电网电压过压设置，在此界面下，按“+”或“-”键修改过压参数，修改完后按“MODE”键进入下一个参数设置。

步骤 7：负荷欠流参数设置，在此界面下，按“+”或“-”键修改欠流参数，修改完后按“MODE”键进入下一个参数设置。

步骤 8：按“MODE”键切换模式到自动状态，无功补偿控制器会自动保存所有参数设置。

**3．代码表**

代码表如表 6-4 所示。

**表 6-4　代码表**

| 设置项目 | 设置内容 | 设置范围 | 步长 | 出厂默认值 | 单位 | 显示 |
|---|---|---|---|---|---|---|
| 1 | 最大输出路数 | 1～12 | 1 | 12 | — | OUTPUT |
| 2 | 投切延时 | 1～120 | 1 | 1 | s | DELAY |
| 3 | 功率因数下限 | 0.85～0.99 | 0.01 | 0.95 | — | 滞后 |
| 4 | 过电压 | 420～460 | 10 | 440 | V | 过压 |
| 5 | 欠电流 | 0.10～0.90 | 0.01 | 0.20 | A | 欠流 |

# 任务 4　变电所综合自动化认知

## 6.4.1　变电所综合自动化系统的作用和组态模式

随着计算机技术和仪表制造技术的发展，变电所的综合自动化技术也有了长足的进步。变电所的综合自动化就是利用计算机技术和通信技术，将变电所的二次设备（包括控制、信号、测量、保护及自动装置等）进行优化组合，将变电所的保护装置、控制装置、测量装置、信号装置综合为一体，以全微机化的新型二次设备替代机电式的二次设备，或用不同的模块化软件实现机电式二次设备的各种功能。用计算机网络通信替代大量信号电缆，通过人机接口设备，实现变电所的综合管理以及监视、测量、控制、打印记录等所有功能。变电所的综合自动化也为变电所无人值班提供了技术支持。

**1．变电所综合自动化系统的“四遥”**

（1）遥测

变压器的电压、电流、功率及电能；变压器的温度；各段母线的电压（小电流接地系统应测三个相电压）；所用变压器低压侧的电压；各馈电回路的电流及功率；电容器室的温度；直流电源电压；主变压器有载分接开关的位置（当采用遥测方式处理时）。

（2）遥信

断路器的位置信号；反映运行方式的隔离开关的位置信号；变压器的保护动作信号和事故信号；断路器控制回路断线总信号；断路器操动机构故障总信号；变压器冷却系统故障信号；

变压器温度过高信号；轻瓦斯保护动作信号；所用电源失压信号；UPS 交流电源消失信号；通信系统电源中断信号；主变压器有载分接开关位置信号。

（3）遥控

断路器的分闸、合闸；可以电控的主变压器中性点接地隔离开关（刀闸）。

（4）遥调

主变压器的有载分接开关；预期的功率因数值。

**2．变电所综合自动化系统的组态模式**

分散（层）分布式组态模式的变电所。分散（层）分布式组态模式从逻辑上将变电所自动化系统划分为两层，即变电所层（所级测控主单元）和间隔层（间隔单元）。它采用面向电气回路或电气间隔的方法进行设计。间隔层中各个数据采集、控制单元、保护单元等就地分散安装在开关柜或其他一次设备附近，彼此相对独立，靠通信网互连，并可与所级测控主单元通信。这样，保护功能等可直接在间隔层完成而不必依赖通信网。分散（层）分布式组态模式具有分布式的全部优点，并且又精简了不少二次设备和电缆，节省了投资，也便于维护和扩展。这种模式是目前比较先进和推荐采用的。图 6-27 为一个分散（层）分布式组态模式的变电所综合自动化系统示意图。

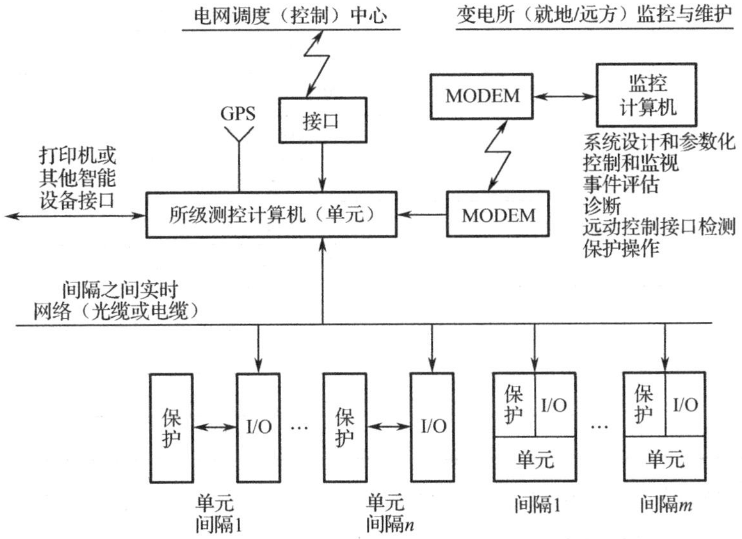


GPS—全球定位系统（信息）；MODEM—调制解调器；I/O—输入/输出（数据采集/控制）

图 6-27　分散（层）分布式组态模式的变电所综合自动化系统示意图

这种分散（层）分布式系统底层的保护测控硬件，是按面向分散对象的要求设计的。每个一次对象的保护、遥控、遥信、遥调功能可集中在一个单元机箱内，称为保护测控一体化装置。它可分散就地安装在开关柜上，也可集中组屏安装在控制室内。根据通信距离，它与上层（变电所层）的总控单元之间通过 485 或 CANBUS 总线相连接，实现信息共享。如果用户需要，也可将保护装置与测控装置分开配置，整个系统组态灵活，便于新站扩建和老站更新改造。

变电所（站）层由总控单元和后台监控组成。无人值班的变电所也可不设后台机，信息直接送往集控中心或调度中心。总控单元是整个变电所综合自动化系统的通信枢纽，是信息综合点，它连接着各种智能设备，例如底层保护测控单元、智能表计系统、消防报警装置、GPS（全球定位系统）、远方集控中心和就地监控设备等。

### 6.4.2 模拟工厂变电所综合自动化装置认知

#### 1. 概述

杭州天科教仪设备有限公司的“TKLSGC-2A 型上位机软件”是基于 Microsoft Windows 操作系统的综合自动化、集成化、开放式应用平台，完成对 TKLSGC-2A 型工厂供电综合自动化实训系统进行实时监控和调度。

软件特点如下：

（1）上位机与 PLC 控制器、智能仪表、备自投、功率因数控制器通信。

（2）能够完成电力系统“四遥”（遥测、遥信、遥控、遥调）功能。

本实验平台上，可完成的四遥功能见表 6-5。

表 6-5 四遥功能

| 远动类型 | 信息名称 |
|---|---|
| 遥测 | 工厂总有功、无功电能 |
| | 供电线路综合电量 |
| | 配电线路综合电量 |
| | 微机线路保护测控装置电量 |
| | 微机电动机保护测控装置电量 |
| 遥信 | 断路器分、合闸状态 |
| | 变压器分接头位置 |
| | 无功补偿电容器组投、切位置 |
| | 各微机保护测控装置 SOE 事件记录 |
| 遥控 | 断路器合闸 |
| | 断路器分闸 |
| 遥调 | 变压器分接头位置选择 |
| | 无功补偿电容器组的投、切控制 |

（3）操作界面模拟工作现场供配电调度运行界面，图表全面，实时性高。

#### 2. 监控系统软件功能介绍

硬件线路结构说明如下（系统配置图见图 6-28）：

（1）上位机监控系统：用 PC 完成监控，安装有监控软件。

（2）下位机：微机备自投保护测控装置、微机变压器保护测控装置、微机线路保护测控装置、微机电动机保护测控装置，西门子 S7-200 PLC、智能电量采集模块、智能功率因数控制器。

（3）通信接口：PC 与下位机采用串口通信，共使用了 4 个串口（COM1～COM4）。保护装置使用 COM1，6 个 9033E 使用 COM2，功率因数控制器使用 COM3，PLC 使用 COM4。

#### 3. 安装和运行软件

（1）软件的运行环境

本监控系统软件采用力控组态软件 6.0 电力版编写设计。软件运行后，界面显示在最前端，并且屏蔽了 Ctrl+Alt+Del 组合键以及禁止了 Alt 和右键，此时，最好不要调用其他软件。

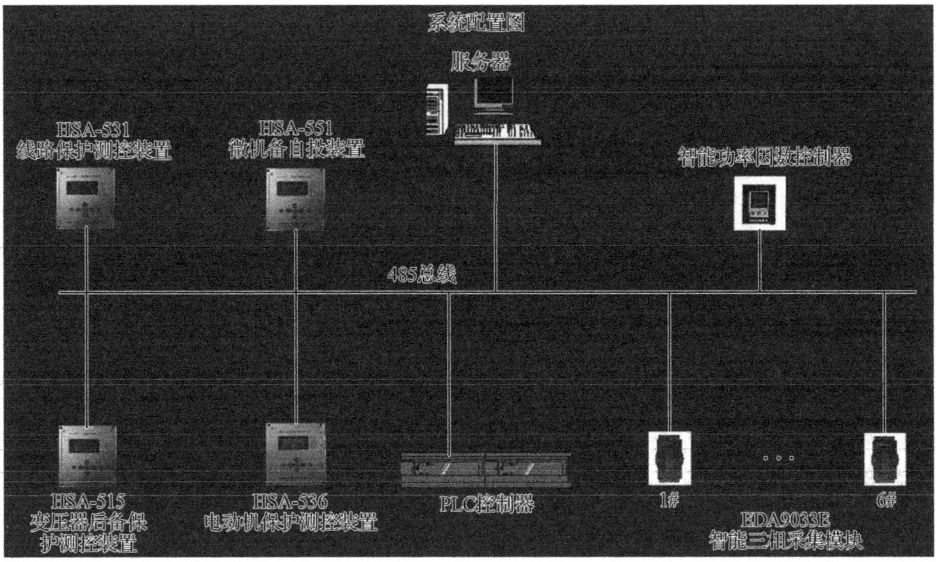


图 6-28　系统配置图

软件运行平台：

操作系统：Microsoft Windows 2000+sp2 或 XP+sp2 中文操作系统。

分辨率：1440×900。

硬件平台：USB 硬件锁。

**特别注意：**在运行监控系统软件时，尽量不要运行其他软件，以减少系统内存的消耗，提高软件工作的可靠性。更不能运行需要占用串口的软件，因为本监控软件需要占用这些端口，否则会出现串口冲突的现象，影响软件的正常使用。

（2）软件的安装

在电脑上按照以下步骤安装软件：打开安装光盘，双击运行包文件夹中的“TKLSGC-2A 监控软件（V2.1.0）”→“setup”程序（如图 6-29 所示），出现如图 6-30 所示安装画面，选择对应选项，单击“开始”按钮，开始安装软件。

图 6-29　“setup”程序

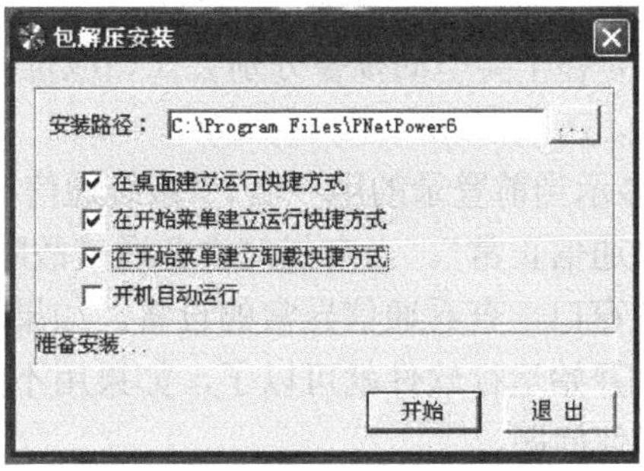


图 6-30　安装画面

“TKLSGC-2A 监控软件”安装完成后出现如图 6-31 所示界面，单击“确定”按钮，完成安装。

（3）软件的运行

在电脑桌面上出现如图 6-32 所示图标，双击该图标可进入“TKLSGC-2A 监控软件（V2.1.0）”

监控系统。

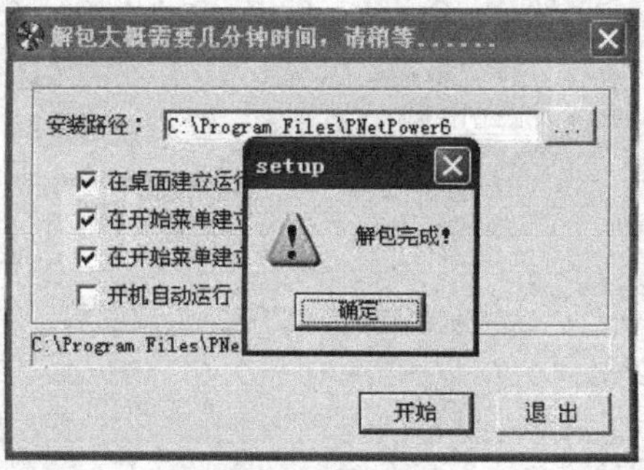


图 6-31　安装完成

图 6-32　TKLSGC-2A 监控软件

#### 4. 软件的使用

上位机软件的使用：进入监控系统后，各窗口的使用方法如下。

（1）系统登录

图 6-33　用户名和密码

双击“TKLSGC-2A 监控软件（V2.1.0）”图标，弹出如图 6-33 所示窗口，必须输入正确的用户名和密码后才能打开监控界面。

用户名：administrator（管理员）

密码：****

权限：①所有窗口的浏览。②断路器的控制。

（2）初始窗口（顶窗口、快选单和底窗口）

登录成功后，出现三个窗口，从上到下依次为“顶窗口”、“快选单”和“底窗口”。

“快选单”是软件的主窗口，单击相应按钮可进入各个界面进行操作。包括：变电所主接线、通信状态图、系统配置图、实时信息、报警管理、VQC 管理、保护管理、退出系统。单击“退出系统”按钮，可退出监控系统。

“底窗口”上有 “遥信”、“事件”、“SOE”三个按钮，单击可以分别显示实时报警信息，另外在报警产生时，各个类型的报警分别会在相应位置闪红色，按下时就会显示相应报警信息，同时按钮恢复原貌。

“登录用户”显示当前登录的用户名。“系统通信检测”显示上位机与现场设备的通信状态，一切正常，显示“通信正常”。当有任何设备通信故障时，显示“有设备通信故障”，此时可打开“通信状态”图窗口，查看通信异常的设备。如果功率因数控制器通信有问题，要先给这个设备上电，然后再开始运行软件就可以了，如果用不到这个设备，可以让通信异常，对软件的其他使用不会有任何问题。

“顶窗口”和“底窗口”是始终显示的，在任何窗口单击“快选菜单”按钮，都将快速返回“快选单”窗口。

（3）变电所主接线窗口

在此窗口中，可以监测高压变电所的一次系统、各个断路器（QF）和隔离开关（QS）状态及各种电量信息。当断路器显示红色、隔离开关闭合且显示红色时，说明此时断路器和隔离开关是闭合的，否则说明是断开状态。断路器可以遥控分合，隔离开关只能观察其分、合状态。

单击窗口中的电量信息，会弹出相应的电量参数窗口，在窗口上监测各电量参数。单击各个断路器可以控制分、合闸，从而改变线路运行状态。

断路器的操作窗口如图 6-34 所示。

图 6-34 断路器的操作窗口

开关描述：当前要操作的断路器的位置。

开关状态：当前要操作的断路器的状态。

用户名：administrator，不可选。

密码：对应用户 administrator 的登录密码。

权限验证：当输入的用户名和密码不正确时，单击此按钮，提示“密码错误，请重新输入”；当输入的用户名和密码正确时，单击此按钮，“合闸”和“分闸”按钮变可操作状态。

分、合闸按钮：权限验证通过后，单击按钮分、合闸断路器。

通信状态进度条：当按下分、合闸按钮后，依次显示以下信息。

正在发送合闸信号，请稍侯……

监控软件发出断路器合闸控制命令，PLC、微机保护装置或备自投装置接收到命令，并执行对应操作，监控软件同时检测是否完成合闸操作。

正在发送分闸信号，请稍侯……

监控软件发出断路器分闸控制命令，PLC、微机保护装置或备自投装置接收到命令，并执行对应操作。监控软件同时检测是否完成分闸操作。

合闸成功：监控软件检测到断路器合闸成功的信息。

分闸成功：监控软件检测到断路器分闸成功的信息。

（4）通信状态窗口

在此窗口中，可监测上位机系统软件与各 RTU 装置（PLC、备自投装置、线路保护装置、电动机保护装置）和智能电量监测仪的通信状态。

如果设备通信正常，则各装置的指示图标显示绿色，否则显示红色。发现有装置亮红灯时，应该先退出软件，然后再运行软件，看是否还有异常现象，如果还出现问题，请售后技术人员检修。

（5）系统配置窗口

此窗口显示了整个通信网络的硬件配置。

（6）实时信息

在这里，可监测整个系统中断路器和隔离开关的状态。

在“断路器位置状态”窗口中，当断路器处于合闸位置时，相应一栏的“当前状态”显示“合闸”,“状态指示”方块显示绿色；处于分闸位置时，相应一栏的“当前状态”则显示“分闸”，且“状态指示”方块显示灰色。单击右下角“隔离开关位置状态”，切换到“隔离开关信息”窗口，此窗口和“断路器位置状态”窗口功能相似。

（7）报警管理

在“底窗口”可单击查看实时报警，而在“报警管理”窗口中可查看各类报警的历史信息。

① 遥信实时报警：按指定的格式显示系统遥信变位报警。系统发生新报警时，此组件出现一条新的报警记录，用设定的字体颜色（一般选红色）标示，并闪烁，以引起值班人员注意。

遥信历史报警：按指定的格式记录遥信历史报警记录，并可提供查询、打印等功能。

② 事件实时记录：按指定的格式实时记录用户登录、用户退出等系统事件并显示。

事件历史记录：按指定的格式记录系统事件，并可提供查询、打印等功能。

③ SOE 实时报警：按指定的格式实时显示系统 SOE 事件记录。系统发生新报警时，此组件出现一条新的报警记录，用设定的字体颜色（一般选红色）标示，并闪烁，以引起值班人员注意。

SOE 历史报警：按指定的格式记录 SOE 历史报警记录，并可提供查询、打印等功能。

④ 总报警：按组态指定的格式实时显示系统的所有报警信息。系统发生新报警时，此组件出现一条新的报警记录，用设定的字体颜色（一般选红色）标示，并闪烁，以引起值班人员注意。

各个报警的查询可以查到之前所有的报警记录。

（8）VQC 管理

① “电压/无功综合控制设定”窗口。

可实时监测线电压、相电流和功率因数。

“变压器分接头控制方式”和“补偿电容组的控制方式”显示“远动”和“手动”两种方式，可设定电压和功率因数上下限。为方便实验（可进入各区观察 VQC 控制规律），进入系统时默认电压上限是 420，电压下限 380，$\cos\varphi$上限 0.999，$\cos\varphi$下限 0.900。

“变压器分接头初始状态”和“补偿电容组的初始状态”：分接头有-10%、-5%、0%、+5%、+10%五种状态，电容器组有 $C_1$、$C_2$、$C_3$、$C_4$ 四组，小圆圈变红色，表示分接头处于对应位置和对应位置的电容器组投入。初始时分接头在 0%位置，电容器组无投入。

单击“电压/无功综合控制投入”按钮，切换到“电压/无功综合控制投入”窗口。

② “电压/无功综合控制投入”窗口。

“九区法”坐标显示变电站电压/功率因数的运行状态变化，闪红色区域表示当前的运行状态。

“升压”和“降压”按钮：单击按钮，遥控变压器分接头位置。

“投入电容”和“退出电容”：单击按钮，遥控电容组的投切。

“VQC 投入”和“VQC 退出”：单击按钮，投入或退出软件自动电压/无功综合控制的功能。VQC 功能投入前，保证“变压器分接头控制方式”和“补偿电容组控制方式”在“远动”位置。

单击“返回设定页”按钮，切换到“电压/无功综合控制设定”窗口。

（9）功率因数控制器

在变电所主接线画面，只要单击图 6-35 里的黄色数字区域，就会出现如图 6-36 所示的画面。

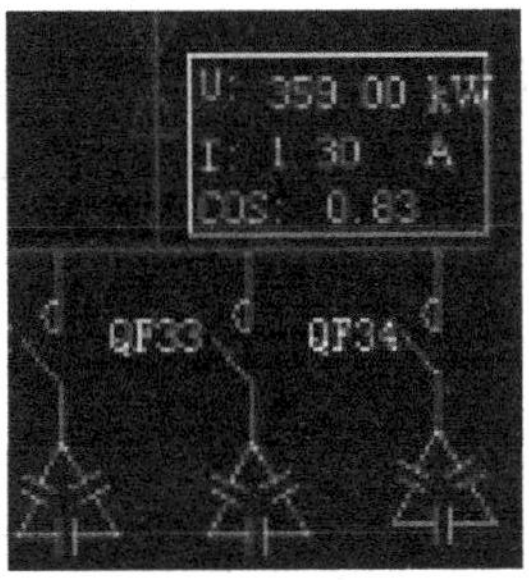


图 6-35　变电所主接线画面

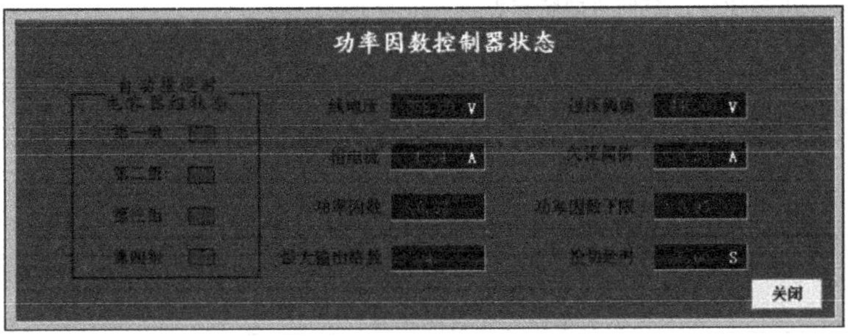


图 6-36　功率因数控制器状态

在图中，可以看到电容器投退组数，这个和实验台上的可能不一样（如果无功补偿方式凸轮开关不在自动状态的话），但是和功率因数控制器装置上显示是一致的。这里的值都不可以修改。这里的线电压、相电流和功率因数与 VQC 管理里的一样。当功率因数显示为负值时，说明现在功率因数是超前的。

# 项 目 小 结

对一次设备的工作状态进行监视、测量、控制和保护的辅助电气设备称为二次设备。变电所的二次设备包括测量仪表、控制与信号回路、继电保护装置以及远动装置等。二次回路按照功用可分为控制回路、合闸回路、信号回路、测量回路、保护回路以及远动装置回路等。

二次回路的接线图按用途可分为原理接线图、展开接线图和安装接线图 3 种形式。

原理图能表示出电路测量计能表间的关系，对于复杂的回路看图会比较困难。展开图接线清晰，回路次序明显，易于阅读，便于了解整套装置的动作程序和工作原理，对于复杂线路的工作原理的分析更为方便。安装接线图是进行现场施工不可缺少的图纸，它反映的是二次回路中各电气元件的安装位置、内部接线及元件间的线路关系。

断路器的操作是通过它的操作机构来完成的，而控制回路就是用来控制操作机构动作的电气回路。

变电所装设的中央信号装置，主要用来示警和显示电气设备的工作状态，以便运行人员及时了解、采取措施。

变电所的测量仪表是保证电力系统安全经济运行的重要工具之一，测量仪表的连接回路则是变电所二次接线的重要组成部分。

绝缘监察装置主要用来监视小接地电流系统相对地的绝缘情况。

为了提高供电的可靠性，缩短故障停电时间，减少经济损失，二次系统中设置备用电源自动投入装置（APD）和自动重合闸（ARD）装置。

随着计算机及通信技术的发展，工厂供配电系统的自动化程度越来越高。利用现代计算机及通信技术，将配电网的实时运行、电网结构、设备、用户等信息进行集成，构成完整的自动化系统，实现配电网运行监控及管理的自动化、信息化。

# 思考与练习

**一、思考题**

（1）什么是二次回路？什么是二次回路的操作电源？常用的直流操作电源和交流操作电源各有哪几种？交流操作电源与直流操作电源比较，有何主要特点？

（2）高压断路器的控制和信号回路有哪些要求？

（3）变电所远动化有何意义？变电所的“四遥”包括哪些内容？

**二、练习题**

1. 填空题

（1）二次回路按其用途分为________回路、________回路、________回路、________回路和________回路。

（2）高压断路器________亮，表示断路器处在合闸位置；________亮，表示断路器处在分闸位置。

（3）高压断路器的操作机构的形式有________、________和________三种。

2. 判断题

（1）信号回路是指示一次电路设备运行状态的二次回路。（　）

（2）断路器位置信号是指示一次电路设备运行状态的二次回路。（　）

（3）预告信号表示在供电系统的运行中，若发生了某种故障而使其继电保护动作的信号。（　）

（4）事故信号表示若发生了某种异常情况，不要求系统中断运行，只要求给出示警信号。（　）

（5）预告信号：在一次设备出现不正常状态时或在故障初期发出的报警信号。值班员可根据预告信号及时处理。（　）

3. 选择题

（1）工厂供电装置中，显示断路器在事故情况下工作状态的属于（　）。

A. 断路器位置信号　B. 信号回路　C. 预告信号　D. 事故信号

（2）在一次设备出现不正常状态时或在故障初期发出的报警信号。值班员可根据（　）及时处理。

A. 断路器位置信号　B. 信号回路　C. 预告信号　D. 事故信号

（3）显示断路器在事故情况下的工作状态，此外还有事故音响信号和光字牌的属于（　）。

A. 断路器位置信号　B. 信号回路　C. 预告信号　D. 事故信号

# 项目七　电气安全与节约用电

## 学习目标

（1）了解电气安全和节约用电的意义、措施；
（2）理解与掌握变压器的经济运行方式；
（3）理解无功补偿装置的运行与维护。

## 项目任务

### 1．项目描述

本项目首先讲述电气安全的意义及其一般措施，接着讲述节约用电的意义及措施，最后介绍电力变压器经济运行及并联电容器的接线、装设、控制、保护和运行维护知识。本项目的内容综合起来就是“三电”（安全用电、节约用电、计划用电）问题，这“三电”是供电系统运行管理必须遵循的原则。

### 2．工作任务

根据项目，通过查询有关信息和学习相关知识，完成以下工作任务：
（1）理解电气安全、节约用电措施；
（2）会计算电力变压器的经济运行；
（3）掌握无功补偿装置的装设、控制与运行。

### 3．项目实施方案

为了能有效地完成本项目任务，根据项目要求，通过资讯、计划决策、实施与检查、评估等系统化的工作过程完成项目任务。本项目总体实施方案如图 7-1 所示。

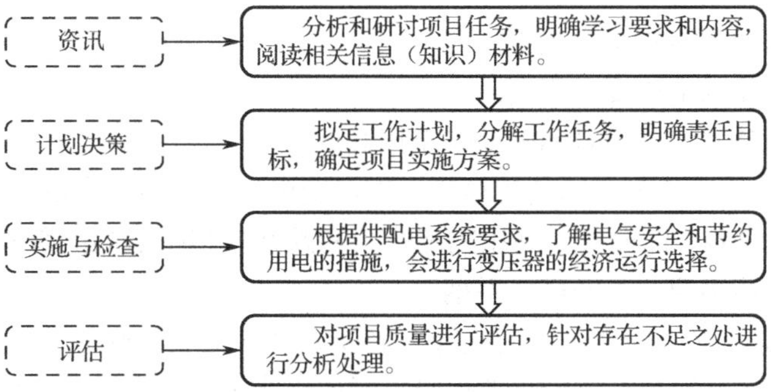


图 7-1　电气安全与节约用电

## 任务 1　电气安全的意义与措施

### 7.1.1　电气安全的含义和重要性

电气安全包括人身安全和设备安全两个方面。人身安全是指电气从业人员或其他人员的安全；设备安全是指电气设备及其所拖动的机械设备的安全。

电气设备设计不合理、安装不妥当、使用不正确、维修不及时，尤其是电气人员缺乏必要的安全知识与安全技能，麻痹大意，就可能引发各类事故，如触电伤亡、设备损坏、停电，甚至引起火灾或爆炸等严重后果。

### 7.1.2　电气安全的有关概念

（1）人体触电。人体触电可分两种情况：一种是雷击和高压触电，将使人的肌体遭受严重的电灼伤、组织炭化坏死及其他难以恢复的永久性伤害。另一种是低压触电，在数十至数百毫安电流作用下，人的肌体产生病理或生理性反应，轻的有针刺痛感，或出现痉挛、血压升高、心律不齐以致昏迷等暂时性的功能失常，重的可引起呼吸停止、心脏骤停、心室纤维性颤动，严重的可导致死亡。

（2）安全电流。安全电流是人体触电后的最大摆脱电流。我国一般取 30mA（50Hz 交流）为安全电流，但是触电时间按不超过 1s 计，因此这一安全电流也称为 30mA·s。

影响电流对人体的触电危害程度的因素有触电时间、电流的大小、电流通电途径、人体体重、敏感性情况等。

（3）安全电压和人体电阻

人体电阻由体内电阻和皮肤电阻两部分组成。体内电阻约为 500Ω，与接触电压无关。皮肤电阻随皮肤表面的干湿状况及接触面积而变，约为 1700～2000Ω。从人身安全考虑，人体电阻一般取下限值 1700Ω。

由于安全电流取 30mA，而人体电阻取 1700Ω，因此人体允许持续接触的安全电压为 $U_{saf}=30\text{mA}\times1700\Omega\approx50\text{V}$。

### 7.1.3　电气安全措施

（1）建立完整的安全管理机构。

（2）健全各项安全规程，并严格执行。

（3）严格遵循设计、安装规范。

（4）加强运行维护和检修试验工作。

（5）按规定正确使用电气安全用具。

电气安全用具分基本安全用具和辅助安全用具两类：

① 基本安全用具。这类安全用具的绝缘足以承受电气设备的工作电压，操作人员必须使用它，才允许操作带电设备。例如操作高压隔离开关和跌开式熔断器的绝缘操作棒（俗称令克棒）和用来装拆低压熔断器熔管的绝缘操作手柄。

② 辅助安全用具。这类安全用具的绝缘不足以完全承受电气设备工作电压的作用，但是工作人员使用它，可使人身安全有进一步的保障。例如绝缘手套、绝缘靴、绝缘地毯、绝缘垫台、高压验电器、低压试电笔、临时接地线及“禁止合闸，有人工作”、“止步，高压危险！”等标示牌等。

（6）采用安全电压和符合安全要求的电器。

（7）普及安全用电知识。

（8）正确处理电气失火事故。

① 电气失火的特点。

失火的电气线路或设备可能带电，如不注意就会触电，最好尽快切断电源。

失火的电气设备内可能充有大量的可燃油，因此要防止充油设备爆炸，并引起火势蔓延。

电气失火时会产生大量浓烟和有毒气体，不仅对人体有害，而且会对电气设备产生二次污染，影响电气设备今后的安全运行。因此在扑灭电气火灾后，必须仔细清除这种二次污染。

② 带电灭火的措施。

电气失火后应首先切断电源，如为了争取时间需带电灭火时，应使用二氧化碳（$CO_2$）灭火器、干粉灭火器或 1211（二氟一氯一溴甲烷）灭火器。这些灭火器的灭火剂不导电，可直接用来扑灭带电设备的失火。使用二氧化碳（干冰）灭火器时，要打开门窗，并要离开火区 2～3m，不要使干冰沾着皮肤，以防冻伤。不能使用一般的泡沫灭火器，因为其灭火剂（水溶液）具有一定的导电性，而且对电气设备的绝缘有一定的腐蚀性。一般也不能用水来灭电气失火，因为水中多少含有导电杂质，用水进行带电灭火，容易发生触电事故。

可使用干砂来覆盖进行带电灭火，但只能是小面积的。

带电灭火时，应采取防触电的可靠措施。如有人触电，应进行急救处理。

### 7.1.4　触电的急救处理

（1）脱离电源

触电急救，首先要使触电者迅速脱离电源，越快越好，因为触电时间越长，伤害越重。

（2）急救处理

当触电者脱离电源后，应立即根据具体情况对症救治，同时通知医生前来抢救。

（3）人工呼吸法

按照图 7-2 所示，对触电者反复地吹气、换气，每分钟约 12 次。对幼小儿童施行此法时，鼻子不必捏紧，任其自由漏气，而且吹气也不能过猛，以免其肺包胀破。

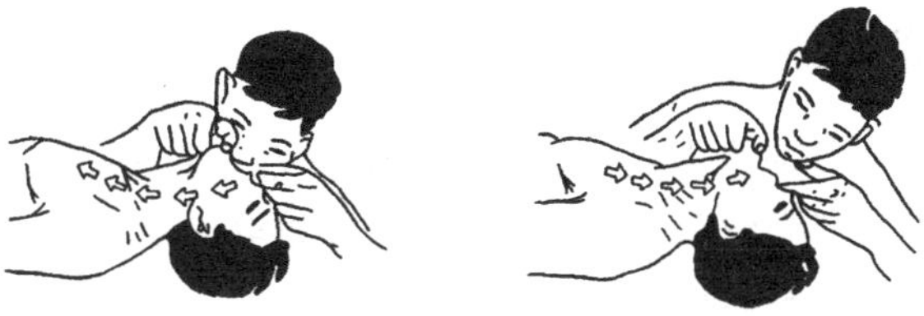

（a）贴紧吹气　　（b）放松换气

图 7-2　口对口吹气的人工呼吸法（⇨气流方向）

（4）胸外按压心脏法

按照图 7-3 和图 7-4 所示，对触电者的心脏反复地进行按压和放松，每分钟约 60 次。按压时，定位要准确，用力要适当。

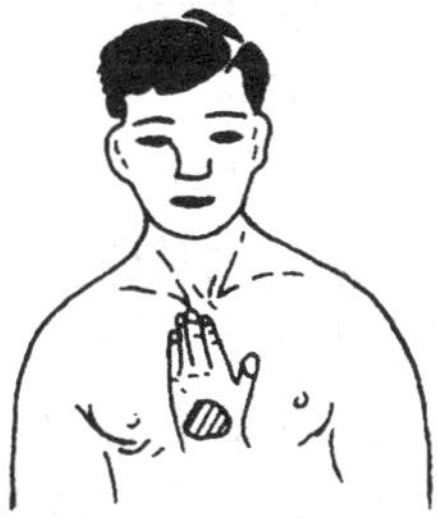

图 7-3　胸外按压心脏的正确压点

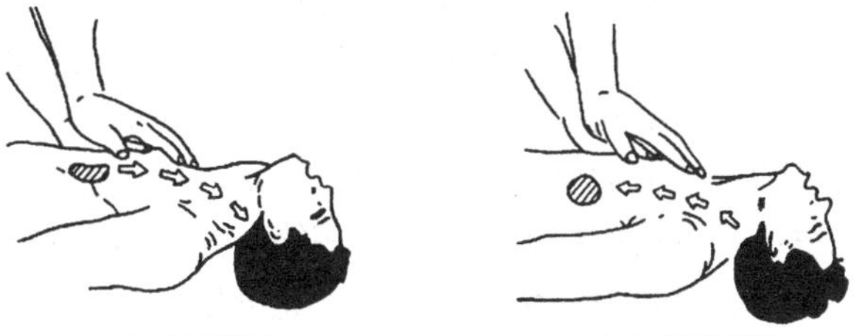

（a）向下按压　　（b）放松回流

图 7-4　人工胸外按压心脏法（⇨血流方向）

对触电者施行心肺复苏法——人工呼吸和心脏按压，对于救护人员来说是非常劳累的，但为了救治触电者，必须坚持不懈，直到医务人员前来救治为止。只要正确地坚持施行人工救治，触电假死的人被抢救成活的可能性非常大。

## 任务2　节约用电的意义与措施

### 7.2.1　节约用电的意义

由于电能与其他形式的能量转换容易，输送、分配和控制都比较简单经济，因此电能的应用非常广泛，几乎渗入社会生活的各个方面。

能源（包括电能）是发展国民经济的重要物质基础，也是制约国民经济发展的一个重要因素。而能源紧张是我国也是当今世界各国面临的一个严重问题，其中就包括电力供应紧张。由于电力供应不足，致使我国的工农业生产能力得不到应有的发挥。因此我国将能源建设（包括电力建设）作为国民经济建设的战略重点之一。同时提出，在加强能源开发的同时，必须最大限度地提高能源利用的经济效益，大力降低能源消耗。

节约电能既可减少电费开支，降低单位产品的电能消耗，又能在一定条件下提高劳动生产率和产品质量。电能可以创造比它本身价值高几十倍甚至上百倍的工业产值。因此，节约电能被视为加强企业经营管理、提高经济效益的一项重要任务。我国目前的能源利用率较低，致使很多产品的单位产量所耗能源（产品单耗）远高于一些技术先进的国家；但从另一方面看来，这也说明我国在节能方面大有潜力。总之，节约电能是一项不投资或少投资就能取得很大经济效益的工作，对于促进国民经济的发展，具有十分重要的意义。

### 7.2.2　节约用电的一般措施

要搞好节约用电工作，就应大力宣传节电的重要意义，提高人们的节电意识，努力提高供用电水平。节约用电，需从科学管理和技术改造两方面采取措施。

**1．加强供用电系统的科学管理**

（1）加强能源管理，建立管理机构和制度。工业与民用企业都要建立专门的能源管理机构，对各种能源（包括电能）进行统一管理。要有专人负责本单位的日常节能工作。电能管理是能源管理的一部分，电能管理的基础工作是搞好耗电定额的管理。通过充分调查研究，制定出各部门及各个环节的合理而先进的耗电定额。对于电能要认真计量，严格考核，并切实做到节电受奖，浪费受罚，这对节电工作有很大的推动作用。

（2）实行计划供用电，提高能源利用率。实行计划供用电，必须把电能的供应、分配和使用纳入计划。对于地区电网来说，各个用电单位要按地区电网下达的指标，实行计划用电，并采取必要的限电措施；对单位内部供电系统来说，各个用电单位也要有计划。

（3）实行负荷调整，“削峰填谷”，提高供电能力。所谓负荷调整，就是根据供电系统的电能供应情况及各类用户不同的用电规律，合理地、有计划地安排和组织各类用户的用电时间，以降低负荷高峰，填补负荷的低谷，充分发挥发、变电设备的潜力，提高系统的供电能力，以满足电力负荷日益增长的需要。负荷调整是一项全局性的工作，首先，电力系统要做全局性的调整负荷（简称调荷）。由于工业用电在整个电力系统中占的比重最大，因此电力系统调荷的主要对象是工业用户。同一地区各工厂的厂休日错开，就是电力系统调整负荷的措施之一。工厂等单位内部也要调整负荷。主要方法有：①错开各车间的上下班时间，使各车间的高峰负荷分散；②调整大容量用电设备的用电时间，使之避开高峰负荷时间用电，这样就降低了负荷高峰，填补了负荷低谷，做到均衡用电，从而提高了变压器的负荷系数和功率因数，减少了电能损耗。因此，调整负荷不仅提高了供电能力，而且也是节约电能的一项有效措施。

（4）实行经济运行方式，降低电力系统的能耗。所谓经济运行方式，就是一种能使整个电力系统的电能损耗减少、经济效益提高的运行方式，例如两台并列运行的变压器可在低负荷时切除一台；又如长期处于轻载运行的电动机可更换较小容量的电动机。至于负荷率低到多少时才宜于“以小换大”或“以单代双”，则需要通过计算确定。关于变压器的经济运行将在后面详述。

（5）加强运行维护，提高设备的检修质量。搞好供用电系统的运行维护和用电设备的检修，可减少电能损耗，节约电能。例如电力变压器通过检修，消除了铁芯过热的故障，就能降低铁损，节约电能。如检修电动机时要保证质量，重绕的绕组匝数、导线截面都不应改变；气隙要均匀；轴承磨损严重的应更换轴承，减少转子的转动摩擦；这些都能减少电能的损耗。又如导线接头处接触不良，发热严重，应及时维修，这样既保证了安全供电，又减少了电能损耗。对于其他动力设施也要加强维修和保养，减少水、气、热等能源的跑、冒、滴、漏，这样也能节约电能。

**2. 搞好供用电系统的技术改造**

（1）加快更新淘汰现有低效高耗能的供用电设备。以高效节能的电气设备取代低效高耗能的电气设备，这是节约电能的一项基本措施。此外，在供用电系统中推广应用电子技术、计算机技术以及远红外技术、微波加热技术等，也可大量节约电能。

（2）改造现有不合理的供配电系统，降低线路损耗。如将迂回配电的线路，改为直配线路；将截面偏小的导线适当换粗，或将架空线改为电缆线；将绝缘破损、漏电严重的绝缘导线予以换新；在技术经济指标合理的条件下将配电系统升压运行；改选变配电所所址，适当分散装设变压器，使之更加靠近负荷中心等，都能有效地降低线损，收到节电的效果，同时可大大改善电能质量。

（3）选用高效节能产品，合理选择设备容量，或进行技术改造，提高设备的负荷率。如推广应用节能型变压器及变频器等其他节能产品。又如合理选择电力变压器的容量，使之接近于经济运行状态。如果变压器的负荷率长期偏低，则应按经济运行条件进行考核，适当更换较小容量的变压器。对电动机等电气设备也一样，长期轻载运行是很不经济的，从节电的观点考虑，也宜换较小容量的电动机。

（4）改革落后工艺，改进操作方法。生产工艺不仅影响到产品的质量和产量，而且影响到产品的耗电量。例如在机械加工中，有的零件加工以铣代刨，就可使耗电量减少 30%～40%；在铸造中，采用精密铸造工艺可使耗电量减少 50%左右。改进操作方法也是节电的一条有效途径。例如在电加热处理中，电炉的连续作业就比间隙作业消耗的电能少。

（5）采用无功补偿设备，人为提高功率因数。首先考虑提高自然功率因数，即不添置任何无功补偿设备，只采取技术措施（如合理选择设备容量，提高负荷率等），以减少无功功率消耗量，使功率因数提高。在采用上述提高自然功率因数的措施后仍达不到规定的功率因数要求时，应合理装设无功补偿设备，以人工提高功率因数。

# 任务 3　电力变压器的经济运行

## 7.3.1　经济运行与无功功率经济当量

经济运行是指能使电力系统的有功损耗最小、经济效益最佳的一种运行方式。

电力系统的有功损耗不仅与设备的有功损耗有关，而且与设备的无功损耗有关，因为无功损耗的增加，将使电力系统中的电流增大，从而使电力系统中的有功损耗增加。

为了计算设备的无功损耗在电力系统中引起的有功损耗增加量，特引入一个换算系数“无功功率经济当量”$K_q$，表示电力系统每减少 1kvar 的无功功率，相当于电力系统所减少的有功功率损耗千瓦数。$K_q$ 与电力系统的容量、结构及计算点与电源的相对位置等多种因素有关。一般情况下，变配电所平均取 $K_q$=0.1。

### 7.3.2 一台变压器运行的经济负荷计算

变压器的损耗包括有功损耗和无功损耗两部分，而其无功损耗对电力系统来说，可通过 $K_q$ 换算为等效的有功损耗。因此变压器的有功损耗加上变压器的无功损耗所换算的等效有功损耗，就称为变压器的有功损耗换算值。

一台变压器在负荷为 $S$ 时的综合有功损耗为

$$\Delta P \approx \Delta P_T + K_q \Delta Q_T \approx \Delta P_0 + \Delta P_k \left(\frac{S}{S_N}\right)^2 + K_q \Delta Q_0 + K_q \Delta Q_N \left(\frac{S}{S_N}\right)^2$$

即

$$\Delta P \approx \Delta P_0 + K_q \Delta Q_0 + (\Delta P_k + K_q \Delta Q_N)\left(\frac{S}{S_N}\right)^2 \tag{7-1}$$

式中，$\Delta P_0$ 为变压器的空载损耗；$\Delta P_k$ 为变压器的短路损耗；$\Delta P_T$ 为变压器的有功损耗；$\Delta Q_0 \approx \frac{I_0\%}{100} S_N$ 为变压器空载时的无功损耗；$\Delta Q_N \approx \frac{U_k\%}{100} S_N$ 为变压器额定负载时的无功损耗；$\Delta Q_T$ 为变压器的无功损耗；$S_N$ 为变压器的额定容量。

要使变压器运行在经济负荷 $S_{ec}$ 下，就必须满足变压器单位容量的有功损耗换算值 $\Delta P / S$ 为最小值的条件。因此令 $\frac{d(\Delta P/S)}{dS} = 0$，可得变压器的经济负荷为

$$S_{ec} = S_N \sqrt{\frac{\Delta P_0 + K_q \Delta Q_0}{\Delta P_k + K_q \Delta Q_N}} \tag{7-2}$$

变压器经济负荷 $S_{ec}$ 与变压器额定容量 $S_N$ 之比，称为变压器的经济负荷率，用 $K_{ec}$ 表示，即

$$K_{ec} = \sqrt{\frac{\Delta P_0 + K_q \Delta Q_0}{\Delta P_k + K_q \Delta Q_N}} \tag{7-3}$$

一般电力变压器的经济负荷率约为 50%左右。

**例 7-1** 试计算 S9-630/10 型（Yyn0 连接）电力变压器的经济负荷和经济负荷率。

**解：** 查附表 3 得 S9-630/10 型变压器（Yyn0 连接）的有关技术数据。$\Delta P_0 = 1.2\text{kW}$，$\Delta P_k = 6.2\text{kW}$，$I_0\% = 0.9$，$U_k\% = 4.5$。计算变压器的空载无功损耗和额定负载时无功损耗为

$$\Delta Q_0 \approx 630 \times 0.009 = 5.67\text{kvar}$$

$$\Delta Q_N \approx 630 \times 0.045 = 28.35\text{kvar}$$

取 $K_q$=0.1，由式（7-3）可求得变压器的经济负荷率为

$$K_{ec} = \sqrt{\frac{\Delta P_0 + K_q \Delta Q_0}{\Delta P_k + K_q \Delta Q_N}} = \sqrt{\frac{1.2 + 0.1 \times 5.67}{6.2 + 0.1 \times 28.35}} = 0.44$$

因此变压器的经济负荷为 $S_{ec} = 0.44 \times 630 = 277.2\text{kVA}$。

### 7.3.3　两台变压器经济运行的临界负荷计算

假设变电所有两台同型号同容量（均为 $S_N$）的变压器，而变电所的总负荷为 $S$，存在何时投入 1 台或投入 2 台运行最经济的问题。

一台变压器单独运行时，它承担总负荷 $S$ 时的综合有功损耗为

$$\Delta P_{\mathrm{I}} \approx \Delta P_0 + K_q\Delta Q_0 + (\Delta P_k + K_q\Delta Q_N)\left(\frac{S}{S_N}\right)^2$$

两台变压器并列运行时，每台各承担 $S/2$，由式（7-1）求得两台变压器的综合有功损耗为

$$\Delta P_{\mathrm{II}} \approx 2(\Delta P_0 + K_q\Delta Q_0) + 2(\Delta P_k + K_q\Delta Q_N)\left(\frac{S}{2S_N}\right)^2$$

将以上两式的 $\Delta P$ 与 $S$ 的函数关系绘成如图 7-5 所示的两条曲线。这两条曲线相交于 $a$ 点，$a$ 点所对应的变压器负荷，就是两台并列运行变压器经济运行方式下的临界负荷，用 $S_{cr}$ 表示。

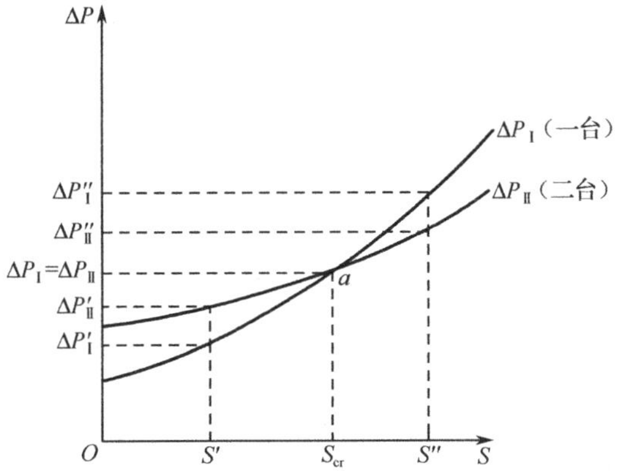


图 7-5　两台并列变压器经济运行的临界负荷

当 $S = S' < S_{cr}$ 时，则因 $\Delta P_{\mathrm{I}}' < \Delta P_{\mathrm{II}}'$，故宜于一台变压器运行。

当 $S = S'' > S_{cr}$ 时，则因 $\Delta P_{\mathrm{I}}' > \Delta P_{\mathrm{II}}'$，故宜于两台变压器运行。

当 $S = S_{cr}$ 时，则 $\Delta P_{\mathrm{I}} = \Delta P_{\mathrm{II}}$，即

$$\Delta P_0 + K_q\Delta Q_0 + (\Delta P_k + K_q\Delta Q_N)\left(\frac{S}{S_N}\right)^2 = 2(\Delta P_0 + K_q\Delta Q_0) + 2(\Delta P_k + K_q\Delta Q_N)\left(\frac{S}{2S_N}\right)^2$$

由此可求得两台并列变压器经济运行的临界负荷为

$$S_{cr} = S_N\sqrt{2\times\frac{\Delta P_0 + K_q\Delta Q_0}{\Delta P_k + K_q\Delta Q_N}} \qquad (7\text{-}4)$$

如果是 $n$ 台并列变压器，则判别 $n$ 台与 $n$−1 台变压器经济运行的临界负荷为

$$S_{cr} = S_N\sqrt{n(n-1)\frac{\Delta P_0 + k_q\Delta Q_0}{\Delta P_k + K_q\Delta Q_N}} \qquad (7\text{-}5)$$

**例 7-2**　某车间变电所装有两台 S9-630/10 型变压器（均 Yyn0 连接）试求其变压器经济运行的临界负荷。

**解：**利用例 7-1 查得的 S9-630/10 型变压器的技术数据，代入式（7-4）即得判别两台并列变压器经济运行的临界负荷为（取 $K_q$=0.1）

$$S_{cr}=630\times\sqrt{2\times\frac{1.2+0.1\times5.67}{6.2+0.1\times28.35}}=394\text{kVA}$$

当负荷 S<394kVA 时，宜于一台运行；当负荷 S>394kVA 时，则宜于两台并列运行。

# 任务 4　并联电容器的装设与运行维护

## 7.4.1　并联电容器的接线与装设

并联补偿的电力电容器大多数采用Δ形接线（除部分容量较大的高压电容器外）。低压并联电容器，绝大多数是做成三相的，而且内部已接成Δ形。

但是电容器采用Δ接线时，任一边电容器击穿短路时，将造成三相线路的两相短路，短路电流很大，有可能引起电容器爆炸。这对高压电容器特别危险。电容器采用 Y 接线时，如果其中一相电容器击穿短路，其短路电流仅为正常工作电流的 3 倍，故其运行就安全多了。因此规定：高压电容器组宜接成中性点不接地星形（即 Y 形），容量较小时（450kvar 及以下）宜接成三角形（即Δ形）。低压电容器组应接成三角形。

并联电容器在工厂供电系统中的装设位置，有高压集中补偿、低压集中补偿和分散就地补偿（个别补偿）三种方式，如图 7-6 所示。

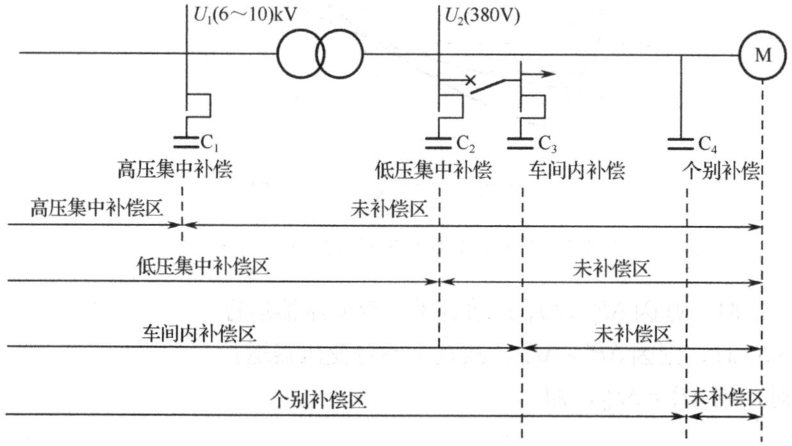


图 7-6　并联电容器在工厂供电系统中的装设位置和补偿效果

（1）高压集中补偿

高压集中补偿是将高压电容器组集中装设在工厂变配电所的（6～10）kV 母线上。这种补偿方式只能补偿（6～10）kV 母线以前所有线路上的无功功率，而此母线后的厂内线路的无功功率得不到补偿，所以这种补偿方式的补偿效果没有后两种补偿方式好。但是这种补偿方式的初投资较少，便于集中运行维护，而且能对工厂高压侧的无功功率进行有效的补偿，以满足工厂总的功率因数的要求，所以这种补偿方式在一些大中型工厂中应用相当普遍。

（2）低压集中补偿

低压集中补偿是将低压电容器集中装设在车间变电所的低压母线上。这种补偿方式能补偿车间变电所低压母线以前包括车间变压器和前面高压配电线路及电力系统的无功功率。由于这种补偿方式能使车间变压器的视在功率减小从而可使变压器的容量选得较小，因此比较经济，而且这种补偿的低压电容器柜一般可安装在低压配电室内（只有电容器柜较多时才考虑单设低压电容器室），运行维护安全方便，因此这种补偿方式在工厂中相当普遍。

（3）单独就地补偿

单独就地补偿也称分散就地补偿，是将并联电容器组装设在需要进行无功补偿的各个用电设备旁边。这种补偿方式能够补偿安装部位以前的所有高低压线路和电力变压器的无功功率，因此其补偿范围最大，补偿效果最好，应予优先选用。但是这种补偿方式总的投资较大，而且电容器组在被补偿的用电设备停止工作时，它也将一并被切除，因此其利用率较低。这种分散就地补偿方式特别适用于负荷平稳、长期运转而容量又大的设备，如大容量感应电动机、高频电热炉等，也适用于容量虽小但数量多且长期稳定运行的一些电器，如荧光灯等。对于供电系统中高压侧和低压侧的基本无功功率的补偿，仍宜采用高压集中补偿和低压集中补偿的方式。

在工厂供电设计中，实际上多是综合采用上述各种补偿方式，以求经济合理地达到总的无功补偿要求，使工厂电源进线处在最大负荷时的功率因数不低于规定值（高压进线时为0.9）。

### 7.4.2　并联电容器的运行维护

（1）并联电容器的投入和切除

并联电容器在供电系统正常运行时是否投入，主要视供电系统的功率因数或电压是否符合要求而定。如果功率因数过低，或者电压过低时，则应投入电容器，或者增加电容器的投入量。

并联电容器是否切除或部分切除，也主要视供电系统的功率因数或电压情况而定。如果变配电所母线的母线电压偏高（如超过电容器额定电压10%）时，则应将电容器切除或部分切除。

当发生下列情况之一时，应立即切除电容器：①电容器爆炸；②接头严重过热；③套管闪络放电；④电容器喷油或燃烧；⑤环境温度超过40℃。

如果变配电所停电，电容器也应切除，以免突然来电时，母线电压过高，击穿电容器。在切除电容器时，需从仪表指示或指示灯观察其放电回路是否完好。电容器从电网切除后，应立即通过放电回路放电。为确保人身安全，人体接触电容器之前，还应用短接导线将所有电容器两端直接短接放电。

（2）并联电容器的维护

并联电容器在正常运行中，值班人员应定期检视其电压、电流和室温等，并检查其外部，看看有无漏油、喷油、外壳膨胀等现象，有无放电声响和放电痕迹，接头有无发热现象，放电回路是否完好，指示灯是否指示正常等。对装有通风装置的电容器室，还应检查通风装置各部分是否完好。

## 项目小结

电流通过人体时，人体内部组织将产生复杂的作用。安全电流是人体触电后的最大摆脱电流。我国一般取30mA（50Hz交流）为安全电流，但是触电时间按不超过1s计，因此这一安全电流也称为30mA·s。安全电流主要与触电时间、电流性质、电流路径、体重和健康状况有关。由于安全电流取30mA，而人体电阻取1700Ω，因此人体允许持续接触的安全电压为50V。在供用电工作中，必须特别注意电气安全，一旦有人触电，需急救处理，步骤：脱离电源、急救处理、人工呼吸、胸外按压心脏。在施行人工呼吸和心脏按压时，救护人员应密切观察触电者的反应。只要发现触电者有苏醒迹象，如眼皮闪动或嘴唇微动，就应终止操作几秒钟，让触电者自行呼吸和心跳。对触电者施行心肺复苏法——人工呼吸和心脏按压，对于救护人员来说是非常劳累的，但为了救治触电者，必须坚持不懈，直到医务人员前来救治为止。事实说明，只要正确地坚持施行人工救治，触电假死的人被抢救成活的可能性非常大。

从我国电能消耗的情况来看，70%以上消耗在工业部门，所以工厂节能是个重点。通过科学的管理方法，采用降低系统电能损耗，合理选择和使用用电设备，提高功率因数等有效措施能够完善电能节约手段。

变压器的经济运行是能使电力系统的有功损耗最小、经济效益最佳的一种运行方式。

提高功率因数对电能的正常使用及电能质量很有帮助。通过正确选择异步电动机的容量，改变轻负荷电动机的接线，限制异步电动机的空载，提高异步电动机的检修质量，合理使用变压器等措施来提高工厂企业的自然功率因数，采用移相电容器可以进行人工补偿。

工厂企业内部移相电容器的补偿方式分高压侧补偿和低压侧补偿。高压集中补偿方式初投资较少，运行维护方便，利用率较高，可以满足工厂总功率因数的要求，所以在大中型工厂中广泛应用。低压集中补偿能补偿变电所低压母线前的变压器、高压线路及电力系统的无功功率，有较大的补偿区。个别补偿的特点是使无功功率能做到就地补偿，补偿范围最大，补偿效果最好，但利用率低。适合于负荷平稳、经常运转的大容量电动机，也适于容量小但数量多且长期稳定运行的设备。

# 思考与练习

**一、思考题**

（1）什么叫安全电流？安全电流与哪些因素有关？一般认为的安全电流是多少？

（2）什么叫直接触电防护和间接触电防护？试举例说明。

（3）什么叫基本安全用具和辅助安全用具？试举例说明。

（4）电气失火有哪些特点？可用哪些灭火器材带电灭火？

（5）如果发现有人触电，应如何急救处理？什么叫心肺复苏法？

（6）节约用电对国民经济建设有何重要意义？

（7）什么叫经济运行方式？电力变压器如何考虑经济运行？

（8）并联电容器组采用△形接线与采用Y形接线各有哪些优缺点？各适用于什么情况？为什么容量较大的高压电容器组宜采用Y形接线？

**二、练习题**

**1. 填空题**

（1）安全电流是人体触电后的________摆脱电流。我国的安全电流值为________。

（2）________是指不致使人直接致死或致残的电压。安全电压（交流有效值）的额定值为________V，空载上限值为________V。

（3）所谓电力变压器的经济运行，就是________的运行方式。一般电力变压器的经济负荷率约为________左右。

（4）并联补偿在工厂供电系统中的装设位置，有________补偿、________补偿和________补偿三种方式。

（5）低压集中补偿是将低压电容器集中装设在车间变电所的________上。单独就地补偿效果________，应予优先选用。

**2. 判断题**

（1）电气安全包括人身安全和设备安全两个方面。（ ）

（2）电源开关在附近时，应迅速地切断有关电源开关，使触电者迅速地脱离电源。（ ）

（3）提高自然功率因数，是改善功率因数的基本措施。（ ）

（4）工厂企业较多采用电容器的串联补偿。（ ）

（5）变压器在铁损与铜损相等时，效率达到最大值，此时的负荷系数，称为经济负荷系数。（ ）

3. 计算题

（1）试计算 S9-500/10 型变压器（Yyn0 连接）的经济负荷及经济负荷率（查有关手册得 S9-500/10 型变压器的有关数据$\Delta P_0$=0.96kW，$\Delta P_k$=5.1kW，$I_0$%=1.0，$U_k$%=4）。

（2）某工厂变电所有两台 SL7-500/10 型配电变压器（Yyn0 连接）。试计算这两台变压器的经济运行的临界负荷（查有关手册得 S9-500/10 型变压器的有关数据$\Delta P_0$= 0.96kW，$\Delta P_k$=5.1kW，$I_0$% = 1.0，$U_k$% =4）。

# 附　表

## 附表 1　各用电设备组的需要系数、二项式系数及功率因数

| 用电设备组名称 | 需要系数 $K_d$ | 二项式系数 | | 最大容量设备台数 | 功率因数 $\cos\varphi$ | $\tan\varphi$ |
|---|---|---|---|---|---|---|
| | | $b$ | $c$ | | | |
| 小批量生产金属冷加工机床 | 0.16～0.2 | 0.14 | 0.4 | 5 | 0.5 | 1.73 |
| 大批量生产金属冷加工机床 | 0.18～0.25 | 0.14 | 0.5 | 5 | 0.5 | 1.73 |
| 小批量生产金属热加工机床 | 0.25～0.3 | 0.24 | 0.4 | 5 | 0.6 | 1.33 |
| 大批量生产金属热加工机床 | 0.3～0.35 | 0.26 | 0.5 | 5 | 0.65 | 1.17 |
| 通风机、水泵、空压机 | 0.7～0.8 | 0.65 | 0.25 | 5 | 0.8 | 0.75 |
| 非连锁的连续运输机械 | 0.5～0.6 | 0.4 | 0.2 | 5 | 0.75 | 0.88 |
| 连锁的连续运输机械 | 0.65～0.7 | 0.6 | 0.2 | 5 | 0.75 | 0.88 |
| 锅炉房和机加、机修、装配车间的吊车 | 0.1～0.15 | 0.06 | 0.2 | 3 | 0.5 | 1.73 |
| 铸造车间吊车 | 0.15～0.25 | 0.09 | 0.3 | 3 | 0.5 | 1.73 |
| 自动装料电阻炉 | 0.75～0.8 | 0.7 | 0.3 | 2 | 0.95 | 0.33 |
| 非自动装料电阻炉 | 0.65～0.75 | 0.7 | 0.3 | 2 | 0.95 | 0.33 |
| 小型电阻炉、干燥箱 | 0.7 | 0.7 | — | — | 1.0 | 0 |
| 高频感应电炉（不带补偿） | 0.8 | — | — | — | 0.6 | 1.33 |
| 工频感应电炉（不带补偿） | 0.8 | — | — | — | 0.35 | 2.68 |
| 电弧熔炉 | 0.9 | — | — | — | 0.87 | 0.57 |
| 点焊机、缝焊机 | 0.35 | — | — | — | 0.6 | 1.33 |
| 对焊机、铆钉加热机 | 0.35 | — | — | — | 0.7 | 1.02 |
| 自动弧焊变压器 | 0.5 | — | — | — | 0.4 | 2.29 |
| 单头手动弧焊变压器 | 0.35 | — | — | — | 0.35 | 2.68 |
| 多头手动弧焊变压器 | 0.4 | — | — | — | 0.35 | 2.68 |
| 生产厂房、办公室、实验室照明 | 0.8～1 | — | — | — | 1.0 | 0 |
| 变配电室、仓库照明 | 0.5～0.7 | — | — | — | 1.0 | 0 |
| 生活照明 | 0.6～0.8 | — | — | — | 1.0 | 0 |
| 室外照明 | 1 | — | — | — | 1.0 | 0 |

注：表中照明以白炽灯为例。

# 附表 2　部分工厂需要系数、功率因数及年最大有功负荷利用小时参考值

| 工厂类别 | 需要系数 $K_d$ | 功率因数 $\cos\varphi$ | 年最大有功负荷利用小时 $T_{max}$ | 工厂类别 | 需要系数 $K_d$ | 功率因数 $\cos\varphi$ | 年最大有功负荷利用小时 $T_{max}$ |
|---|---|---|---|---|---|---|---|
| 汽轮机制造厂 | 0.38 | 0.88 | 5000 | 量具刃具制造厂 | 0.26 | 0.60 | 3800 |
| 锅炉制造厂 | 0.27 | 0.73 | 4500 | 工具制造厂 | 0.34 | 0.65 | 3800 |
| 柴油机制造厂 | 0.32 | 0.74 | 4500 | 电机制造厂 | 0.33 | 0.65 | 3000 |
| 重型机械制造厂 | 0.35 | 0.79 | 3700 | 电器开关制造厂 | 0.35 | 0.75 | 3400 |
| 重型机床制造厂 | 0.32 | 0.71 | 3700 | 电线电缆制造厂 | 0.35 | 0.73 | 3500 |
| 机床制造厂 | 0.20 | 0.65 | 3200 | 仪器仪表制造厂 | 0.37 | 0.81 | 3500 |
| 石油机械制造厂 | 0.45 | 0.78 | 3500 | 滚珠轴承制造厂 | 0.28 | 0.70 | 5800 |

# 附表 3　S9 系列配电变压器的主要技术数据

| 额定容量（kVA） | 额定电压（kV） | | 连接组标号 | 空载损耗（W） | 负载损耗（W） | 阻抗电压（%） | 空载电流（%） |
|---|---|---|---|---|---|---|---|
| | 一次 | 二次 | | | | | |
| 30 | 10.5，6.3 | 0.4 | Yyn0 | 130 | 600 | 4 | 2.1 |
| 50 | 10.5，6.3 | 0.4 | Yyn0 | 170 | 870 | 4 | 2.0 |
| 63 | 10.5，6.3 | 0.4 | Yyn0 | 200 | 1040 | 4 | 1.9 |
| 80 | 10.5，6.3 | 0.4 | Yyn0 | 240 | 1250 | 4 | 1.8 |
| 100 | 10.5，6.3 | 0.4 | Yyn0 | 290 | 1500 | 4 | 1.6 |
| | | 0.4 | Dyn11 | 300 | 1470 | 4 | 4 |
| 125 | 10.5，6.3 | 0.4 | Yyn0 | 340 | 1800 | 4 | 1.5 |
| | | 0.4 | Dyn11 | 360 | 1720 | 4 | 4 |
| 160 | 10.5，6.3 | 0.4 | Yyn0 | 400 | 2200 | 4 | 1.4 |
| | | 0.4 | Dyn11 | 430 | 2100 | 4 | 3.5 |
| 200 | 10.5，6.3 | 0.4 | Yyn0 | 480 | 2600 | 4 | 1.3 |
| | | 0.4 | Dyn11 | 500 | 2500 | 4 | 3.5 |
| 250 | 10.5，6.3 | 0.4 | Yyn0 | 560 | 3050 | 4 | 1.2 |
| | | 0.4 | Dyn11 | 600 | 2900 | 4 | 3 |
| 315 | 10.5，6.3 | 0.4 | Yyn0 | 670 | 2650 | 4 | 1.1 |
| | | 0.4 | Dyn11 | 720 | 3450 | 4 | 1.0 |
| 400 | 10.5，6.3 | 0.4 | Yyn0 | 800 | 4300 | 4 | 3 |
| | | 0.4 | Dyn11 | 870 | 4200 | 4 | 1.0 |
| 500 | 10.5，6.3 | 0.4 | Yyn0 | 960 | 5100 | 4 | 3 |
| | | 0.4 | Dyn11 | 1030 | 4950 | 4 | 1.0 |

续表

| 额定容量（kVA） | 额定电压（kV） | | 连接组标号 | 空载损耗（W） | 负载损耗（W） | 阻抗电压（%） | 空载电流（%） |
|---|---|---|---|---|---|---|---|
| | 一次 | 二次 | | | | | |
| 630 | 10.5，6.3 | 0.4 | Yyn0 | 1200 | 6200 | 4.5 | 0.9 |
| | | 0.4 | Dyn11 | 1300 | 5800 | 5 | 1.0 |
| 800 | 10.5，6.3 | 0.4 | Yyn0 | 1400 | 7500 | 4.5 | 0.8 |
| | | 0.4 | Dyn11 | 1400 | 7500 | 5 | 2.5 |
| 1000 | 10.5，6.3 | 0.4 | Yyn0 | 1700 | 10300 | 4.5 | 0.7 |
| | | 0.4 | Dyn11 | 1700 | 9200 | 5 | 1.7 |
| 1250 | 10.5，6.3 | 0.4 | Yyn0 | 1950 | 12000 | 4.5 | 0.6 |
| | | 0.4 | Dyn11 | 2000 | 11000 | 5 | 2.5 |
| 1600 | 10.5，6.3 | 0.4 | Yyn0 | 2400 | 14500 | 4.5 | 0.6 |
| | | 0.4 | Dyn11 | 2400 | 14000 | 6 | 2.5 |
| 2000 | 10.5，6.3 | 0.4 | Yyn0 | 3000 | 1800 | 6 | 0.8 |
| | | 0.4 | Dyn11 | 3000 | 1800 | 6 | 0.8 |
| 2500 | 10.5，6.3 | 0.4 | Yyn0 | 3500 | 2500 | 6 | 0.8 |
| | | 0.4 | Dyn11 | 3500 | 2500 | 6 | 0.8 |

# 附表4　部分高压断路器的主要技术数据

| 类型 | 型号 | 额定电压/kV | 额定电流/kA | 开断电流/kA | 额定容量/（MVA） | 动稳定电流峰值/kA | 热稳定电流/kA | 固有分闸时间/s | 合闸时间/s | 配用操作机构 |
|---|---|---|---|---|---|---|---|---|---|---|
| 少油户外 | SW2-35/1000 | 35 | 1000 | 16.5 | 1000 | 45 | 16.5（4s） | ≤0.06 | ≤0.4 | CT2-XG |
| | SW2-35/1500 | | 1500 | 24.8 | 1500 | 63.5 | 24.8（4s） | | | |
| 少油户内 | SN10-35 Ⅰ | 35 | 1000 | 16 | 1000 | 45 | 16（4s） | ≤0.06 | ≤0.2 | CT10 |
| | SN10-35 Ⅱ | | 1250 | 20 | 1000 | 50 | 20（4s） | | ≤0.25 | CD10 |
| | SN10-10 Ⅰ | 10 | 630 | 16 | 300 | 40 | 16（4s） | ≤0.06 | ≤0.15 | CT8 |
| | | | 1000 | 16 | 300 | 40 | 16（4s） | | ≤0.2 | CD10 Ⅰ |
| | SN10-10 Ⅱ | | 1000 | 31.5 | 500 | 80 | 31.5（2s） | ≤0.06 | ≤0.2 | CD10 Ⅰ、Ⅱ |
| | SN10-10 Ⅲ | | 1250 | 40 | 750 | 125 | 40（2s） | ≤0.07 | ≤0.2 | CD10 Ⅲ |
| | | | 2000 | 40 | 750 | 125 | 40（4s） | | | |
| | | | 3000 | 40 | 750 | 125 | 40（4s） | | | |
| 真空户内 | ZN23-35 | 35 | 1600 | 25 | | 63 | 25（4s） | 0.06 | 0.075 | CT12 |
| | ZN3-10 Ⅰ | 10 | 630 | 8 | | 20 | 8（4s） | 0.07 | 0.15 | CD10 等 |
| | ZN3-10 Ⅱ | | 1000 | 20 | | 50 | 20（4s） | 0.05 | 0.10 | |
| | ZN4-10/1000 | | 1000 | 17.3 | | 44 | 17.3（4s） | 0.05 | 0.2 | CD10 等 |
| | ZN4-10/1250 | | 1250 | 20 | | 50 | 20（4s） | | | |
| | ZN5-10/630 | | 630 | 20 | | 50 | 20（2s） | 0.05 | 0.1 | 专用 CD 型 |

续表

| 类型 | 型号 | | 额定电压/kV | 额定电流/kA | 开断电流/kA | 额定容量/（MVA） | 动稳定电流峰值/kA | 热稳定电流/kA | 固有分闸时间/s | 合闸时间/s | 配用操作机构 |
|---|---|---|---|---|---|---|---|---|---|---|---|
| 真空户内 | ZN5-10/1000 | | 10 | 1000 | 20 | | 50 | 20（2s） | 0.05 | 0.1 | 专用CD型 |
| | ZN5-10/1250 | | | 1250 | 25 | | 63 | 25（2s） | | | |
| | ZN12-10/1250 | | | 1250 | 25 | | 63 | 25（4s） | 0.06 | 0.1 | CD8等 |
| | ZN12-10/2000 | | | 2000 | | | | | | | |
| | ZN12-10/1250 | | | 1250 | 31.5 | | 80 | 31.5（4s） | | | |
| | ZN12-10/2000 | | | 2000 | | | | | | | |
| | ZN12-10/2500 | | | 2500 | 40 | | 100 | 40（4s） | | | |
| | ZN12-10/3150 | | | 3150 | | | | | | | |
| | ZN24-10/1250-20 | | | 1250 | 20 | | 50 | 20（4s） | 0.06 | 0.1 | CD8等 |
| | ZN24-10/1250 | | | 1250 | 31.5 | | 80 | 31.5（4s） | | | |
| | ZN24-10/2000 | | | 2000 | | | | | | | |
| $SF_6$户内 | LN2-35 | Ⅰ | 35 | 1250 | 16 | | 40 | 16（4s） | 0.06 | 0.15 | CT12Ⅱ |
| | | Ⅱ | | 1250 | 25 | | 63 | 25（4s） | | | |
| | | Ⅲ | | 1600 | 25 | | 63 | 25（4s） | | | |
| | LN2-10 | | 10 | 1250 | 25 | | 63 | 25（4s） | 0.06 | 0.5 | CT12Ⅰ |

# 附表5　部分低压断路器的主要技术数据

| 型　号 | 额定电流/A | 长延时动作整定电流/A | 短延时动作整定电流/A | 瞬时动作整定电流/A | 分断能力 | |
|---|---|---|---|---|---|---|
| | | | | | 电流/kA | $\cos\varphi$ |
| DW15-200 | 100 | 64～100 | 300～1000 | 300～1000<br>800～2000 | 20 | 0.35 |
| | 150 | 98～150 | — | — | | |
| | 200 | 128～200 | 600～2000 | 600～2000<br>1600～4000 | | |
| DW15-400 | 200 | 128～200 | 600～2000 | 600～2000<br>1600～4000 | 25 | 0.35 |
| | 300 | 192～300 | — | — | | |
| | 400 | 256～400 | 1200～4000 | 3200～8000 | | |
| DW15-600 | 300 | 192～300 | 900～3000 | 900～3000<br>1400～6000 | 30 | 0.35 |
| | 400 | 256～400 | 1200～4000 | 1200～4000<br>3200～8000 | | |
| | 600 | 384～600 | 1800～6000 | — | | |

续表

| 型　号 | 额定电流/A | 长延时动作整定电流/A | 短延时动作整定电流/A | 瞬时动作整定电流/A | 分断能力 | |
|---|---|---|---|---|---|---|
| | | | | | 电流/kA | cosφ |
| DW15-1000 | 600 | 420～600 | 1800～6000 | 6000～12000 | 40（短延时 30） | 0.35 |
| | 800 | 560～800 | 2400～8000 | 8000～16000 | | |
| | 1000 | 700～1000 | 3000～10000 | 10000～20000 | | |
| DW15-1500 | 1500 | 1050～1500 | 4500～15000 | 1500～30000 | | |
| DW15-2500 | 1500 | 1050～1500 | 4500～9000 | 10500～21000 | 60（短延时 40） | 0.2（短延时 0.25） |
| | 2000 | 1400～2000 | 6000～12000 | 14000～28000 | | |
| | 2500 | 1750～2500 | 7500～15000 | 17500～35000 | | |
| DW15-4000 | 2500 | 1750～2500 | 7500～15000 | 17500～35000 | 80（短延时 60） | 0.2 |
| | 3000 | 2100～3000 | 9000～18000 | 21000～42000 | | |
| | 4000 | 2800～4000 | 12000～24000 | 28000～56000 | | |

# 附表 6　电力电缆的允许载流量

### 附表 6.1　油浸纸绝缘电力电缆的允许载流量

| 电缆型号 | ZLQ、ZLL | | | ZLQ20、ZLQ30、ZLQ12、ZLL30 | | | ZLQ2、ZLQ3、ZLQ5、ZLL12、ZLL13 | | |
|---|---|---|---|---|---|---|---|---|---|
| 电缆额定电压（kV） | 1～3 | 6 | 10 | 1～3 | 6 | 10 | 1～3 | 6 | 10 |
| 最高允许温度（℃） | 80 | 65 | 60 | 80 | 65 | 60 | 80 | 65 | 60 |
| 允许载流量（A）<br>芯数×截面（$mm^2$） | 25℃空气中敷设 | | | | | | 15℃地中直埋 | | |
| 3×2.5 | 22 | — | — | 24 | — | — | 30 | — | — |
| 3×4 | 28 | — | — | 32 | — | — | 39 | — | — |
| 3×6 | 35 | — | — | 40 | — | — | 50 | — | — |
| 3×10 | 48 | 43 | — | 55 | 48 | — | 67 | 61 | — |
| 3×16 | 65 | 55 | 55 | 70 | 65 | 60 | 88 | 78 | 73 |
| 3×25 | 85 | 75 | 70 | 95 | 85 | 80 | 114 | 104 | 100 |
| 3×35 | 105 | 90 | 85 | 115 | 100 | 95 | 141 | 123 | 118 |
| 3×50 | 130 | 115 | 105 | 145 | 125 | 120 | 174 | 151 | 147 |
| 3×70 | 160 | 135 | 130 | 180 | 155 | 145 | 212 | 186 | 170 |
| 3×95 | 195 | 170 | 160 | 220 | 190 | 180 | 256 | 230 | 209 |
| 3×120 | 225 | 195 | 185 | 255 | 220 | 206 | 289 | 257 | 243 |
| 3×150 | 265 | 225 | 210 | 300 | 255 | 235 | 332 | 291 | 277 |
| 3×180 | 305 | 260 | 245 | 345 | 295 | 270 | 376 | 330 | 310 |
| 3×240 | 365 | 310 | 290 | 410 | 345 | 325 | 440 | 386 | 367 |

**附表 6.2　聚氯乙烯绝缘及护套电力电缆允许载流量**

| 电缆额定电压（kV） | 1 | | | | 6 | | | |
|---|---|---|---|---|---|---|---|---|
| 最高允许温度（℃） | 65 | | | | | | | |
| 允许载流量（A）<br>芯数×截面（mm²） | 敷 设 方 式 | | | | | | | |
| | 15℃地中直埋 | | 25℃空气中敷设 | | 15℃地中直埋 | | 25℃空气中敷设 | |
| | 铝 | 铜 | 铝 | 铜 | 铝 | 铜 | 铝 | 铜 |
| 3×2.5 | 25 | 32 | 16 | 20 | — | — | — | — |
| 3×4 | 33 | 42 | 22 | 28 | — | — | — | — |
| 3×6 | 42 | 54 | 29 | 37 | — | — | — | — |
| 3×10 | 57 | 73 | 40 | 51 | 54 | 69 | 42 | 54 |
| 3×16 | 75 | 97 | 53 | 68 | 71 | 91 | 56 | 72 |
| 3×25 | 99 | 127 | 72 | 92 | 92 | 119 | 74 | 95 |
| 3×35 | 120 | 155 | 87 | 112 | 116 | 149 | 90 | 116 |
| 3×50 | 147 | 189 | 108 | 139 | 143 | 184 | 112 | 144 |
| 3×70 | 181 | 233 | 135 | 174 | 171 | 220 | 136 | 175 |
| 3×95 | 215 | 277 | 165 | 212 | 208 | 268 | 167 | 215 |
| 3×120 | 244 | 314 | 191 | 246 | 238 | 307 | 194 | 250 |
| 3×150 | 280 | 261 | 225 | 290 | 272 | 350 | 224 | 288 |
| 3×180 | 316 | 407 | 257 | 331 | 308 | 397 | 257 | 331 |
| 3×240 | 261 | 465 | 306 | 394 | 353 | 455 | 301 | 388 |

**附表 6.3　交联聚乙烯绝缘氯乙烯护套电力电缆允许载流量**

| 电缆额定电压（kV） | 1（3～4 芯） | | | | 10（3 芯） | | | |
|---|---|---|---|---|---|---|---|---|
| 最高允许温度（℃） | 90 | | | | | | | |
| 允许载流量（A）<br>芯数×截面（mm²） | 敷 设 方 式 | | | | | | | |
| | 15℃地中直埋 | | 25℃空气中敷设 | | 15℃地中直埋 | | 25℃空气中敷设 | |
| | 铝 | 铜 | 铝 | 铜 | 铝 | 铜 | 铝 | 铜 |
| 3×16 | 99 | 128 | 77 | 105 | 102 | 131 | 94 | 121 |
| 3×25 | 128 | 167 | 105 | 140 | 130 | 168 | 123 | 158 |
| 3×35 | 150 | 200 | 125 | 170 | 155 | 200 | 147 | 190 |
| 3×50 | 183 | 239 | 155 | 205 | 188 | 241 | 180 | 231 |
| 3×70 | 222 | 299 | 195 | 260 | 224 | 289 | 218 | 280 |
| 3×95 | 266 | 350 | 235 | 320 | 266 | 341 | 261 | 335 |
| 3×120 | 305 | 400 | 280 | 370 | 302 | 386 | 303 | 388 |
| 3×150 | 344 | 450 | 320 | 430 | 342 | 437 | 347 | 445 |
| 3×180 | 389 | 511 | 370 | 490 | 382 | 490 | 394 | 504 |
| 3×240 | 455 | 588 | 440 | 580 | 440 | 559 | 461 | 587 |

# 附表 7　常用裸绞线和矩形母线的允许载流量

## 附表 7.1　LJ 型铝绞线的电阻、电抗和允许载流量

| 额定截面（$mm^2$） | 16 | 25 | 35 | 50 | 70 | 95 | 120 | 150 | 185 | 240 |
|---|---|---|---|---|---|---|---|---|---|---|
| 50℃时电阻 $R_0$（Ω/km） | 2.07 | 1.33 | 0.96 | 0.66 | 0.48 | 0.36 | 0.28 | 0.23 | 0.18 | 0.14 |
| 线间几何均距（$mm^2$） | 线路电抗 $X_0$（Ω/km） | | | | | | | | | |
| 600 | 0.36 | 0.35 | 0.34 | 0.33 | 0.32 | 0.31 | 0.3 | 0.29 | 0.28 | 0.28 |
| 800 | 0.38 | 0.37 | 0.36 | 0.35 | 0.34 | 0.33 | 0.32 | 0.31 | 0.3 | 0.3 |
| 1000 | 0.4 | 0.38 | 0.37 | 0.36 | 0.35 | 0.34 | 0.33 | 0.32 | 0.31 | 0.31 |
| 1250 | 0.41 | 0.4 | 0.39 | 0.37 | 0.36 | 0.35 | 0.34 | 0.34 | 0.33 | 0.33 |
| 1500 | 0.42 | 0.41 | 0.4 | 0.38 | 0.37 | 0.36 | 0.35 | 0.35 | 0.34 | 0.33 |
| 2000 | 0.44 | 0.43 | 0.41 | 0.4 | 0.4 | 0.39 | 0.37 | 0.37 | 0.36 | 0.35 |
| 室外气温 25℃、导线最高允许温度 70℃时的允许载流量（A） | 105 | 135 | 170 | 215 | 265 | 325 | 375 | 440 | 500 | 610 |
| 注：1．TJ 型铜绞线的允许载流量约为同截面的 LJ 型铝绞线允许载流量的 1.3 倍。<br>2．表中允许载流量所对应的环境温度为 25℃。如环境温度不是 25℃，则允许载流量应乘下表的修正系数。 | | | | | | | | | | |
| 实际环境温度（℃） | 5 | 10 | 15 | 20 | 25 | 30 | 35 | 40 | 45 | |
| 允许载流量修正系数 | 1.20 | 1.15 | 1.11 | 1.06 | 1.00 | 0.94 | 0.89 | 0.82 | 0.75 | |

## 附表 7.2　矩形母线允许载流量（竖放）（环境温度+25℃，最高允许温度+70℃）

| 母线尺寸（mm）（宽×厚） | 铜母线（TMY）载流量（A） | | | 铝母线（LMY）载流量（A） | | |
|---|---|---|---|---|---|---|
| | 每相的铜排数 | | | 每相的铜排数 | | |
| | 1 | 2 | 3 | 1 | 2 | 3 |
| 15×3 | 210 | — | — | 165 | — | — |
| 20×3 | 275 | — | — | 215 | — | — |
| 25×3 | 340 | — | — | 265 | — | — |
| 30×4 | 475 | — | — | 365 | — | — |
| 40×4 | 625 | — | — | 480 | — | — |
| 50×4 | 700 | — | — | 540 | — | — |
| 50×5 | 860 | — | — | 665 | — | — |
| 50×6 | 955 | — | — | 740 | — | — |
| 60×6 | 1125 | 1740 | 2240 | 870 | 1355 | 1720 |
| 80×6 | 1480 | 2110 | 2720 | 1150 | 1630 | 2100 |
| 100×6 | 1810 | 2470 | 3170 | 1425 | 1935 | 2500 |
| 60×8 | 1320 | 2160 | 2790 | 1245 | 1680 | 2180 |
| 80×8 | 1690 | 2620 | 3370 | 1320 | 2040 | 2620 |
| 100×8 | 2080 | 3060 | 3930 | 1625 | 2390 | 3050 |
| 120×8 | 2400 | 3400 | 4340 | 1900 | 2650 | 3380 |

续表

| 母线尺寸（mm）（宽×厚） | 铜母线（TMY）载流量（A） | | | 铝母线（LMY）载流量（A） | | |
|---|---|---|---|---|---|---|
| | 每相的铜排数 | | | 每相的铜排数 | | |
| | 1 | 2 | 3 | 1 | 2 | 3 |
| 60×10 | 1475 | 2560 | 3300 | 1155 | 2010 | 2650 |
| 80×10 | 1900 | 3100 | 3990 | 1480 | 2410 | 3100 |
| 100×10 | 2310 | 3610 | 4650 | 1820 | 2860 | 3650 |
| 120×10 | 1650 | 4100 | 5200 | 2070 | 3200 | 4100 |

注：母线平放时，宽为60mm 以下时，载流量减少5%，当宽为60mm 以上时，应减少8%。

# 附表8　绝缘导线明敷、穿钢管和穿塑料管时的允许载流量

（导线正常允许最高温度为65℃）

| 1. 绝缘导线明敷时的允许载流量（A） | | | | | | | | | | | | | | | | |
|---|---|---|---|---|---|---|---|---|---|---|---|---|---|---|---|---|
| 芯线截面积/$mm^2$ | 橡皮绝缘线 | | | | | | | | 塑料绝缘线 | | | | | | | |
| | 环境温度 | | | | | | | | 环境温度 | | | | | | | |
| | 25℃ | | 30℃ | | 35℃ | | 40℃ | | 25℃ | | 30℃ | | 35℃ | | 40℃ | |
| | 铜 | 铝 | 铜 | 铝 | 铜 | 铝 | 铜 | 铝 | 铜 | 铝 | 铜 | 铝 | 铜 | 铝 | 铜 | 铝 |
| 2.5 | 35 | 27 | 32 | 25 | 30 | 23 | 27 | 21 | 32 | 25 | 30 | 23 | 27 | 21 | 25 | 19 |
| 4 | 45 | 35 | 41 | 32 | 39 | 30 | 35 | 27 | 41 | 32 | 37 | 29 | 35 | 27 | 32 | 25 |
| 6 | 58 | 45 | 54 | 42 | 49 | 38 | 45 | 35 | 54 | 42 | 50 | 39 | 46 | 36 | 43 | 33 |
| 10 | 84 | 65 | 77 | 60 | 72 | 56 | 66 | 51 | 76 | 59 | 71 | 55 | 66 | 51 | 59 | 46 |
| 16 | 110 | 85 | 102 | 79 | 94 | 73 | 86 | 67 | 103 | 80 | 95 | 74 | 89 | 69 | 81 | 63 |
| 25 | 142 | 110 | 132 | 102 | 123 | 95 | 112 | 87 | 135 | 105 | 126 | 98 | 116 | 90 | 107 | 83 |
| 35 | 178 | 138 | 166 | 129 | 154 | 119 | 141 | 109 | 168 | 130 | 156 | 121 | 144 | 112 | 132 | 102 |
| 50 | 226 | 175 | 210 | 163 | 195 | 151 | 178 | 138 | 213 | 165 | 199 | 154 | 183 | 142 | 168 | 130 |
| 70 | 284 | 220 | 266 | 206 | 245 | 190 | 224 | 174 | 264 | 205 | 246 | 191 | 228 | 177 | 209 | 162 |
| 95 | 342 | 265 | 319 | 247 | 295 | 229 | 270 | 209 | 323 | 250 | 301 | 233 | 279 | 216 | 254 | 197 |
| 120 | 400 | 310 | 361 | 280 | 346 | 268 | 316 | 243 | 365 | 283 | 343 | 266 | 317 | 246 | 290 | 225 |
| 150 | 464 | 360 | 433 | 336 | 401 | 311 | 366 | 284 | 419 | 325 | 391 | 303 | 362 | 281 | 332 | 257 |
| 185 | 540 | 420 | 506 | 392 | 468 | 363 | 428 | 332 | 490 | 380 | 458 | 355 | 423 | 328 | 387 | 300 |
| 240 | 660 | 510 | 615 | 476 | 570 | 441 | 520 | 403 | — | — | — | — | — | — | — | — |

| 2. 塑料绝缘导线穿硬塑料管时的允许载流量（A） | | | | | | | | | | | | | | | | |
|---|---|---|---|---|---|---|---|---|---|---|---|---|---|---|---|---|
| 芯线截面积/$mm^2$ | 芯线材质 | 2根单芯线 | | | | 2根穿管管径/$mm^2$ | 3根单芯线 | | | | 3根穿管管径/$mm^2$ | 4~5根单芯线 | | | | 4根穿管管径/$mm^2$ | 5根穿管管径/$mm^2$ |
| | | 环境温度 | | | | | 环境温度 | | | | | 环境温度 | | | | | |
| | | 25℃ | 30℃ | 35℃ | 40℃ | | 25℃ | 30℃ | 35℃ | 40℃ | | 25℃ | 30℃ | 35℃ | 40℃ | | |
| 2.5 | 铜 | 23 | 21 | 19 | 18 | 15 | 21 | 18 | 17 | 15 | 15 | 18 | 17 | 15 | 14 | 20 | 25 |
| | 铝 | 18 | 16 | 15 | 14 | | 16 | 14 | 13 | 12 | | 14 | 13 | 12 | 11 | | |

续表

2. 塑料绝缘导线穿硬塑料管时的允许载流量（A）

| 芯线截面积/mm² | 芯线材质 | 2根单芯线 环境温度 25℃ | 30℃ | 35℃ | 40℃ | 2根穿管管径/mm² | 3根单芯线 环境温度 25℃ | 30℃ | 35℃ | 40℃ | 3根穿管管径/mm² | 4~5根单芯线 环境温度 25℃ | 30℃ | 35℃ | 40℃ | 4根穿管管径/mm² | 5根穿管管径/mm² |
|---|---|---|---|---|---|---|---|---|---|---|---|---|---|---|---|---|---|
| 4 | 铜 | 31 | 28 | 26 | 23 | 20 | 28 | 26 | 24 | 22 | 20 | 25 | 22 | 20 | 19 | 20 | 25 |
| | 铝 | 24 | 22 | 20 | 18 | | 22 | 20 | 19 | 17 | | 19 | 17 | 16 | 15 | | |
| 6 | 铜 | 40 | 36 | 34 | 31 | 20 | 35 | 32 | 30 | 27 | 20 | 32 | 30 | 27 | 25 | 25 | 32 |
| | 铝 | 31 | 28 | 26 | 24 | | 27 | 25 | 23 | 21 | | 25 | 23 | 21 | 19 | | |
| 10 | 铜 | 54 | 50 | 46 | 43 | 25 | 49 | 45 | 42 | 39 | 25 | 43 | 39 | 36 | 34 | 32 | 32 |
| | 铝 | 42 | 39 | 36 | 33 | | 38 | 35 | 32 | 30 | | 33 | 30 | 28 | 26 | | |
| 16 | 铜 | 71 | 66 | 61 | 51 | 32 | 63 | 58 | 54 | 49 | 32 | 57 | 53 | 49 | 44 | 32 | 40 |
| | 铝 | 55 | 51 | 47 | 43 | | 49 | 45 | 42 | 38 | | 44 | 41 | 38 | 34 | | |
| 25 | 铜 | 94 | 88 | 81 | 74 | 32 | 84 | 77 | 72 | 66 | 40 | 74 | 68 | 63 | 58 | 40 | 50 |
| | 铝 | 73 | 68 | 63 | 57 | | 65 | 60 | 56 | 51 | | 57 | 53 | 49 | 45 | | |
| 35 | 铜 | 116 | 108 | 99 | 92 | 40 | 103 | 95 | 89 | 81 | 40 | 90 | 84 | 77 | 71 | 50 | 65 |
| | 铝 | 90 | 84 | 77 | 71 | | 80 | 74 | 69 | 63 | | 70 | 65 | 60 | 55 | | |
| 50 | 铜 | 147 | 137 | 126 | 116 | 50 | 132 | 123 | 114 | 103 | 50 | 116 | 108 | 99 | 92 | 65 | 65 |
| | 铝 | 114 | 106 | 98 | 90 | | 102 | 95 | 89 | 80 | | 90 | 84 | 77 | 71 | | |
| 70 | 铜 | 187 | 174 | 161 | 147 | 50 | 168 | 156 | 144 | 132 | 50 | 148 | 138 | 128 | 116 | 65 | 75 |
| | 铝 | 145 | [35 | 125 | 114 | | 130 | 121 | 112 | 102 | | 115 | 107 | 98 | 90 | | |
| 95 | 铜 | 226 | 210 | 195 | 178 | 65 | 204 | 190 | 175 | 160 | 65 | 181 | 168 | 156 | 142 | 75 | 75 |
| | 铝 | 175 | 163 | 151 | 138 | | 158 | 147 | 136 | 124 | | 140 | 130 | 121 | 110 | | |
| 120 | 铜 | 266 | 241 | 223 | 205 | 65 | 232 | 217 | 200 | 183 | 65 | 206 | 192 | 178 | 163 | 75 | 80 |
| | 铝 | 206 | 187 | 173 | 158 | | 180 | 168 | 155 | 142 | | 160 | 149 | 138 | t26 | | |
| 150 | 铜 | 297 | 277 | 255 | 233 | 75 | 267 | 249 | 231 | 210 | 75 | 239 | 222 | 206 | 188 | 80 | 90 |
| | 铝 | 230 | 215 | 198 | 181 | | 207 | 193 | 179 | 163 | | 185 | 172 | 160 | 146 | | |
| 185 | 铜 | 342 | 319 | 295 | 270 | 75 | 303 | 283 | 262 | 239 | 80 | 273 | 255 | 236 | 215 | 90 | 100 |
| | 铝 | 265 | 247 | 220 | 209 | | 235 | 219 | 203 | 185 | | 212 | 198 | 183 | 167 | | |

3. 塑料绝缘导线穿钢管时的允许载流量（A）

| 芯线截面积/mm² | 芯线材质 | 2根单芯线 环境温度 25℃ | 30℃ | 35℃ | 40℃ | 2根穿管管径/mm² SC | MT | 3根单芯线 环境温度 25℃ | 30℃ | 35℃ | 40℃ | 3根穿管管径/mm² SC | MT | 4~5根单芯线 环境温度 25℃ | 30℃ | 35℃ | 40℃ | 4根穿管管径/mm² SC | MT | 5根穿管管径/mm² SC | MT |
|---|---|---|---|---|---|---|---|---|---|---|---|---|---|---|---|---|---|---|---|---|---|
| 2.5 | 铜 | 25 | 22 | 21 | 19 | 15 | 15 | 22 | 19 | 18 | 17 | 15 | 15 | 19 | 18 | 16 | 14 | 15 | 15 | 15 | 20 |
| | 铝 | 19 | 17 | 16 | 15 | | | 17 | 15 | 14 | 13 | | | 15 | 14 | 12 | 11 | | | | |
| 4 | 铜 | 32 | 30 | 27 | 25 | 15 | 15 | 30 | 27 | 25 | 23 | 15 | 15 | 28 | 26 | 23 | 21 | 15 | 20 | 20 | 20 |
| | 铝 | 25 | 23 | 21 | 19 | | | 23 | 21 | 19 | 18 | | | 22 | 20 | 19 | 17 | | | | |

续表

3. 塑料绝缘导线穿钢管时的允许载流量（A）

| 芯线截面积/mm² | 芯线材质 | 2根单芯线 环境温度 | | | | 2根穿管管径/mm² | | 3根单芯线 环境温度 | | | | 3根穿管管径/mm² | | 4～5根单芯线 环境温度 | | | | 4根穿管管径/mm² | | 5根穿管管径/mm² | |
|---|---|---|---|---|---|---|---|---|---|---|---|---|---|---|---|---|---|---|---|---|---|
| | | 25℃ | 30℃ | 35℃ | 40℃ | SC | MT | 25℃ | 30℃ | 35℃ | 40℃ | SC | MT | 25℃ | 30℃ | 35℃ | 40℃ | SC | MT | SC | MT |
| 6 | 铜 | 43 | 39 | 36 | 34 | 15 | 20 | 37 | 35 | 32 | 28 | 15 | 20 | 36 | 34 | 31 | 28 | 20 | 25 | 25 | 25 |
| | 铝 | 33 | 30 | 28 | 26 | | | 29 | 27 | 25 | 22 | | | 28 | 26 | 24 | 22 | | | | |
| 10 | 铜 | 57 | 53 | 49 | 44 | 20 | 25 | 52 | 48 | 44 | 40 | 20 | 25 | 49 | 45 | 41 | 39 | 25 | 25 | 25 | 32 |
| | 铝 | 44 | 41 | 38 | 34 | | | 40 | 37 | 34 | 31 | | | 38 | 35 | 32 | 30 | | | | |
| 16 | 铜 | 75 | 70 | 65 | 58 | 25 | 25 | 67 | 62 | 57 | 53 | 25 | 32 | 65 | 59 | 55 | 50 | 25 | 32 | 32 | 40 |
| | 铝 | 58 | 54 | 50 | 45 | | | 52 | 48 | 44 | 41 | | | 50 | 46 | 43 | 39 | | | | |
| 25 | 铜 | 99 | 92 | 85 | 77 | 25 | 32 | 88 | 81 | 75 | 68 | 32 | 32 | 84 | 77 | 72 | 66 | 32 | 40 | 32 | （50） |
| | 铝 | 77 | 71 | 66 | 60 | | | 68 | 63 | 58 | 53 | | | 65 | 60 | 56 | 51 | | | | |
| 35 | 铜 | 123 | 114 | 106 | 97 | 32 | 40 | 108 | 101 | 93 | 85 | 32 | 40 | 103 | 95 | 89 | 81 | 40 | （50） | 40 | — |
| | 铝 | 95 | 88 | 82 | 75 | | | 84 | 78 | 72 | 66 | | | 80 | 74 | 69 | 63 | | | | |
| 50 | 铜 | 155 | 145 | 133 | 121 | 40 | 50 | 139 | 129 | 120 | 111 | 40 | （50） | 129 | 120 | 111 | 102 | 50 | （50） | 50 | — |
| | 铝 | 120 | 112 | 103 | 94 | | | 108 | 100 | 93 | 86 | | | 100 | 93 | 86 | 79 | | | | |
| 70 | 铜 | 197 | 184 | 170 | 156 | 50 | 50 | 174 | 163 | 150 | 137 | 50 | （50） | 164 | 150 | 141 | 129 | 50 | — | 70 | — |
| | 铝 | 153 | 143 | 132 | 121 | | | 135 | 126 | 116 | 106 | | | 127 | 118 | 109 | 100 | | | | |
| 95 | 铜 | 237 | 222 | 205 | 187 | 50 | （50） | 213 | 199 | 183 | 168 | 50 | — | 196 | 183 | 169 | 155 | 70 | — | 70 | — |
| | 铝 | 184 | 172 | 159 | 145 | | | 165 | 154 | 142 | 130 | | | 152 | 142 | 131 | 120 | | | | |
| 120 | 铜 | 271 | 253 | 233 | 214 | 50 | （50） | 245 | 228 | 212 | 194 | 50 | — | 222 | 206 | 191 | 175 | 70 | — | 80 | — |
| | 铝 | 210 | 196 | 181 | 166 | | | 190 | 177 | 164 | 150 | | | 172 | 160 | 148 | 136 | | | | |
| 150 | 铜 | 323 | 301 | 277 | 254 | 70 | — | 293 | 273 | 253 | 231 | 70 | — | 258 | 241 | 223 | 204 | 70 | — | 80 | — |
| | 铝 | 250 | 233 | 215 | 197 | | | 227 | 212 | 196 | 179 | | | 200 | 187 | 173 | 158 | | | | |
| 185 | 铜 | 364 | 339 | 313 | 288 | 70 | — | 329 | 307 | 284 | 259 | 70 | — | 297 | 277 | 255 | 233 | 80 | — | 100 | — |
| | 铝 | 282 | 263 | 243 | 223 | | | 255 | 238 | 220 | 201 | | | 230 | 215 | 198 | 181 | | | | |

4. 橡皮绝缘导线穿硬塑料管时的允许载流量（A）

| 芯线截面积/mm² | 芯线材质 | 2根单芯线 环境温度 | | | | 2根穿管管径/mm² | 3根单芯线 环境温度 | | | | 3根穿管管径/mm² | 4～5根单芯线 环境温度 | | | | 4根穿管管径/mm² | 5根穿管管径/mm² |
|---|---|---|---|---|---|---|---|---|---|---|---|---|---|---|---|---|---|
| | | 25℃ | 30℃ | 35℃ | 40℃ | | 25℃ | 30℃ | 35℃ | 40℃ | | 25℃ | 30℃ | 35℃ | 40℃ | | |
| 2.5 | 铜 | 23 | 21 | 19 | 18 | 15 | 21 | 18 | 17 | 15 | 15 | 19 | 18 | 16 | 14 | 20 | 25 |
| | 铝 | 18 | 16 | 15 | 14 | | 16 | 14 | 13 | 12 | | 15 | 14 | 12 | 11 | | |
| 4 | 铜 | 31 | 28 | 26 | 23 | 20 | 28 | 26 | 24 | 22 | 20 | 26 | 23 | 22 | 20 | 20 | 25 |
| | 铝 | 24 | 22 | 20 | 18 | | 22 | 20 | 19 | 17 | | 20 | 18 | 17 | 15 | | |
| 6 | 铜 | 40 | 36 | 34 | 31 | 20 | 35 | 32 | 30 | 27 | 20 | 34 | 31 | 28 | 26 | 25 | 32 |
| | 铝 | 31 | 28 | 26 | 24 | | 27 | 25 | 23 | 21 | | 26 | 24 | 22 | 20 | | |

续表

4．橡皮绝缘导线穿硬塑料管时的允许载流量（A）

| 芯线截面积/mm² | 芯线材质 | 2根单芯线 环境温度 | | | | 2根穿管管径/mm² | 3根单芯线 环境温度 | | | | 3根穿管管径/mm² | 4～5根单芯线 环境温度 | | | | 4根穿管管径/mm² | 5根穿管管径/mm² |
|---|---|---|---|---|---|---|---|---|---|---|---|---|---|---|---|---|---|
| | | 25℃ | 30℃ | 35℃ | 40℃ | | 25℃ | 30℃ | 35℃ | 40℃ | | 25℃ | 30℃ | 35℃ | 40℃ | | |
| 10 | 铜 | 54 | 50 | 46 | 43 | 25 | 49 | 45 | 42 | 39 | 25 | 45 | 41 | 38 | 35 | 32 | 32 |
| | 铝 | 42 | 39 | 36 | 33 | | 38 | 35 | 32 | 30 | | 35 | 32 | 30 | 27 | | |
| 16 | 铜 | 71 | 66 | 61 | 51 | 32 | 63 | 58 | 54 | 49 | 32 | 59 | 55 | 50 | 46 | 32 | 40 |
| | 铝 | 55 | 51 | 47 | 43 | | 49 | 45 | 42 | 38 | | 46 | 43 | 39 | 36 | | |
| 25 | 铜 | 94 | 88 | 81 | 74 | 32 | 84 | 77 | 72 | 66 | 32 | 77 | 72 | 66 | 61 | 40 | 40 |
| | 铝 | 73 | 68 | 63 | 57 | | 65 | 60 | 56 | 51 | | 60 | 56 | 51 | 47 | | |
| 35 | 铜 | 116 | 108 | 99 | 92 | 40 | 103 | 95 | 89 | 81 | 40 | 95 | 89 | 83 | 75 | 40 | 50 |
| | 铝 | 90 | 84 | 77 | 71 | | 80 | 74 | 69 | 63 | | 74 | 69 | 64 | 58 | | |
| 50 | 铜 | 147 | 137 | 126 | 116 | 50 | 132 | 123 | 114 | 103 | 50 | 123 | 114 | 106 | 97 | 50 | 65 |
| | 铝 | 114 | 106 | 98 | 90 | | 102 | 95 | 89 | 80 | | 95 | 88 | 82 | 75 | | |
| 70 | 铜 | 187 | 174 | 161 | 147 | 50 | 168 | 156 | 144 | 132 | 50 | 155 | 144 | 133 | 122 | 65 | 75 |
| | 铝 | 145 | [35 | 125 | 114 | | 130 | 121 | 112 | 102 | | 120 | 112 | 103 | 94 | | |
| 95 | 铜 | 226 | 210 | 195 | 178 | 65 | 204 | 190 | 175 | 160 | 65 | 194 | 181 | 166 | 152 | 75 | 80 |
| | 铝 | 175 | 163 | 151 | 138 | | 158 | 147 | 136 | 124 | | 150 | 140 | 129 | 118 | | |
| 120 | 铜 | 266 | 241 | 223 | 205 | 65 | 232 | 217 | 200 | 183 | 65 | 219 | 204 | 190 | 173 | 80 | 80 |
| | 铝 | 206 | 187 | 173 | 158 | | 180 | 168 | 155 | 142 | | 170 | 158 | 147 | 134 | | |
| 150 | 铜 | 297 | 277 | 255 | 233 | 75 | 267 | 249 | 231 | 210 | 75 | 264 | 246 | 228 | 209 | 80 | 90 |
| | 铝 | 230 | 215 | 198 | 181 | | 207 | 193 | 179 | 163 | | 205 | 191 | 177 | 162 | | |
| 185 | 铜 | 342 | 319 | 295 | 270 | 80 | 303 | 283 | 262 | 239 | 80 | 299 | 279 | 258 | 236 | 100 | 100 |
| | 铝 | 265 | 247 | 220 | 209 | | 235 | 219 | 203 | 185 | | 232 | 216 | 200 | 183 | | |

5．橡皮绝缘导线穿钢管时的允许载流量（A）

| 芯线截面积/mm² | 芯线材质 | 2根单芯线 环境温度 | | | | 2根穿管管径/mm² | | 3根单芯线 环境温度 | | | | 3根穿管管径/mm² | | 4～5根单芯线 环境温度 | | | | 4根穿管管径/mm² | | 5根穿管管径/mm² | |
|---|---|---|---|---|---|---|---|---|---|---|---|---|---|---|---|---|---|---|---|---|---|
| | | 25℃ | 30℃ | 35℃ | 40℃ | SC | MT | 25℃ | 30℃ | 35℃ | 40℃ | SC | MT | 25℃ | 30℃ | 35℃ | 40℃ | SC | MT | SC | MT |
| 2.5 | 铜 | 27 | 25 | 23 | 21 | 15 | 20 | 25 | 22 | 21 | 19 | 15 | 20 | 21 | 18 | 17 | 15 | 20 | 25 | 20 | 25 |
| | 铝 | 21 | 19 | 18 | 16 | | | 19 | 17 | 16 | 15 | | | 16 | 14 | 13 | 12 | | | | |
| 4 | 铜 | 36 | 34 | 31 | 28 | 20 | 25 | 32 | 30 | 27 | 25 | 20 | 25 | 30 | 27 | 25 | 23 | 20 | 25 | 20 | 25 |
| | 铝 | 28 | 26 | 24 | 22 | | | 25 | 23 | 21 | 19 | | | 23 | 21 | 19 | 18 | | | | |
| 6 | 铜 | 48 | 44 | 41 | 37 | 20 | 25 | 44 | 40 | 37 | 34 | 20 | 25 | 39 | 36 | 32 | 30 | 25 | 25 | 25 | 32 |
| | 铝 | 37 | 34 | 32 | 29 | | | 34 | 31 | 29 | 26 | | | 30 | 28 | 25 | 23 | | | | |
| 10 | 铜 | 67 | 62 | 57 | 53 | 25 | 32 | 59 | 55 | 50 | 46 | 25 | 32 | 52 | 48 | 44 | 40 | 25 | 32 | 32 | 40 |
| | 铝 | 52 | 48 | 44 | 41 | | | 46 | 43 | 39 | 36 | | | 40 | 37 | 34 | 31 | | | | |

续表

| 5. 橡皮绝缘导线穿钢管时的允许载流量（A） | | | | | | | | | | | | | | | | | | | | | |
|---|---|---|---|---|---|---|---|---|---|---|---|---|---|---|---|---|---|---|---|---|---|
| 芯线截面积/mm² | 芯线材质 | 2 根单芯线 环境温度 | | | | 2 根穿管管径/mm² | | 3 根单芯线 环境温度 | | | | 3 根穿管管径/mm² | | 4～5 根单芯线 环境温度 | | | | 4 根穿管管径/mm² | | 5 根穿管管径/mm² | |
| | | 25℃ | 30℃ | 35℃ | 40℃ | SC | MT | 25℃ | 30℃ | 35℃ | 40℃ | SC | MT | 25℃ | 30℃ | 35℃ | 40℃ | SC | MT | SC | MT |
| 16 | 铜 | 85 | 79 | 74 | 67 | 25 | 32 | 76 | 71 | 66 | 59 | 32 | 32 | 67 | 62 | 57 | 53 | 32 | 40 | 40 | （50） |
| | 铝 | 66 | 61 | 57 | 52 | | | 59 | 55 | 51 | 46 | | | 52 | 48 | 44 | 41 | | | | |
| 25 | 铜 | 111 | 103 | 95 | 88 | 32 | 40 | 98 | 92 | 84 | 77 | 32 | 40 | 88 | 81 | 75 | 68 | 40 | （50） | 40 | — |
| | 铝 | 86 | 80 | 74 | 68 | | | 76 | 71 | 65 | 60 | | | 68 | 63 | 58 | 53 | | | | |
| 35 | 铜 | 137 | 128 | 117 | 107 | 32 | 40 | 121 | 112 | 104 | 95 | 32 | （50） | 107 | 99 | 92 | 84 | 40 | （50） | 50 | — |
| | 铝 | 106 | 99 | 91 | 83 | | | 94 | 87 | 83 | 74 | | | 83 | 77 | 71 | 65 | | | | |
| 50 | 铜 | 172 | 160 | 148 | 135 | 40 | （50） | 152 | 142 | 132 | 120 | 50 | （50） | 135 | 126 | 116 | 107 | 50 | — | 70 | — |
| | 铝 | 135 | 124 | 115 | 105 | | | 118 | 110 | 102 | 93 | | | 105 | 98 | 90 | 83 | | | | |
| 70 | 铜 | 212 | 199 | 183 | 168 | 50 | （50） | 194 | 181 | 166 | 152 | 50 | （50） | 172 | 160 | 148 | 135 | 70 | — | 70 | — |
| | 铝 | 164 | 154 | 142 | 130 | | | 150 | 140 | 129 | 118 | | | 133 | 124 | 115 | 105 | | | | |
| 95 | 铜 | 258 | 241 | 223 | 20L4 | 70 | — | 232 | 217 | 200 | 183 | 70 | — | 206 | 192 | 178 | 163 | 70 | — | 80 | — |
| | 铝 | 200 | 187 | 173 | 158 | | | 180 | 168 | 155 | 142 | | | 160 | 149 | 138 | 126 | | | | |
| 120 | 铜 | 297 | 277 | 255 | 233 | 70 | — | 271 | 253 | 233 | 214 | 70 | — | 245 | 228 | 216 | 194 | 70 | — | 80 | — |
| | 铝 | 230 | 215 | 198 | 181 | | | 210 | 196 | 181 | 166 | | | 190 | 177 | 164 | 150 | | | | |
| 150 | 铜 | 335 | 313 | 289 | 264 | 70 | — | 310 | 289 | 267 | 244 | 70 | — | 284 | 266 | 245 | 224 | 80 | — | 100 | — |
| | 铝 | 260 | 243 | 224 | 205 | | | 240 | 224 | 207 | 189 | | | 220 | 205 | 190 | 174 | | | | |
| 185 | 铜 | 381 | 355 | 329 | 301 | 80 | — | 348 | 325 | 301 | 275 | 80 | — | 323 | 301 | 279 | 254 | 80 | — | 100 | — |
| | 铝 | 295 | 275 | 255 | 233 | | | 270 | 252 | 233 | 213 | | | 250 | 233 | 216 | 197 | | | | |

# 附表 9　导线机械强度最小截面

### 附表 9.1　架空裸导线的最小允许截面

| 线 路 类 别 | | 导线最小截面/mm² | | |
|---|---|---|---|---|
| | | 铝及铝合金线 | 钢 芯 铝 线 | 铜 绞 线 |
| 35kV 及以上线路 | | 35 | 35 | 35 |
| （3～10）kV 线路 | 居民区 | 35 | 25 | 25 |
| | 非居民区 | 25 | 16 | 16 |
| 低压线路 | 一般 | 16 | 16 | 16 |
| | 与铁路交叉跨越档 | 35 | 16 | 16 |

附表 9.2　绝缘导线芯线的最小允许截面

| 线路类别 | | | 芯线最小截面 / $mm^2$ | | |
|---|---|---|---|---|---|
| | | | 铜芯软线 | 铜线 | 铝线 |
| 照明用灯头引下线 | | 室内 | 0.5 | 1.0 | 2.5 |
| | | 室外 | 1.0 | 1.0 | 2.5 |
| 移动式设备线路 | | 生活用 | 0.75 | — | — |
| | | 生产用 | 1.0 | — | — |
| 敷设在绝缘支持件上的绝缘导线（L 为支持点间距） | 室内 | $L \leqslant 2m$ | — | 1.0 | 2.5 |
| | 室外 | $L \leqslant 2m$ | — | 1.5 | 2.5 |
| | | $2m < L \leqslant 6m$ | — | 2.5 | 4 |
| | | $6m < L \leqslant 15m$ | — | 4 | 6 |
| | | $15m < L \leqslant 25m$ | — | 6 | 10 |
| 穿管敷设的绝缘导线 | | | 1.0 | 1.0 | 2.5 |
| 沿墙明敷的塑料护套线 | | | — | 1.0 | 2.5 |
| 板孔穿线敷设的绝缘导线 | | | — | 1.0 | 2.5 |
| PE 线和 PEN 线 | 有机械保护时 | | — | 1.5 | 2.5 |
| | 无机械保护时 | 多芯线 | — | 2.5 | 4 |
| | | 单芯干线 | — | 10 | 16 |

# 附表 10　三相线路导线和电缆单位长度每相阻抗值

| 类别 | | | 导线截面积/ $mm^2$ | | | | | | | | | | | | | |
|---|---|---|---|---|---|---|---|---|---|---|---|---|---|---|---|---|
| | | | 2.5 | 4 | 6 | 10 | 16 | 25 | 35 | 50 | 70 | 95 | 120 | 150 | 185 | 240 |
| 导线类型 | | 导线温度/℃ | 每相电阻（Ω/km） | | | | | | | | | | | | | |
| LJ | | 50 | — | — | — | — | 2.07 | 1.33 | 0.96 | 0.66 | 0.48 | 0.36 | 0.28 | 0.23 | 0.18 | 0.14 |
| LGJ | | 50 | — | — | — | — | — | — | 0.89 | 0.68 | 0.48 | 0.35 | 0.29 | 0.24 | 0.18 | 0.15 |
| 绝缘导线 | 铜芯 | 50 | 8.4 | 5.2 | 3.48 | 2.05 | 1.26 | 0.81 | 0.58 | 0.40 | 0.29 | 0.22 | 0.17 | 0.14 | 0.11 | 0.09 |
| | | 65 | 8.72 | 5.43 | 3.62 | 2.19 | 1.37 | 0.88 | 0.63 | 0.44 | 0.32 | 0.24 | 0.19 | 0.15 | 0.13 | 0.10 |
| | 铝芯 | 50 | 13.3 | 8.25 | 5.53 | 3.33 | 2.08 | 1.31 | 0.94 | 0.65 | 0.47 | 0.35 | 0.28 | 0.22 | 0.18 | 0.14 |
| | | 65 | 14.6 | 9.15 | 6.10 | 3.66 | 2.29 | 1.48 | 1.06 | 0.75 | 0.53 | 0.39 | 0.31 | 0.25 | 0.20 | 0.15 |
| 电力电缆 | 铜芯 | 60 | 8.54 | 5.34 | 3.56 | 2.13 | 1.33 | 0.85 | 0.61 | 0.43 | 0.31 | 0.23 | 0.18 | 0.14 | 0.12 | 0.09 |
| | | 75 | 8.98 | 5.61 | 3.75 | 3.25 | 1.40 | 0.90 | 0.64 | 0.45 | 0.32 | 0.24 | 0.19 | 0.15 | 0.12 | 0.10 |
| | | 80 | | | | | 1.43 | 0.91 | 0.65 | 0.46 | 0.33 | 0.24 | 0.19 | 0.15 | 0.13 | 0.10 |
| | 铝芯 | 60 | 14.38 | 8.99 | 6.0 | 3.6 | 2.25 | 1.44 | 1.03 | 0.72 | 0.51 | 0.38 | 0.3 | 0.24 | 0.2 | 0.16 |
| | | 75 | 15.13 | 9.45 | 6.31 | 3.78 | 2.36 | 1.51 | 1.08 | 0.76 | 0.54 | 0.4 | 0.31 | 0.25 | 0.21 | 0.16 |
| | | 80 | | | | | 2.4 | 1.54 | 1.1 | 0.77 | 0.56 | 0.41 | 0.32 | 0.26 | 0.21 | 0.17 |

续表

| 类　别 | | 导线截面积/$mm^2$ | | | | | | | | | | | | | |
|---|---|---|---|---|---|---|---|---|---|---|---|---|---|---|---|
| | | 2.5 | 4 | 6 | 10 | 16 | 25 | 35 | 50 | 70 | 95 | 120 | 150 | 185 | 240 |
| 导线类型 | 导线温度/℃ | 每相电阻（Ω/km） | | | | | | | | | | | | | |
| LJ | 0.6 | | | | | 0.36 | 0.35 | 0.34 | 0.33 | 0.32 | 0.31 | 0.3 | 0.29 | 0.28 | 0.28 |
| | 0.8 | | | | | 0.38 | 0.37 | 0.36 | 0.35 | 0.34 | 0.33 | 0.32 | 0.31 | 0.3 | 0.3 |
| | 1.0 | | | | | 0.4 | 0.38 | 0.37 | 0.36 | 0.35 | 0.34 | 0.33 | 0.32 | 0.31 | 0.31 |
| | 1.25 | | | | | 0.41 | 0.4 | 0.39 | 0.37 | 0.36 | 0.35 | 0.34 | 0.34 | 0.33 | 0.32 |
| LGJ | 1.5 | | | | | | | 0.39 | 0.38 | 0.37 | 0.35 | 0.35 | 0.34 | 0.33 | 0.33 |
| | 2.0 | | | | | | | 0.4 | 0.39 | 0.38 | 0.37 | 0.37 | 0.36 | 0.35 | 0.34 |
| | 2.5 | | | | | | | 0.41 | 0.41 | 0.4 | 0.39 | 0.38 | 0.37 | 0.37 | 0.36 |
| | 3.0 | | | | | | | 0.43 | 0.42 | 0.41 | 0.4 | 0.39 | 0.39 | 0.38 | 0.37 |
| 绝缘导线　明敷 | 0.1 | 0.327 | 0.312 | 0.3 | 0.28 | 0.265 | 0.251 | 0.241 | 0.229 | 0.219 | 0.206 | 0.199 | 0.191 | 0.184 | 0.178 |
| | 0.15 | 0.353 | 0.338 | 0.325 | 0.306 | 0.29 | 0.277 | 0.266 | 0.251 | 0.242 | 0.231 | 0.223 | 0.216 | 0.209 | 0.2 |
| | 穿管 | 0.127 | 0.119 | 0.112 | 0.108 | 0.102 | 0.099 | 0.095 | 0.091 | 0.087 | 0.085 | 0.083 | 0.082 | 0.081 | 0.08 |
| 纸绝缘电力电缆 | 1kV | 0.098 | 0.091 | 0.087 | 0.081 | 0.077 | 0.067 | 0.065 | 0.063 | 0.062 | 0.062 | 0.062 | 0.062 | 0.062 | 0.062 |
| | 6kV | | | | | 0.099 | 0.088 | 0.083 | 0.079 | 0.076 | 0.074 | 0.072 | 0.071 | 0.07 | 0.069 |
| | 10kV | | | | | 0.11 | 0.098 | 0.092 | 0.087 | 0.083 | 0.08 | 0.078 | 0.077 | 0.075 | 0.075 |
| 塑料绝缘电力电缆 | 1kV | 0.1 | 0.093 | 0.091 | 0.087 | 0.082 | 0.075 | 0.073 | 0.071 | 0.07 | 0.07 | 0.07 | 0.07 | 0.07 | 0.07 |
| | 6kV | | | | | 0.124 | 0.111 | 0.105 | 0.099 | 0.093 | 0.089 | 0.087 | 0.083 | 0.082 | 0.08 |
| | 10kV | | | | | 0.133 | 0.12 | 0.113 | 0.107 | 0.101 | 0.096 | 0.095 | 0.093 | 0.09 | 0.087 |

# 附表 11　RT0 型低压熔断器的主要技术数据和保护特性曲线

| 型　号 | 熔管额定电压/V | 额定电流/A | | 最大分断电流/kA |
|---|---|---|---|---|
| | | 熔　管 | 熔　体 | |
| RT0-100 | 交流 380<br>直流 440 | 100 | 30、40、50、60、80、100 | 50<br>（$\cos\varphi$=0.1～0.2） |
| RT0-200 | | 200 | （80、100）、120、150、200 | |
| RT0-400 | | 400 | （150、200）、250、300、350、400 | |
| RT0-600 | | 600 | （350、400）、450、500、550、600 | |
| RT0-1000 | | 1000 | 700、800、900、1000 | |
| 注：表中括号内的熔体电流尽量不采用。 | | | | |

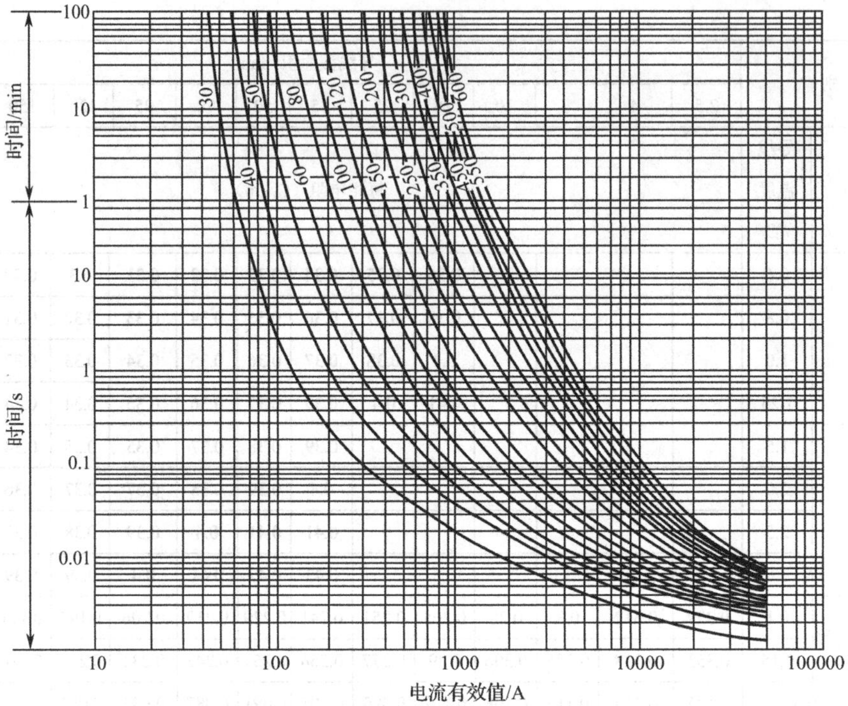


附图 1　RT0 型低压熔断器的保护特性曲线

# 附表 12　GL 型电流继电器的主要技术数据及其动作特性曲线

<table>
<tr><th rowspan="2">型　号</th><th>额定电流</th><th colspan="2">整　定　值</th><th>速断电流</th><th>返回</th></tr>
<tr><th>/A</th><th>动作电流/A</th><th>10 倍动作电流的动作时间/s</th><th>倍数</th><th>系数</th></tr>
<tr><td>GL-11/10，-21/10</td><td>10</td><td>4、5、6、7、8、9、10</td><td rowspan="4">0.5、1、2、3、4</td><td rowspan="4">2～8</td><td rowspan="2">0.85</td></tr>
<tr><td>GL-11/5，-21/5</td><td>5</td><td>2、2.5、3、3.5、4、4.5、5</td></tr>
<tr><td>GL-15/10，-25/10</td><td>10</td><td>4、5、6、7、8、9、10</td><td rowspan="2">0.80</td></tr>
<tr><td>GL-15/5，-25/5</td><td>5</td><td>2、2.5、3、3.5、4、4.5、5</td></tr>
</table>

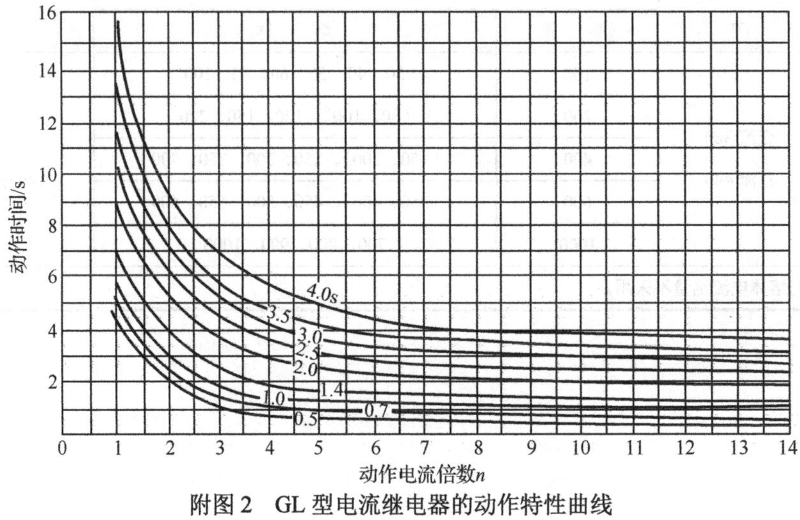


附图 2　GL 型电流继电器的动作特性曲线

# 参 考 文 献


[1] 刘介才. 工厂供电（第 5 版）. 北京：机械工业出版社，2010.
[2] 张莹. 工厂供配电技术（第 4 版）. 北京：电子工业出版社，2016.
[3] 唐志平. 供配电技术（第 2 版）. 北京：电子工业出版社，2012.
[4] 戴绍基. 建筑供配电技术（第 2 版）. 北京：机械工业出版社，2014.
[5] 崔红，高有清. 供配电技术. 北京：北京邮电大学出版社，2015.
[6] 刘燕. 供配电技术. 西安：西安电子科技大学出版社，2007.
[7] 李树元，李光举. 供配电技术. 北京：中国电力出版社，2015.
[8] 王全亮，李义科. 工厂供配电技术. 重庆：重庆大学出版社，2015.
[9] 刘介才. 工厂供电设计指导（第 2 版）. 北京：机械工业出版社，2008.
[10] 常文平. 工厂供电技术（第 2 版）. 北京：中国电力出版社，2016.

# 反侵权盗版声明

电子工业出版社依法对本作品享有专有出版权。任何未经权利人书面许可，复制、销售或通过信息网络传播本作品的行为，歪曲、篡改、剽窃本作品的行为，均违反《中华人民共和国著作权法》，其行为人应承担相应的民事责任和行政责任，构成犯罪的，将被依法追究刑事责任。

为了维护市场秩序，保护权利人的合法权益，我社将依法查处和打击侵权盗版的单位和个人。欢迎社会各界人士积极举报侵权盗版行为，本社将奖励举报有功人员，并保证举报人的信息不被泄露。

举报电话：（010）88254396；（010）88258888

传　　真：（010）88254397

E-mail:　　dbqq@phei.com.cn

通信地址：北京市海淀区万寿路 173 信箱

电子工业出版社总编办公室

邮　　编：100036